职业教育“十三五”改革创新规划教材

极限配合与技术测量

王 靖　王 晶　主编

清华大学出版社
北 京

内容简介

本书是中等职业教育"十三五"改革创新规划教材，依据教育部2014年颁布的《中等职业学校数控技术应用专业教学标准》中"极限配合与技术测量"课程的"主要教学内容和要求"，并参照相关国家职业技能标准编写而成。

本书主要内容包括绪论、测量技术基础、极限与配合、几何公差及其检测、表面结构要求、尺寸链、常见零件的公差与配合。本书配套有电子教案、多媒体课件等丰富的网上教学资源，可免费获取。

本书可作为中等职业学校机械加工技术、机械制造技术、数控技术应用专业及相关专业学生的教材，也可作为岗位培训用书。

图书在版编目(CIP)数据

极限配合与技术测量/王靖，王晶主编. --北京：清华大学出版社，2016
职业教育"十三五"改革创新规划教材
ISBN 978-7-302-43541-9

Ⅰ. ①极…　Ⅱ. ①王…　②王…　Ⅲ. ①公差－配合－中等专业学校－教材　②技术测量－中等专业学校－教材　Ⅳ. ①TG801

中国版本图书馆CIP数据核字(2016)第080892号

责任编辑：刘翰鹏
封面设计：张京京
责任校对：李　梅
责任印制：刘海龙

出版发行：清华大学出版社
网　　址：http://www.tup.com.cn，http://www.wqbook.com
地　　址：北京清华大学学研大厦A座　　**邮　　编**：100084
社 总 机：010-62770175　　**邮　　购**：010-62786544
投稿与读者服务：010-62776969，c-service@tup.tsinghua.edu.cn
质 量 反 馈：010-62772015，zhiliang@tup.tsinghua.edu.cn
课件下载：http://www.tup.com.cn，010-62770175-4278
印 装 者：清华大学印刷厂
经　　销：全国新华书店
开　　本：185mm×260mm　　**印　　张**：11　　**字　　数**：249千字
版　　次：2016年9月第1版　　**印　　次**：2016年9月第1次印刷
印　　数：1～1800
定　　价：27.00元

产品编号：070141-01

FOREWORD

前言

本书是中等职业教育“十三五”改革创新规划教材，依据教育部2014年颁布的《中等职业学校数控技术应用专业教学标准》中“极限配合与技术测量”课程的“主要教学内容和要求”，并参照相关的国家职业技能标准编写而成。通过本书的学习，可以使学生掌握必备的有关测量及量具使用、极限与配合、几何公差、表面结构要求及常见零件的公差与配合等方面的知识与技能。本书在编写过程中吸收企业技术人员参与，紧密结合工作岗位，与职业岗位对接；选取的案例贴近生活、生产实际；将创新理念贯彻到内容选取、教材体例等方面。

本书在编写时贯彻教学改革的有关精神，严格依据新教学标准的要求，努力体现以下特色。

1. 立足职业教育，突出实用性和指导性

(1) 本书编写立足于以职业为导向，以基础理论教学“必需、够用”为原则，突出实践技能，旨在培养学生具有一定的工程技术应用能力，适应职业岗位实际工作的需要。

(2) 本书内容体现为各专业培养目标服务，注重“通用性”与“特殊性”的协调配置。例如，单元1技术测量基础体现为适应大多数专业的教学需要的“通用性”，而单元5尺寸链和单元6常见零件的公差与配合体现为适应个别专业的培养目标和培养方向的“特殊性”教学要求。

(3) 本书内容通俗易懂，标准新、内容新、指导性强。为了适应教学的需要，力求使教材内容更加精练，重点突出。采用最新的国家标准，使教材内容更加规范化。

2. 以学生为中心，创新编写体例

(1) 本书采用学习任务的形式，由任务目标、学习内容、拓展提高、思考练习四个部分组成，让学生在学习目标引导下，逐步突破任务，学习教学内容，充实拓展知识面，巩固提高学习内容，从而培养学生创新能力和自学能力。

(2) 学习内容部分以图片、实物照片、表格等形式将知识点展示出来，以提高学生的学习兴趣，加深学生对相关知识的理解和应用。

(3) 拓展提高部分充实新知识、新技术、新方法等内容，反映科学技术的最新成果，以提高学生的探索热情和对最新知识的理解。

(4) 思考练习部分设置填空、判断、选择和解释含义的习题，突出了学习内容的实用性，加强了学生对基本知识的理解和掌握。

3. 重视学生能力培养，渗透学习方法、创新意识、安全教育等

(1) 本书条理清晰，利用表格对比的方法便于培养学生的分析能力和自学能力。例如单元2的配合类型、特征值、公式、公差带位置等内容，利用表格直观对比，便于理解记忆。

(2) 在课程学习和实践教学活动中注重渗透爱国主义教育、职业道德教育、环境保护教育及安全生产教育。例如单元1技术测量基础中，渗透安全生产教育。

本书建议学时为56学时，具体学时分配见下表。

目录	内　　容	建议学时
绪论		2
单元1	测量技术基础	12
单元2	极限与配合	12
单元3	几何公差及其检测	12
单元4	表面结构要求	6
单元5	尺寸链	4
单元6	常见零件的公差与配合	8
总计	56	

本书由王靖、齐齐哈尔工业职业技术学校王晶担任主编。具体编写分工如下：王靖负责编写单元1、单元3、单元6，王晶负责编写绪论、单元2、单元4、单元5。参加本书编写的还有张秀文、李峰峰、时鹏。

本书在编写过程中参考了大量的文献资料，在此向文献资料的作者致以诚挚的谢意。由于编写时间及编者水平有限，书中难免有错误和不妥之处，恳请广大读者批评指正。

要了解更多教材信息，请关注微信订阅号：Coibook。

编　者

2016年5月

CONTENTS

目录

绪 论

互换性是现代化机械制造生产中普遍遵守的原则，它对提高产品质量和可靠性、提高经济效益等方面具有重要意义。

一、互换性

1. 互换性的含义

互换性是指零部件在几何、功能等参数上能够彼此相互替换的性能，即同一规格的零部件不需要作任何挑选、调整或修配，就能满足其使用性能的要求。例如，机器上的螺钉、生活中的灯泡，自行车、缝纫机、钟表上的零部件等出现磨损、丢失或坏掉等情况，可以替换为相同规格的新的零部件，以满足使用性能的要求。

在设计方面，采用具有互换性的标准件和通用件，可以简化绘图和计算工作，缩短设计周期，有利于计算机辅助设计和产品的多样化。

在制造方面，互换性有利于组织专业化生产，便于采用先进工艺和高效率的专用设备，有利于计算机辅助制造，实现加工过程和装配过程机械化、自动化，从而提高劳动生产率和产品质量，降低生产成本。

在使用维修方面，互换性减少了机器的使用和维修时间和费用，提高了机器的使用价值。

2. 互换性的分类

机械制造业中的互换性通常包括几何参数（如尺寸、几何形状及相互位置、表面结构要求等）和力学性能（如强度、硬度等）的互换，本课程仅讨论几何参数的互换性。

互换性按其互换程度分为完全互换和不完全互换。完全互换是指装配时不需挑选和修配，通常在零部件需厂际协作时采用；不完全互换是指装配时允许挑选、调整和修配，通常是部件或构件在同一厂制造和装配时采用。

二、标准化

标准是对重复性事物和概念所做的统一规定，它以科学、技术和实践经验的综合成果为基础，经有关方面协商一致，由主管机构批准，以特定形式发布，作为共同遵守的准则和依据。

我国标准分为国家标准、行业标准、地方标准和企业标准。国家标准是在全国范围内统一的技术要求，代号为GB；行业标准是没有国家标准而又需要在全国某个行业范围内统一的技术要求，如机械标准，代号为JB等；地方标准或企业标准是对没有国家标准和行业标准而又需要在某个范围内统一的技术要求，它们的代号分别用DB和QB表示。

在国际上，为了促进世界各国在技术上的统一，成立了国际标准化组织（简称ISO）和国际电工委员会（简称IEC），由这两个组织负责制定和颁布国际标准。我国于1978年恢复参加ISO组织后，陆续修订了自己的标准。修订的原则是，在立足我国生产实际的基础上向ISO靠拢，以利于加强我国在国际上的技术交流和产品互换。

标准化是指标准的制订、发布和贯彻实施的全部活动过程，包括从调查标准化对象开始，经试验、分析和综合归纳，进而制订和贯彻标准，以后还要修订标准等。标准化是以标准的形式体现一个不断循环和提高的过程。

标准化是组织现代化生产的重要手段，是实现互换性的必要前提，是国家现代化水平的重要标志之一。

三、几何量误差、公差和测量

零件在加工过程中受到机床精度、计量器具精度、操作者技术水平及生产环境等因素影响，加工后得到的几何参数会不可避免地产生误差，这种误差称为几何量误差。几何量误差主要包含尺寸误差、形状误差、位置误差和表面微观形状误差等。

公差是零件几何参数允许的变动量。只有将零件的误差控制在相应的公差范围内，才能保证互换性的实现。通常情况下，误差是在加工过程中产生的，公差是设计人员给定的，在满足零件使用性能要求的前提下，尽量选择较大的公差，以降低加工成本，提高经济效益。

测量是保证互换性生产的重要手段。如测量结果显示零件的几何量误差控制在规定的公差范围内，则此零件为合格，能够满足互换性的要求；如测量结果显示误差超过了规定的公差范围，则此零件为不合格，达不到互换性的要求。此外，在零件的加工过程中，通过测量的结果可以分析不合格零件的原因，及时采取必要的工艺措施，提高加工精度和产品合格率，从而降低生产成本。

四、本课程的任务

本课程比较全面地讲述了机械加工中有关测量及量具使用、极限与配合、几何公差、表面结构要求及常见零件的公差与配合的基础知识，为专业课教学和生产实习教学打下必要的基础。

本课程的单元内容及知识点如下。

内 容	知 识 点
绪论	理解互换性、标准化、误差、公差的含义
单元1 测量技术基础	了解测量基础知识,会使用量具并准确读数
单元2 极限与配合	理解基本术语及基本规定,会正确识读代号
单元3 几何公差及其检测	理解几何公差代号含义,会正确识读代号
单元4 表面结构要求	了解评定标准和检测方法,会解释代号
单元5 尺寸链	了解尺寸链的组成,会分析和简单计算
单元6 常见零件的公差与配合	了解各常见零件的公差配合特点

在学习本课程时,应具备一定的机械制图方面的知识及初步的生产实践知识。学习过程中,应将本课程与其他专业基础课及专业工艺课程、生产实习结合起来,按照学习任务目标,逐步突破本课程知识点,最后通过思考练习巩固所学知识,为后续学习打下良好的基础。

单元1

测量技术基础

机械零件要实现互换性，需要在加工过程中进行正确地测量和检验，只有通过测量和检验判定为合格的零件，才具有互换性。

“测量”就是将被测的几何量与具有计量单位的标准量进行比较的实验过程。如用米尺测量桌面的宽度、长度。一个完整的测量过程包括测量单位、计量单位、测量方法（指计量器具和测量条件的综合）和测量精度（指测量结果与真值的符合程度）四个要素。

测量对象主要指几何量，包括长度、角度、表面粗糙度等，测量精度是指测量结果与真值的一致程度。根据所测的几何量是否为要求被测的几何量，分为直接测量和间接测量；根据被测量值获得的方法分为绝对测量和相对测量；根据工件上同时测量的几何量的多少分为单项测量和综合测量；根据被测工件表面是否与计量器具的测量元件接触分为接触测量和非接触测量；根据测量在加工过程中所起的作用，分为主动测量和被动测量；根据测量时工件是否运动，分为静态测量和动态测量。

“检验”是与测量相似的一个概念，通常只确定被测几何量是否在规定的极限范围之内，从而判定零件是否合格，而不需确定量值。

单元目标

(1) 能够熟练使用游标卡尺、千分尺、量块等常用的长度计量器具，并知道它们的测量原理。

(2) 能够正确使用百分表、杠杆千分尺等常用的机械式量仪。

(3) 会使用万能角度尺、正弦规进行角度测量。

(4) 理解水平仪的测量原理，了解其应用。

(5) 能够使用塞尺、直角尺、检验平尺、检验平板和偏摆仪等。

学习任务1 长度尺寸的测量方法及工具

任务目标

(1) 能够熟练使用游标卡尺测量零件的尺寸;
(2) 能够熟练使用千分尺测量零件的尺寸;
(3) 能够正确选用量块的尺寸组合并进行测量。

学习内容

测量长度的通用量具常见的有游标量具和测微螺旋量具。游标量具是一种常用量具,具有结构简单、使用方便、测量范围大等特点。常用的长度游标量具有游标卡尺、游标深度尺和游标高度尺等,它们的读数原理相同,只是在外形结构上有所差异。测微螺旋量具是利用螺旋副的运动原理进行测量和读数的一种测微量具。按用途可分为外径千分尺、内径千分尺、深度千分尺及专门测量螺纹中径尺寸的螺纹千分尺和测量齿轮公法线长度的公法线千分尺等。

一、游标卡尺

1. 游标卡尺的结构和用途

游标卡尺是一种测量长度、内外径、深度的量具。游标卡尺由主尺和附在主尺上能滑动的游标(又称副尺,也叫尺框)两部分构成。主尺和游标上有两副活动量爪,分别是内测量爪和外测量爪,内测量爪通常用来测量内径,外测量爪通常用来测量长度和外径。主尺与固定测量爪制成一体,游标与可移动测量爪制成一体,并能在主尺上滑动,结构如图 1-1 所示。

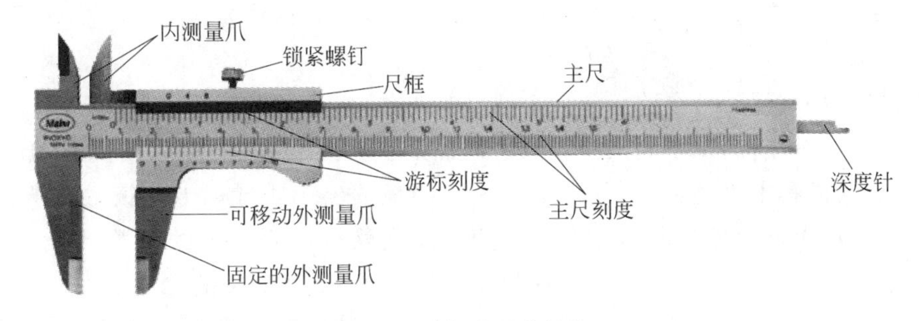

图 1-1 游标卡尺的结构

2. 游标卡尺的使用方法

将量爪并拢，查看游标和主尺身的零刻度线是否对齐。如果对齐就可以进行测量，测量时，右手拿住尺身，大拇指移动游标，左手拿待测外径(或内径)的物体，使待测物位于外测量爪之间，当与量爪紧紧相贴时，即可读数。

3. 游标卡尺的刻线原理和读数方法

主尺一般以毫米为单位，而游标上则有10、20或50个分格，根据分格的不同，游标卡尺可分为10分度游标卡尺、20分度游标卡尺、50分度游标卡尺等，10等分的游标尺长度为9mm，20等分的游标尺长度为19mm，50等分的游标尺长度为49mm，其中的n分之一毫米就是该种游标卡尺的准确度，所以游标卡尺读数的小数部分就等于刻度线乘以该游标卡尺的精确度。游标卡尺有0.02mm、0.05mm、0.1mm三种测量精度。

以50分度游标卡尺为例，主尺的刻度间距为1mm，当两卡脚合并时，主尺上49mm刚好等于副尺上50格，副尺每格长为0.98mm。主尺与副尺的刻度间相差为1－0.98＝0.02(mm)，因此它的测量精度为0.02mm(副尺上直接用数字刻出)。游标卡尺的刻度如图1-2所示。

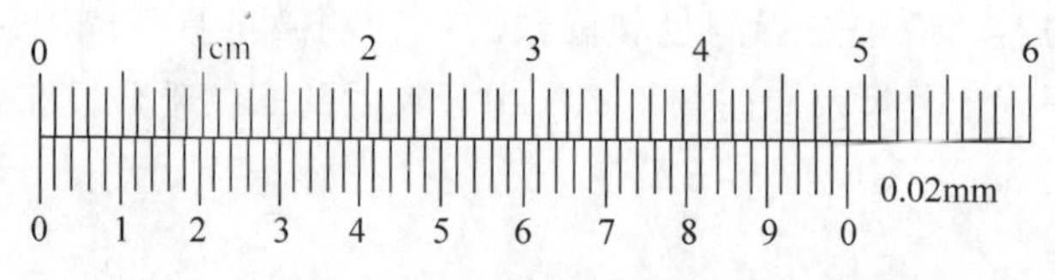

图1-2 精度为0.02的游标卡尺

游标尺上从零刻度线开始，每隔5小格的刻度线分别标上数字1、2、3、4、5、6、7、8、9、0。从游标尺的零刻度线开始，各条刻度线与主尺某条刻度线对齐时，所对应的读数分别是0.00、0.02、0.04、0.06、0.08、0.10、0.12mm，如此等等，直到0.90、0.92、0.94、0.96、0.98、0.00mm。例如，当游标尺的第20条刻度线与主尺上的某条刻度线正对时，游标尺上的读数就是0.40mm，游标尺上的那条刻度线刚好就是标有数字4的刻度线，当游标尺上标有数字4的刻度线右边的第1条刻度线与主尺的某条刻度线对齐时，游标尺的读数为0.42mm，依次右边第2条读数为0.44mm，右边第3条读数为0.46mm，右边第4条的读数为0.48mm。

通过读数分析可知，在游标卡尺上以毫米为单位，毫米以下的小数部分的读数与直尺上的读法非常相似，从小到大地读，找准游标上与主尺对齐的刻度线，看清游标卡尺的精度，看懂游标卡尺的类型，就可以快速正确地读出。故游标卡尺读数分为三个步骤：①在主尺上读出副尺零线以左的刻度，该值就是最后读数的整数部分；②副尺上一定有一条与主尺的刻线对齐，在尺上读出该刻线距副尺的格数，将其与刻度间距相乘，就得到最后读数的小数部分；③将所得到的整数和小数部分相加，就得到总尺寸。

例 1-1 如图 1-3 所示，识读下列游标卡尺的读数。

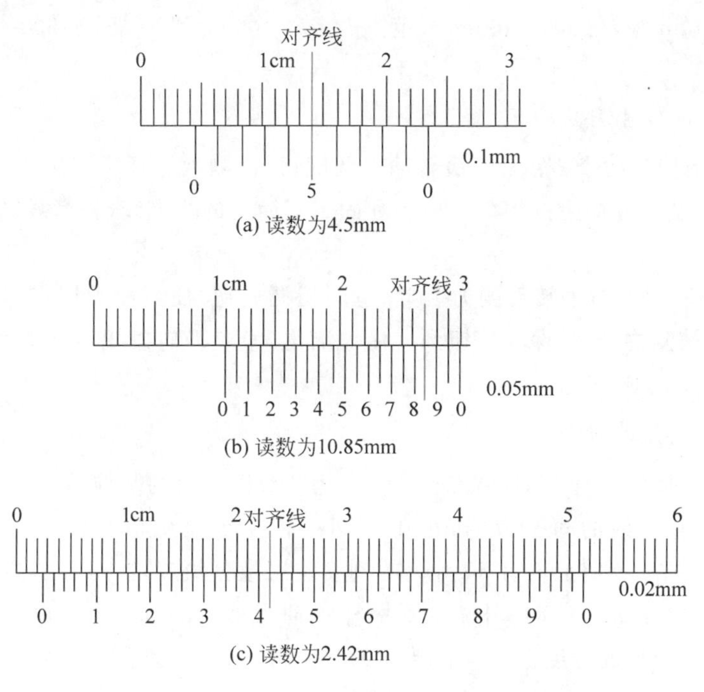

图 1-3 不同精度游标卡尺的读数练习

二、千分尺

千分尺(螺旋测微器)是比游标卡尺更精密的测量长度的工具，可以精确到 0.01mm，在生产中应用广泛。由于用途不同，各种类型的千分尺在外形和结构上有所差异，但读数原理和读数方法都相同，现以外径千分尺为例进行说明。

1. 外径千分尺的结构和类型

外径千分尺尺架上装有测砧和锁紧装置，固定套管与尺架结合成一体，测微螺杆与微分筒和测力装置结合在一起。当旋转测力装置上的旋钮时，就带动微分筒和测微螺杆一起旋转，并利用螺纹传动副沿轴向移动，使测砧与测微螺杆的两个测量面之间的距离发生变化，结构如图 1-4 所示。

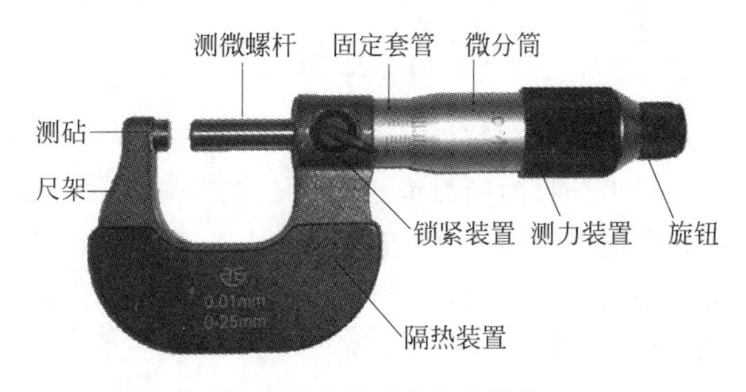

图 1-4 外径千分尺的结构

常用的外径千分尺的规格按测量范围划分，在 500mm 以内一般 25mm 为一挡如 0～25mm，25～50mm 等，在 500～1000mm 范围内多以 100mm 为一挡，如 500～600mm，600～700mm。

2. 千分尺的使用方法

(1) 使用前应先检查零点：缓缓转动微调旋钮，使测微螺杆和测砧接触，到棘轮发出声音为止，此时活动套筒上的零刻线应当和固定套筒上的基准线(长横线)对正，否则会产生零误差。

(2) 左手持尺架，右手转动测力装置(也叫粗调旋钮)使测微螺杆与测砧间距稍大于被测物。放入被测物，转动保护旋钮到夹住被测物，直到棘轮发出声音为止，拨动旋钮使测杆固定后读数。

3. 千分尺的读数方法

在千分尺的固定套管上刻有轴向中线，作为微分筒读数的基准线。在中线的两侧，刻有两排刻线，每排刻线的间距为 1mm，上下两排相互错开 0.5mm。测微螺杆的螺距为 0.5mm，微分筒的外圆周上刻有 50 等分的刻度。当微分筒旋转一周时，测微螺杆轴向移动 0.5mm。如微分筒只转动一格时，则螺杆的轴向移动为 0.5mm/50＝0.01mm，因而 0.01mm 就是千分尺的分度值。螺杆转动的整圈数由固定套筒上间隔 0.5mm 的刻线测量，不足一圈的部分由微分筒周边的刻线测量。

读数步骤：①先读固定刻度；②再读半刻度，若半刻度线已露出，记作 0.5mm；若半刻度线未露出，记作 0.0mm；③再读可动刻度(注意估读)，记作 $n\times0.01$mm；④最终读数结果为固定刻度＋半刻度＋可动刻度。

例 1-2　如图 1-5 所示，读出下列外径千分尺的读数。

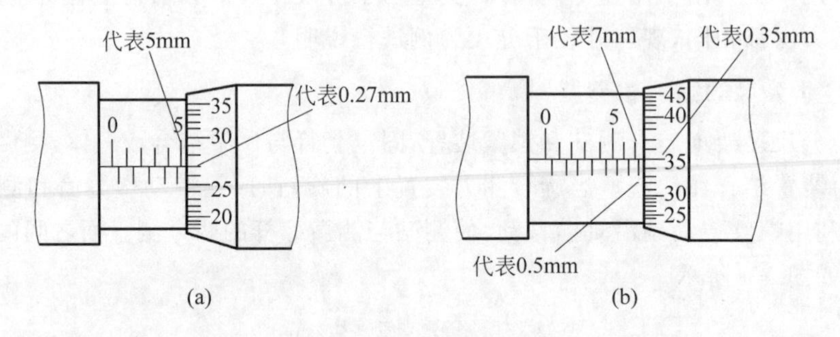

图 1-5　千分尺读数练习

从图 1-5(a)中可以看出，距微分筒最近的刻线为 5mm 的刻线，而微分筒上数值为 27 的刻线对准中线，所以外径千分尺的读数为 5＋0.01×27＝5.27(mm)。

从图 1-5(b)中可以看出，距微分筒最近刻线为中线下侧的刻线，表示 0.5mm 的小数，中线上侧距离微分筒最近的为 7mm 的刻线，从固定刻度上读取整、半毫米数 7.5，微分筒上数值为 35 的刻线对准中线，所以外径千分尺的读数为 7＋0.5＋0.01×35＝7.85(mm)。

三、量块

1. 量块的用途和精度

量块又称块规，是机器制造业中控制尺寸的最基本的量具，是从标准长度到零件之间尺寸传递的媒介，是技术测量上长度计量的基准。

量块是用微变形钢(属低合金刃具钢)或陶瓷材料制成的长方体，量块具有线膨胀系数小、不易变形、耐磨性好等特点，如图 1-6 所示。它有上、下两个测量面和四个非测量面。两个测量面是经过精密研磨和抛光加工的很平、很光的平行平面。量块的矩形截面尺寸是：基本尺寸 0.5～10mm 的量块，其截面尺寸为 30mm×9mm；基本尺寸 10～1000mm 的量块，其截面尺寸为 35mm×9mm。

量块的工作尺寸不是指两测量面之间任何处的距离，因为两测量面不是绝对平行的，因此量块的工作尺寸是指中心长度，如图 1-7 所示，即量块的一个测量面的中心至另一个测量面相粘合面(其表面质量与量块一致)的垂直距离。在每块量块上，都标记着它的工作尺寸：当量块尺寸等于或大于 6mm 时，工作尺寸标记在非工作面上；当量块在 6mm 以下时，工作尺寸直接标记在测量面上。

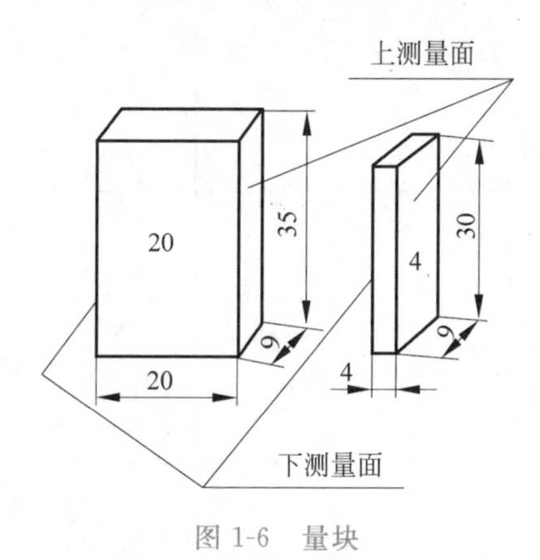

图 1-6　量块

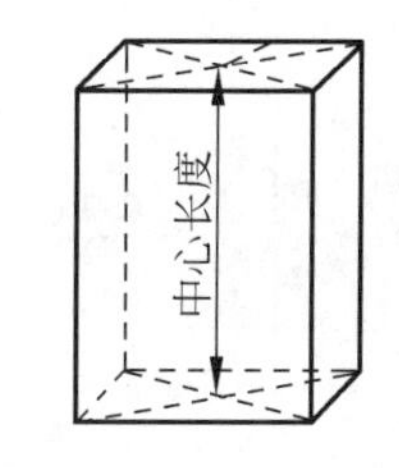

图 1-7　量块的中心长度

量块的精度，根据它的工作尺寸(即中心长度)的精度和两个测量面的平面平行度的准确程度，分成五个精度级，即 00 级、0 级、1 级 2 级和 3 级。00 级量块的精度最高，3 级量块的精度最低。

2. 成套量块和量块尺寸的组合

在实际生产中，量块是成套使用的，成套量块的编组见表 1-1。每套包含一定数量的不同标称尺寸的量块，其尺寸编组有一定的规定，以便组合成各种尺寸，满足一定尺寸范围内的测量需求。

在总块数为 83 块和 38 块的两盒成套量块中，有时带有四块护块，所以每盒为 87 块和 42 块。护块即保护量块，主要是为了减少常用量块的磨损，在使用时可放在量块组的两端，以保护其他量块。

表 1-1 成套量块的编组

套别	总块数	精度级别	尺寸系列(mm)	间隔(mm)	块数
1	91	00,0,1	0.5,1	—	2
			1.001,1.002,…,1.009	0.001	9
			1.01,1.02,…,1.49	0.01	49
			1.5,1.6,…,1.9	0.1	5
			2.0,2.5,…,9.5	0.5	16
			10,20,…,100	10	10
2	83	00,0,1 2,(3)	0.5,1,1.005	—	3
			1.01,1.02,…,1.49	0.01	49
			1.5,1.6,…,1.9	0.1	5
			2.0,2.5,…,9.5	0.5	16
			10,20,…,100	10	10
3	46	0,1,2	1	—	1
			1.001,1.002,…,1.009	0.001	9
			1.01,1.02,…,1.09	0.01	9
			1.1,1.2,…,1.9	0.1	9
			2,3,…,9	1	8
			10,20,…,100	10	10
4	38	0,1,2 (3)	1,1.005	—	2
			1.01,1.02,…,1.09	0.01	9
			1.1,1.2,…,1.9	0.1	9
			2,3,…,9	1	8
			10,20,…,100	10	10
5	10^-	00,0,1	0.991,0.992,…,1	0.001	10
6	10^+		1,1.001,…,1.009	0.001	10
7	10^-		1.991,1.992,…,2	0.001	10
8	10^+		2,2.001,…,2.009	0.001	10
9	8	00,0,1 2,(3)	125,150,175,200,250,300,400,500	—	8
10	5		600,700,800,900,1000	—	5

每块量块只有一个工作尺寸。量块的两个测量面做得十分准确且光滑,具有可粘合的特性,即将两块量块的测量面轻轻地推合后,这两块量块就能粘合在一起,不会自己分开。利用量块的可粘合性,就可组成各种不同尺寸的量块组,扩大了量块的应用。但为了减少误差,通常组成量块组的块数不超过 5 块。

为了使量块组的块数为最小值,在组合时就要根据一定的原则来选取块规尺寸,即首先选择能去除最小位数的尺寸的量块。

例 1-3　试用 83 块的量块组，组成 87.545mm 的长度。

若要组成 87.545mm 的量块组，其量块尺寸的选择方法如下：

量块组的尺寸	87.545mm
选用的第一块量块尺寸	1.005mm
剩下的尺寸	86.54mm
选用的第二块量块尺寸	1.04mm
剩下的尺寸	85.5mm
选用的第三块量块尺寸	5.5mm
剩下的即为第四块尺寸	80mm

3. 量块附件

为了扩大量块的应用范围，便于各种测量工作，可采用成套的量块附件。量块附件中，主要的是不同长度的夹持器和各种测量用的量脚，如图 1-8(a)所示。量块组与量块附件组合后，可用作校准量具尺寸(如内径百分尺的校准)，测量轴径、孔径、高度等，如图 1-8(b)所示。

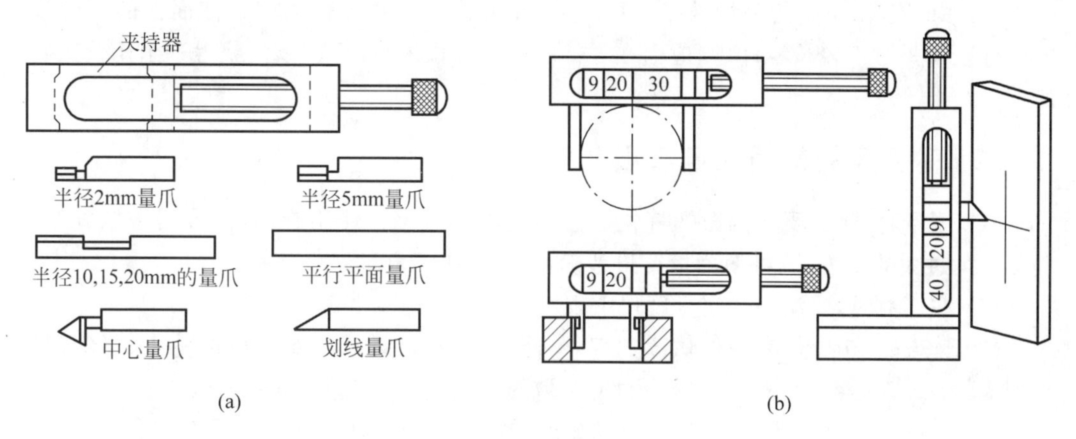

图 1-8　量块的附件及其使用

量具使用得是否合理，不但影响量具本身的精度，且直接影响零件尺寸的测量精度，甚至发生质量事故，造成不必要的损失。所以，我们必须重视量具的正确使用，对测量技术精益求精，获得正确的测量结果，确保产品质量。

一、使用游标卡尺测量零件尺寸时，必须注意下列几点

(1) 测量前应把卡尺擦干净，检查卡尺的两个测量面和测量刃口是否平直无损，把两个量爪紧密贴合时，应无明显的间隙，同时游标和主尺的零位刻线要相互对准，这个过程称为校对游标卡尺的零位。

(2) 移动尺框时，活动要自如，不应有过松或过紧，更不能有晃动现象。用固定螺钉

固定尺框时，卡尺的读数不应有所改变。在移动尺框时，不要忘记松开固定螺钉，但不宜过松以免掉落。

(3) 当测量零件的外尺寸时，卡尺两测量面的连线应垂直于被测量表面，不能歪斜。测量时，可以轻轻摇动卡尺，放正垂直位置。测量时，先把卡尺的活动量爪张开，使量爪能自由地卡进工件，把零件贴靠在固定量爪上，然后移动尺框，用轻微的压力使活动量爪接触零件。如卡尺带有微动装置，此时可拧紧微动装置上的固定螺钉，再转动调节螺母，使量爪接触零件并读取尺寸。不可以把卡尺的两个量爪调节到接近甚至小于所测尺寸，把卡尺强制地卡到零件上去，这样做会使量爪变形，或使测量面过早磨损，使卡尺失去应有的精度。

(4) 用游标卡尺测量零件时，不允许过分地施加压力，所用压力应使两个量爪刚好接触零件表面。如果测量压力过大，不但会使量爪弯曲或磨损，且量爪在压力作用下产生弹性变形，使测量的尺寸不准确(外尺寸小于实际尺寸，内尺寸大于实际尺寸)。

在游标卡尺上读数时，应把卡尺水平地拿着，朝着亮光的方向，使人的视线尽可能和卡尺的刻线表面垂直，以免由于视线的歪斜造成读数误差。

(5) 为了获得正确的测量结果，可以多测量几次。即在零件的同一截面上的不同方向进行测量。对于较长零件，则应当在零件的各个部位进行测量，以便获得一个比较正确的测量结果。

二、千分尺的使用注意事项

(1) 测量时，注意要在测微螺杆快靠近被测物体时停止使用旋钮，而改用微调旋钮，避免产生过大的压力，既可使测量结果精确，又能保护千分尺。

(2) 在读数时，要注意固定刻度尺上表示半毫米的刻线是否已经露出。

(3) 读数时，千分位有一位估读数字，不能随便忽视，即使固定刻度的零点正好与可动刻度的某一刻度线对齐，千分位上也应读取为“0”。

(4) 当测砧和测微螺杆并拢时，可动刻度的零点与固定刻度的零点不相重合，将出现零误差，应加以修正，即在最后测长度的读数上去掉零误差的数值。

三、量块是精密量具，使用时必须注意以下几点

(1) 使用前，先在汽油中洗去防锈油，再用清洁的麂皮或软绸擦干净。不要用棉纱头去擦量块的工作面，以免损伤量块的测量面。

(2) 清洗后的量块，不要直接用手去拿，应当用软绸衬起来拿。若必须用手拿量块时，应当把手洗干净，并且要拿在量块的非工作面上。

(3) 把量块放在工作台上时，应使量块的非工作面与台面接触。不要把量块放在蓝图上，因为蓝图表面有残留化学物，会使量块生锈。

(4) 不要使量块的工作面与非工作面进行推合，以免擦伤测量面。

(5) 量块使用后，应及时在汽油中清洗干净，用软绸擦干后，涂上防锈油，放在专用的盒子里。若经常需要使用，可在洗净后不涂防锈油，放在干燥缸内保存。绝对不允许将量块长时间粘合在一起，以免由于金属粘结而引起不必要的损伤。

思考练习

（1）如图 1-9 所示，读出下列各个游标卡尺量具的示数。

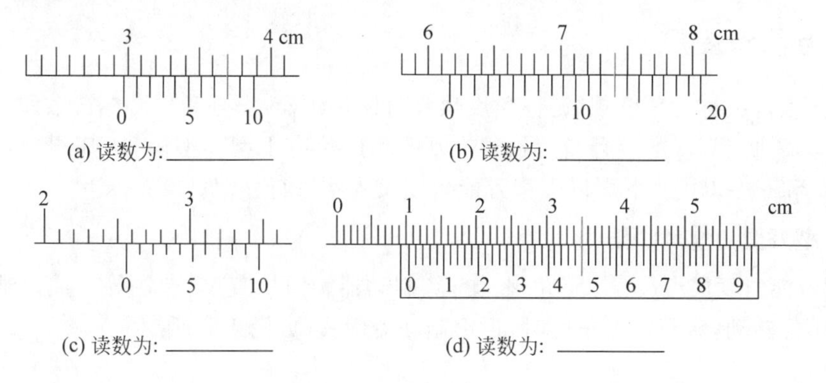

图 1-9 识读游标卡尺

（2）如图 1-10 所示，识读下列各个千分尺的读数。

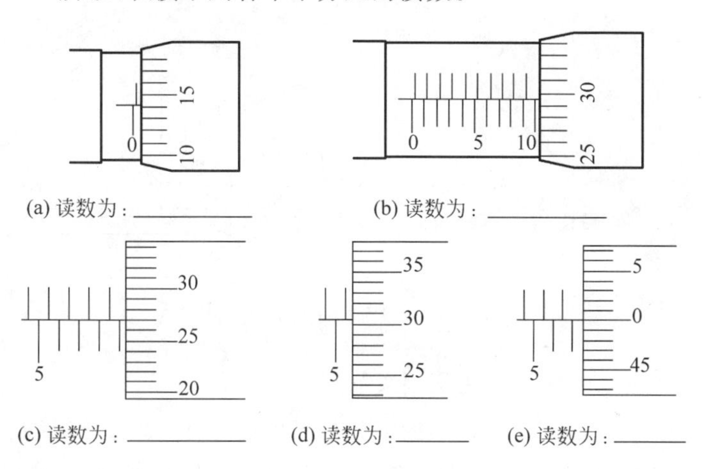

图 1-10 识读千分尺

（3）用量块分别组成 52.789mm、37.548mm、45.355mm、100.45mm 的尺寸，试选择组合的量块。

学习任务 2 角度尺寸的测量方法及工具

任务目标

（1）知道万能角度尺的结构和类型；

（2）能够熟练使用万能角度尺测量零件的角度尺寸；

(3) 了解正弦规的测量方法。

一、万能角度尺

万能角度尺又称为角度规、游标角度尺和万能量角器,它是利用游标读数原理来直接测量工件角或进行划线的一种角度量具。万能角度尺有Ⅰ型Ⅱ型两种,其测量范围分别为0°～320°和0°～360°。下面以Ⅰ型万能角度尺为例进行介绍。

1. Ⅰ型万能角度尺的结构

Ⅰ型万能角度尺由尺身、90°角尺、游标、制动器、基尺、直尺、卡块等组成。基尺随着尺身相对游标转动,转到所需角度时,再用制动器锁紧,如图1-11所示。

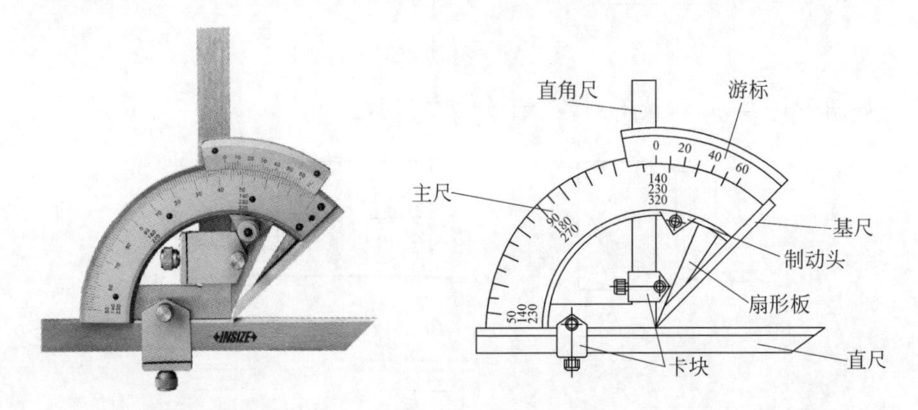

图1-11 Ⅰ型万能角度尺的结构

2. Ⅰ型万能角度尺的使用方法及测量范围

测量前应先校准零位,万能角度尺的零位是当角尺与直尺均装上,而角尺的底边及基尺与直尺无间隙接触,此时主尺与游标的"0"线对准。调整好零位后,通过改变基尺、角尺、直尺的相互位置可测量0°～320°范围内的任意角。

测量时,根据产品被测部位的情况,先调整好角尺或直尺的位置,用卡块上的螺钉把它们紧固住,再调整基尺测量面与其他有关测量面之间的夹角。这时,要先松开制动头上的螺母,移动主尺作粗调整,然后再转动扇形板背面的微动装置作细调整,直到两个测量面与被测表面密切贴合为止。然后拧紧制动器上的螺母,把角度尺取下来进行读数。

在万能角度尺上,基尺是固定在尺座上的,角尺用卡块固定在扇形板上,可移动尺用卡块固定在角尺上。若把角尺拆下,也可把直尺固定在扇形板上。由于角尺和直尺可以移动和拆换,所以万能角度尺可以测量0°～320°的任何角度。

角尺和直尺全装上时,可测量0°～50°的外角度,仅装上直尺时,可测量50°～140°的角度,仅装上角尺时,可测量140°～230°的角度,把角尺和直尺全拆下时,可测量230°～320°的角度(即可测量40°～130°的内角度),如图1-12所示。

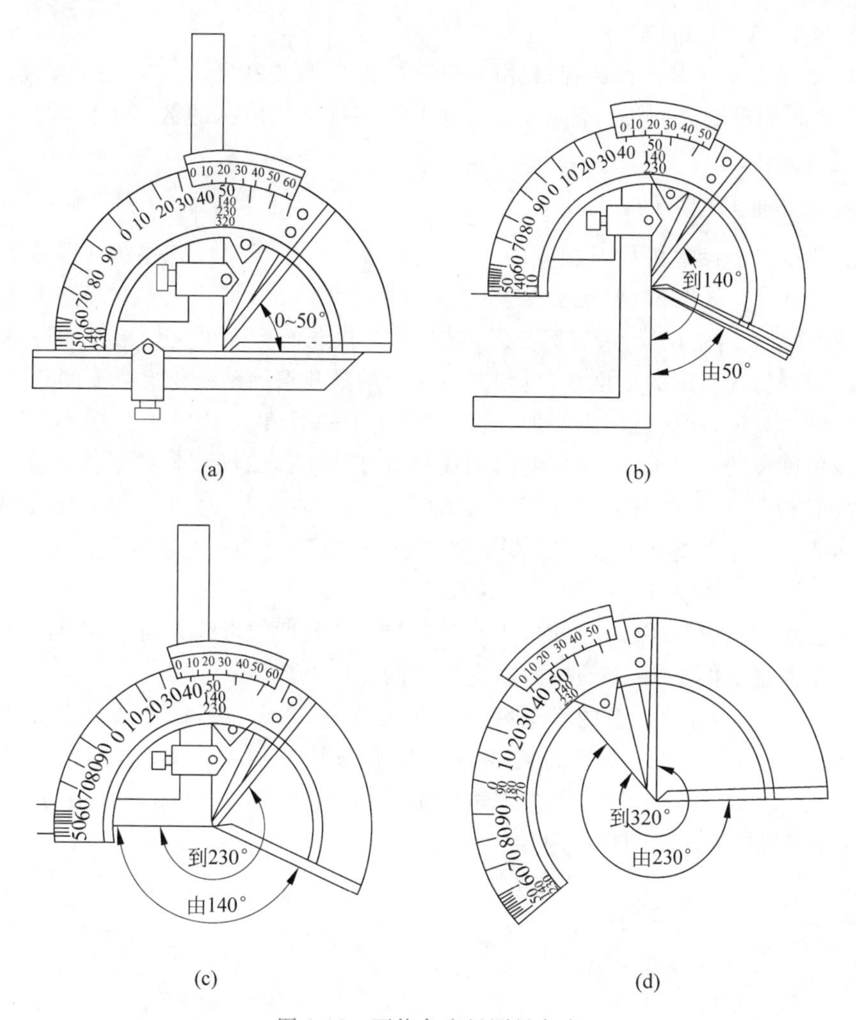

图 1-12　万能角度尺测量角度

（1）测量 0°～50°角度

角尺和直尺全都装上，产品的被测部位放在基尺各直尺的测量面之间进行测量，此时按尺身上的第一排刻度读数，如图 1-12(a)所示。

（2）测量 50°～140°角度

可把角尺卸掉，把直尺装上去，使它与扇形板连在一起。工件的被测部位放在基尺和直尺的测量面之间进行测量，如图 1-12(b)所示。也可以不拆下角尺，只把直尺和卡块卸掉，再把角尺拉到下边来，直到角尺短边与长边的交线和基尺的尖棱对齐为止。把工件的被测部位放在基尺和角尺短边的测量面之间进行测量。此时，按尺身上的第二排刻度表示的数值读数。

（3）测量 140°～230°角度

把直尺和卡块卸掉，只装角尺，但要把角尺推上去，直到角尺短边与长边的交线和基尺的尖棱对齐为止。把工件的被测部位放在基尺和角尺短边的测量面之间进行测量，按尺身上第三排刻度所示的数值读数，如图 1-12(c)所示。

(4) 测量230°～320°角度

把角尺、直尺和卡块全部卸掉，只留下扇形板和主尺(带基尺)。把产品的被测部位放在基尺和扇形板测量面之间进行测量，按尺身上第四排刻度所示的数值读数，如图1-12(d)所示。

3. Ⅰ型万能角度尺的读数方法

万能角度尺的读数机构是根据游标原理制成的。主尺刻线每格为1°。游标的刻线是取主尺的29°等分为30格，因此游标刻线角格为29°/30，即主尺与游标一格的差值为2′，也就是说万能角度尺读数精度为2′。其读数方法与游标卡尺完全相同，即先从尺身上读出游标零刻度线指示的整度数，再判断游标上的第几格的刻线与尺身上的刻线对齐，就能确定“分”的数值，然后把两者相加，就是被测角度的数值。

万能角度尺的尺座上，基本角度的刻线只有0°～90°，如果测量的零件角度大于90°，则在读数时应加上一个基数(90°、180°、270°)；当零件角度为90°～180°，被测角度＝90°＋量角尺读数；当零件角度为180°～270°，被测角度＝180°＋量角尺读数；当零件角度为270°～320°，被测角度＝270°＋量角尺读数。

用万能角度尺测量零件角度时，应使基尺与零件角度的母线方向一致，且零件应与量角尺的两个测量面的全长接触良好，以免产生测量误差。

在图1-13(b)中，游标上的零刻度线落在尺身上69°～70°，因而该被测角度的“度”的数值为69°；游标上第21格的刻线与尺身上的某一刻度线对齐，因而被测角度的“分”的数值为2′×21＝42′，所以被测角度的数值为69°42′。利用同样的方法，可得出图1-13(c)中的被测角度的数值为34°8′。

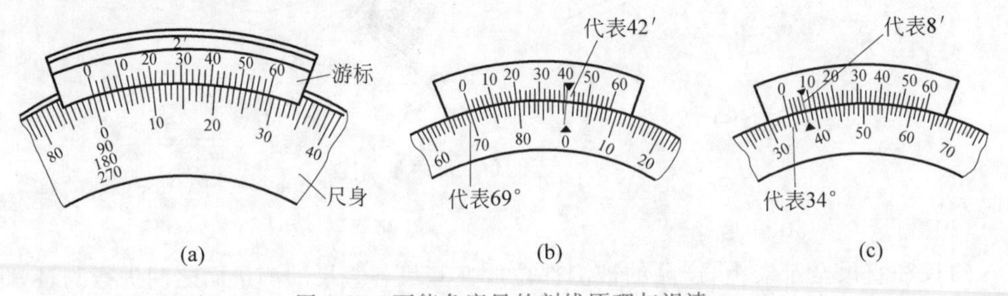

图1-13 万能角度尺的刻线原理与识读

二、正弦规

正弦规是用于准确检验零件及量规角度和锥度的量具，它是利用三角函数的正弦关系来度量的，故称正弦规或正弦尺、正弦台，其主要由一个钢制长方体主体和固定在其两端的两个相同直径的钢圆柱体组成。其两个圆柱体的中心距要求很准确，两圆柱的轴心线距离L一般为100mm或200mm两种。工作时，两圆柱轴线与主体严格平衡，且与主体相切，四周可以装有挡板(使用时只装互相垂直的两块)，测量时作为放置零件的定位板，如图1-14所示。国产正弦规有宽型和窄型两种。表1-2给出了正弦规的规格。

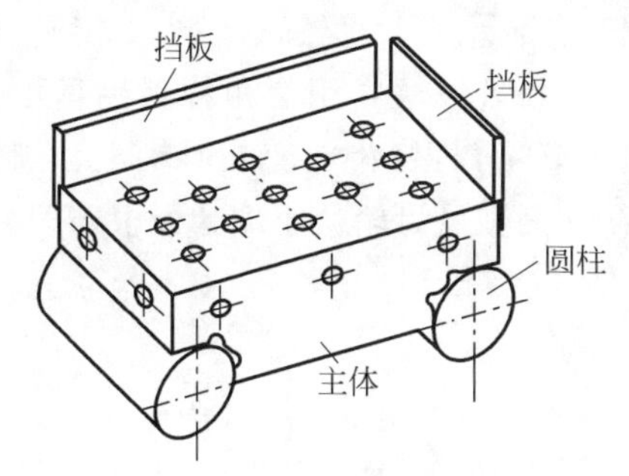

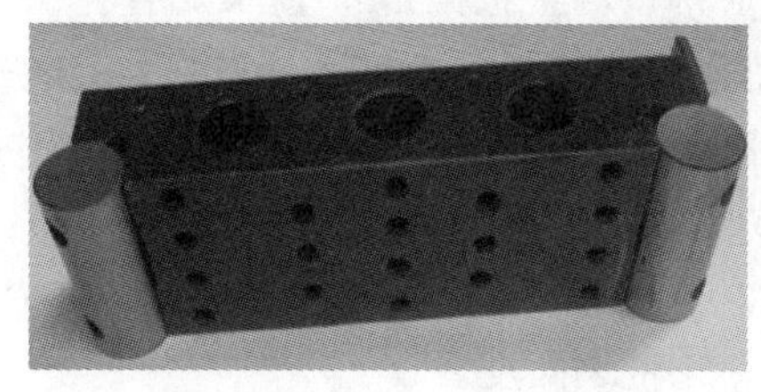

图 1-14　正弦规

表 1-2　正弦规的规格

两圆柱中心距(mm)	圆柱直径(mm)	工作台宽度(mm)		精度等级
		窄型	宽型	
100	20	25	80	0.1 级
200	30	40	80	

正弦规的两个精密圆柱的中心距的精度很高，窄型正弦规的中心距 200mm 的误差不大于 0.003mm；宽型的不大于 0.005mm。同时，主体上工作平面的平直度，以及它与两个圆柱之间的相互位置精度都很高，因此可以用于精密测量，也可作为机床上加工带角度零件的精密定位用。利用正弦规测量角度和锥度时，测量精度可达$\pm 3''\sim\pm 1''$。一般适宜测量小于 40°的角度。

如图 1-15 所示是应用正弦规测量圆锥塞规锥角的示意图。应用正弦规测量零件角度时，先把正弦规放在精密平台上，被测零件(如圆锥塞规)放在正弦规的工作平面上，被测零件的定位面平靠在正弦规的挡板上，(如圆锥塞规的前端面靠在正弦规的前挡板上)。在正弦规的一个圆柱下面垫入量块，用百分表检查零件全长的高度，调整量块尺寸，使百分表在零件全长上的读数相同。此时，就可应用直角三角形的正弦公式，算出零件的角度。

正弦公式

$$\sin 2\alpha = \frac{H}{L} \quad H = L \times \sin 2\alpha = \frac{H}{L}$$

式中，2α——圆锥的锥角(度)。

H——量块的高度(mm)。

L——正弦规两圆柱的中心距(mm)。

例如，测量圆锥塞规的锥角时，使用的是窄型正弦规，中心距 $L=200$mm，在一个圆柱下垫入的量块高度 $H=10.06$mm 时，才使百分表在圆锥塞规的全长上读数相等。此时圆锥塞规的锥角计算如下：

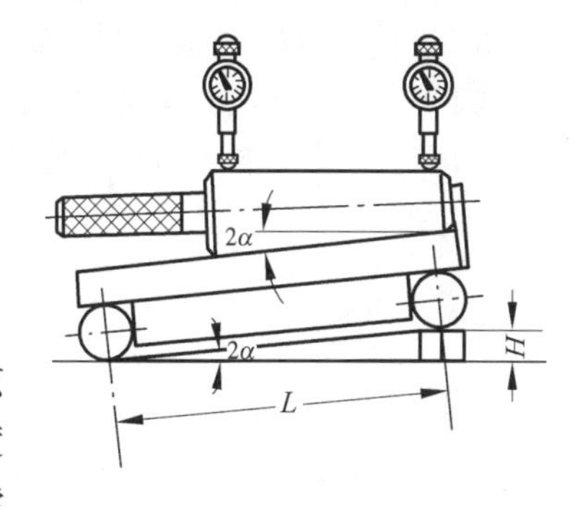

图 1-15　正弦规的应用

$$\sin 2\alpha = \frac{H}{L} - \frac{10.06}{200} = 0.0503$$

查正弦函数表得 $2\alpha=2°53'$。即圆锥塞规的实际锥角为 $2°53'$。

如图 1-16 所示是锥齿轮的锥角检验。由于节锥是一个假想的圆锥，直接测量节锥角有困难，通常以测量根锥角 δ_f 值来代替。简单的测量方法是用全角样板测量根锥顶角，或用半角样板测量根锥角。此外，也可用正弦规测量，将锥齿轮套在心轴上，心轴置于正弦规上，将正弦规垫起一个根锥角 δ_f，然后用百分表测量齿轮大小端的齿根部即可。根据根锥角 δ_f 值计算应垫起的量块高度 H：

$$H = L\sin\delta_f$$

式中，H——量块高度。

L——正弦规两圆柱的中心距。

δ_f——锥齿轮的根锥角。

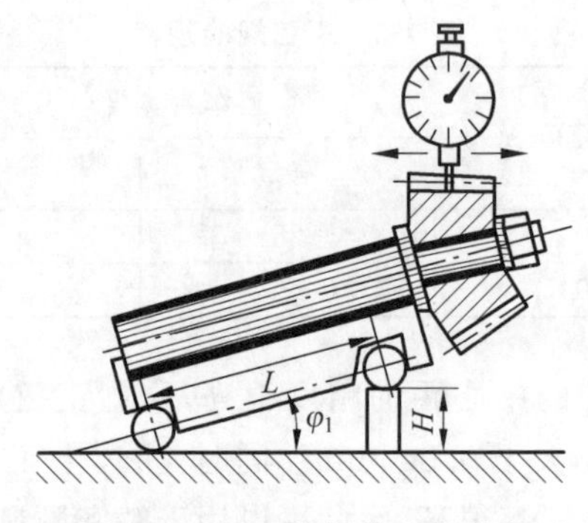

图 1-16　用正弦规检验根锥角

一、Ⅱ型万能角度尺

1. Ⅱ型万能角度尺的结构

Ⅱ 型万能角度尺由直尺、转盘、定盘和固定角尺组成，如图 1-17 所示。直尺可沿其长度方向在任意位置上固定，转盘上有游标。测量时只要转动转盘，直尺就随转盘转动，从而与固定角尺基准面形成一定的夹角。它可以测量 0～360°的任意角度。

图 1-17　Ⅱ型万能角度尺

2. Ⅱ型万能角度尺的刻线原理及读数

Ⅱ 型万能角度尺的读数方法与Ⅰ型万能角度尺基本相同，只是被测角度的“分”的数值为游标格数乘以分度值 5′。如图 1-18 所示是分度值为 5′的Ⅱ型万能角度尺的刻线图。定盘上刻线每格为 1°，转盘上自 0 起，左右各分成 12 等分，这 12 等分的总角度是 23°。所以游标上每格为：23°/12＝115′＝1°55′，定盘上 2 格与转盘上游标的 1 格相差 5′(1°/12)，故这种万能角度尺的分度值为 5′。

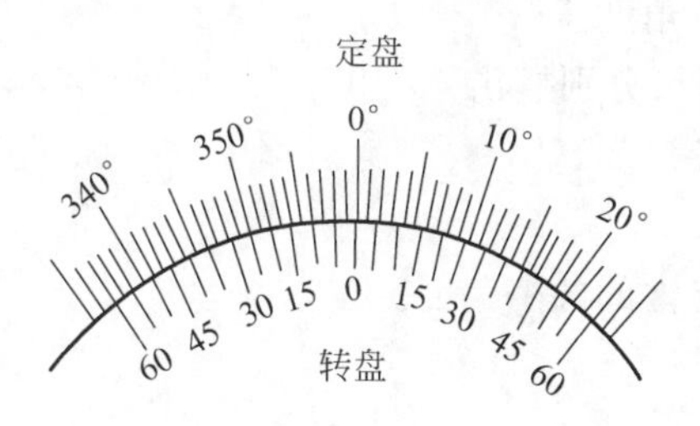

图 1-18 Ⅱ型万能角度尺的刻线图

二、其他万能角度尺

由于Ⅱ型万能角度尺的结构比较简单紧凑，所以目前新型万能角度尺及数显、带表万能角度尺的结构均以Ⅱ型万能角度尺的结构为原型，如图 1-19 所示。

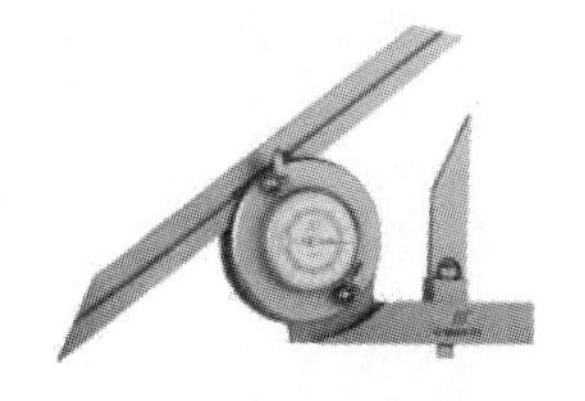

(a) 带游标放大镜万能角度尺

(b) 带表万能角度尺

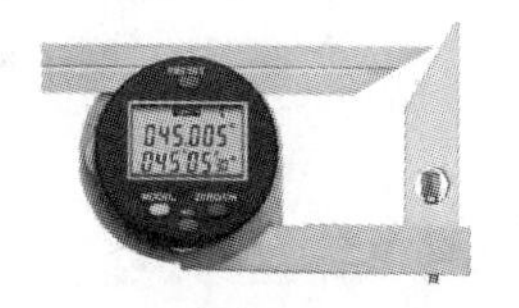

(c) 带数显万能角度尺

图 1-19 其他万能角度尺

三、正弦规的技术要求

(1) 正弦规工作面不得有严重影响外观和使用性能的裂痕、划痕、夹渣等缺陷。

(2) 正弦规主体工作面的硬度不得小于 664HV，圆柱工作面的硬度不得小于 712HV，挡板工作面的硬度不得小于 478HV。

(3) 正弦规主体工作面的粗糙度 Ra 的最大允许值为 0.08μm，圆柱工作面的表面粗糙度 Ra 的最大允许值为 0.04μm，挡板工作面的表面粗糙度 Ra 的最大允许值为 1.25μm。

(4) 正弦规各零件均应去磁，主体和圆柱必须进行稳定性处理。

(5) 正弦规应能装置成 0°～80°范围内的任意角度，其结构刚性和各零件强度应能适应磨削工作条件，各零件应易于拆卸和修理。

(6) 正弦规的圆柱应采用螺钉可靠地固定在主体上，且不得引起圆柱和主体变形；

紧固后的螺钉不得露出圆柱表面。主体上固定圆柱的螺孔不得露出工作面。

(1) 用万能角度尺摆出如下规定的数值

① 试用Ⅰ型万能角度尺分别摆出 45°、90°、120°、240°、270°、56°32′、87°46′、138°12′、187°52′、237°16′、145°48′各角度。

② 试用Ⅱ型万能角度尺分别摆出 45°、90°、120°、240°、270°、326°35′、57°10′、125°15′、190°30′、237°25′、165°45′各角度。

(2) 读数

实际测量工件,读出工件的各个角度。

学习任务3　其他计量工具简介

(1) 能够熟练使用百分表进行测量检测;

(2) 知道塞尺和直角尺的用途和使用方法;

(3) 能够正确使用水平仪。

一、指示式量具

指示式量具是以指针指示出测量结果的量具。车间常用的指示式量具有百分表、千分表、杠杆百分表和内径百分表等。主要用于校正零件的安装位置,检验零件的形状精度和相互位置精度,以及测量零件的内径等。

1. 百分表和千分表

百分表和千分表都是用来校正零件或夹具的安装位置,检验零件的形状精度或相互位置精度的工具,它们的结构原理基本相同,只是千分表的读数精度比较高,百分表的读数精度为0.01mm,千分表的读数精度为0.001mm。车间里经常使用的是百分表,因此以百分表为例进行说明。

(1) 百分表的结构和刻线原理

百分表是一种精度较高的比较量具,它只能测出相对数值,不能测出绝对数值,主要用于测量形状和位置误差,也可用于机床上安装工件时的精密找正。

百分表的工作原理是将被测尺寸引起的测杆微小直线移动,经过齿轮传动放大,变为指针在刻度盘上的转动，从而读出被测尺寸的大小。百分表是利用齿条齿轮或杠杆齿轮传动，将测杆的直线位移变为指针的角位移的计量器具。

百分表的结构原理如图 1-20 所示。当测量杆 1 向上或向下移动 1mm 时，通过齿轮传动系统带动大指针 5 转一圈，小指针 7 转一格。刻度盘在圆周上有 100 个等分格，各格的读数值为 0.01mm。小指针每格读数为 1mm。测量时指针读数的变动量即为尺寸变化量。刻度盘可以转动，以便测量时大指针对准零刻线。

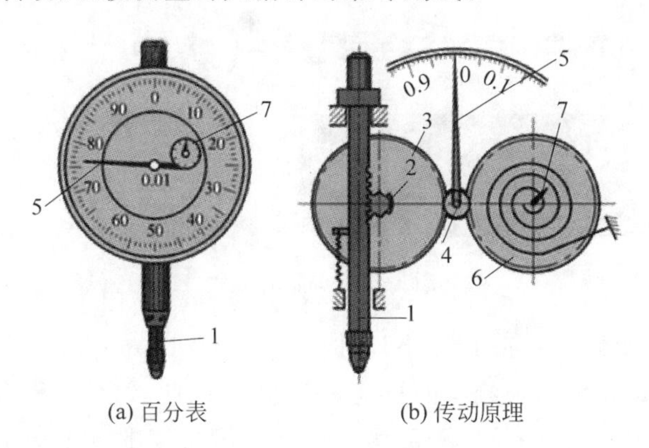

(a) 百分表　　(b) 传动原理

图 1-20　百分表的结构原理

（2）百分表的读数方法

先读小指针转过的刻度线（即毫米整数），再读大指针转过的刻度线（即小数部分），并乘以 0.01，然后两者相加，即得到所测量的数值。

由于千分表的读数精度比百分表高，所以百分表适用于尺寸精度为 IT6～IT8 级零件的校正和检验；千分表则适用于尺寸精度为 IT5～IT7 级零件的校正和检验。百分表和千分表按其制造精度，可分为 0、1 和 2 级三种，0 级精度最高。使用时，应按照零件的形状和精度要求，选用合适的百分表或千分表的精度等级和测量范围。百分表和千分表的测量杆是作直线移动的，可用来测量长度尺寸，所以它们也是长度测量工具。目前，国产百分表的测量范围（即测量杆的最大移动量）有 0～3mm，0～5mm，0～10mm 三种。精度为 0.001mm 的千分表，测量范围为 0～1mm。

（3）百分表和千分表的使用注意事项

① 使用前，应检查测量杆活动的灵活性。即轻轻推动测量杆时，测量杆在套筒内的移动要灵活，没有卡滞现象，每次松开后，指针能回到原来的刻度位置。

② 使用时，必须把百分表固定在可靠的夹持架上，切不可贪图省事，随便夹在不稳固的地方，否则容易造成测量结果不准确，或摔坏百分表。

③ 测量时，不要使测量杆的行程超过它的测量范围，不要使表头突然撞到工件上，也不要用百分表测量表面粗糙或有显著凹凸不平的工件。

④ 测量平面时，百分表的测量杆要与平面垂直，测量圆柱形工件时，测量杆要与工件的中心线垂直，否则，将使测量杆活动不灵或测量结果不准确。

⑤ 为方便读数，在测量前一般都让大指针指到刻度盘的零位。

2. 内径百分表

(1) 内径百分表的结构和原理

内径百分表用来测量或检验零件的内孔、深孔直径及其形状精度。当内径百分表活动测头移动 1mm 时,活动杆也移动 1mm,推动百分表指针回转一圈。活动测头的移动量可以在百分表上读出来,如图 1-21 所示。

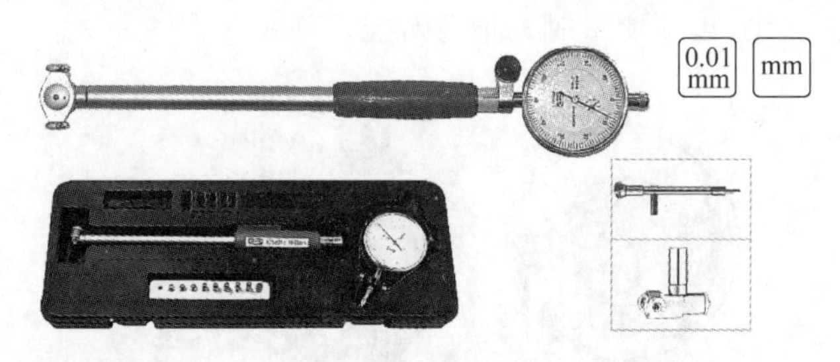

图 1-21 内径百分表

内径百分表活动测头的移动量,小尺寸的只有 0～1mm,大尺寸的为 0～3mm,它的测量范围是由更换或调整可换测头的长度来实现的,因此,每个内径百分表都附有成套的可换测头。国产内径百分表的读数值为 0.01mm,测量范围有 10～18、18～35、35～50、50～100、100～160、160～250 和 250～450mm。

内径百分表的示值误差比较大,使用时应当校对零位并增加测量次数,以便提高测量精度。

(2) 使用方法及注意事项

内径百分表用来测量圆柱孔,它附有成套的可调测量头,使用前必须先进行组合和校对零位。组合时,将百分表装入连杆内,使小指针指在 0～1 的位置上,长针和连杆轴线重合,刻度盘上的字应垂直向下,以便于测量时观察,装好后应予以紧固。

粗加工时,最好先用游标卡尺或内卡钳测量工件。因内径百分表同其他精密量具一样属贵重仪器,其精确与否直接影响到工件的加工精度和量具的使用寿命。粗加工时,工件加工表面粗糙不平而使测量不准确,也易磨损测头,因此,必须爱护和保养量具,精加工时再使用内径百分表测量工件。

测量前应根据被测孔径大小,调整好内径百分表尺寸后才能使用。在调整尺寸时,正确选用可换测头的长度及其伸出距离,应使被测尺寸在活动测头总移动量的中间位置。

测量时,连杆中心线应与工件中心线平行,不得歪斜,同时应在圆周上多测几个点,找出孔径的实际尺寸,看是否在公差范围以内。

3. 杠杆百分表

杠杆百分表又称杠杆表或靠表,是利用杠杆—齿轮传动机构或者杠杆—螺旋传动机构将尺寸变化为指针角位移,并指示出长度尺寸数值的计量器具。用于测量工件几何形状误差和相互位置的准确性,并可用比较法测量长度,如图 1-22 所示。

图 1-22 杠杆百分表

杠杆百分表体积小、精度高，适应于一般百分表难以测量的场所。其分度值为0.01mm，测量范围不大于1mm。它的表盘是对称刻度，可用于测量几何误差，也可用比较测量的方法测量实际尺寸，还可以测量小孔、凹槽、孔距、坐标尺寸等。

杠杆百分表的使用注意事项。

① 在使用时应注意使测量运动方向与测头中心线垂直，以免产生测量误差。百分表应固定在可靠的表架上，测量前必须检查百分表是否夹牢，并多次提拉百分表测量杆与工件接触，观察其重复指示值是否相同。

② 测量时，不准用工件撞击测头，以免影响测量精度或撞坏百分表。为保持一定的起始测量力，测头与工件接触时，测量杆应有0.3～0.5mm的压缩量。

③ 测量杆上不要加油，以免油污进入表内，影响百分表的灵敏度。

④ 杠杆百分表测量杆与被测工件表面必须垂直，否则会产生误差。百分表的测量杆轴线与被测工件表面的夹角愈小，误差就愈小。

二、塞尺

1. 塞尺的结构和规格

塞尺又称厚薄规或间隙片，主要用来检验机床紧固面和紧固面、活塞与气缸、活塞环槽和活塞环、十字头滑板和导板、进排气阀顶端和摇臂、齿轮啮合间隙等结合面之间的间隙大小。塞尺是由许多层厚薄不一的薄钢片组成，如图1-23所示，按照塞尺的组别制成一把一把的塞尺，每把塞尺中的每片具有两个平行的测量平面，且都有厚度标记，以供组合使用。

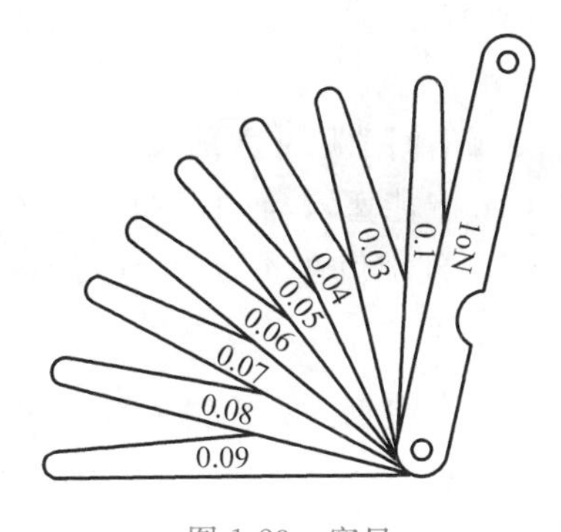

图1-23　塞尺

测量时，根据结合面间隙的大小，用一片或数片重叠在一起塞进间隙内。例如用0.03mm的一片能插入间隙，而0.04mm的一片不能插入间隙，这说明间隙为0.03～0.04mm，所以塞尺也是一种界限量规。塞尺的规格见表1-3。

2. 塞尺的使用方法

(1) 先将要测量工件的表面清理干净，不能有油污或其他杂质，必要时用油石清理。

(2) 形成间隙的两工件必须相对固定，以免因松动导致间隙变化而影响测量效果。

(3) 根据目测的间隙大小选择适当规格的塞尺逐个塞入。

表 1-3 塞尺的规格

A型	B型	塞尺片长度(mm)	片数	塞尺的厚度及组装顺序
组别标记				
75A13	75B13	75	13	0.02；0.02；0.03；0.03；0.04；0.04；0.05；0.05；0.06；0.07；0.08；0.09；0.10
100A13	100B13	100		
150A13	150B13	150		
200A13	200B13	200		
300A13	300B13	300		
75A14	75B14	75	14	1.00；0.05；0.06；0.07；0.08；0.09；0.19；0.15；0.20；0.25；0.30；0.40；0.50；0.75
100A14	100B14	100		
150A14	150B14	150		
200A14	200B14	200		
300A14	300B14	300		
75A17	75B17	75	17	0.50；0.02；0.03；0.04；0.05；0.06；0.07；0.08；0.09；0.10；0.15；0.20；0.25；0.30；0.35；0.40；0.45
100A17	100B17	100		
150A17	150B17	150		
200A17	200B17	200		
300A17	300B17	300		

(4) 当间隙较大或希望测量出更小的尺寸范围时，单片塞尺已无法满足测量要求，可以使用数片叠加在一起插入间隙中(在塞尺的最大规格满足使用间隙要求时，尽量避免多片叠加，以免造成累计误差)。

如果间隙片最大规格为 0.5mm，间隙尺寸大约在 0.65mm 时，就需要使用 0.5mm 与 0.15mm 叠加测量。如果用 0.03mm 能塞入，而用 0.04mm 不能塞入，通过在 0.03mm 上叠加 0.005mm 也能塞入，得到所测间隙值在 0.035mm 与 0.04mm 之间。

3. 塞尺的使用注意事项

使用塞尺时必须注意下面几点：根据结合面的间隙情况选用塞尺片数，但片数愈少愈好；测量时不能用力太大，以免塞尺弯曲和折断；不能测量温度较高的工件；使用塞尺时不能戴手套，并保持手的干净、干燥；观察塞尺有无弯折、生锈，以免影响测量的准确度；擦拭塞尺上的灰尘和油污，以免影响测量的准确度；测量时不能强行把塞尺塞入测量间隙，以免塞尺弯曲或折断；塞尺较薄较锋利，防止划伤手或身体其他部位。

三、直角尺

直角尺是一种专业量具，简称为角尺，在有些场合也称为靠尺，按材质可分为铸铁直角尺、镁铝直角尺和花岗岩直角尺，其结构类型如图 1-24 所示。它用于检测工件的垂直度及工件相对位置的垂直度，有时也用于划线，如图 1-25 所示。适用于机床、机械设备及零部件的垂直度检验、安装加工定位和划线等，是机械行业中的重要测量工具。

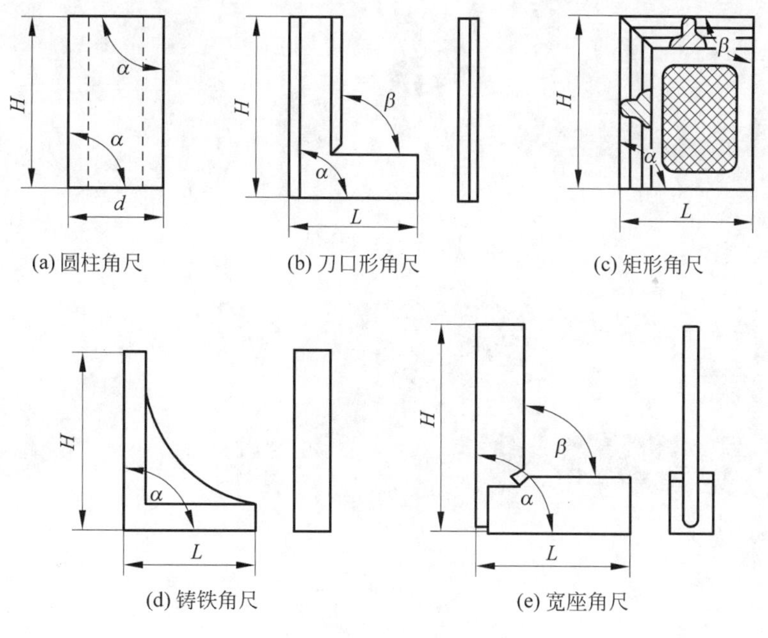

图 1-24 直角尺

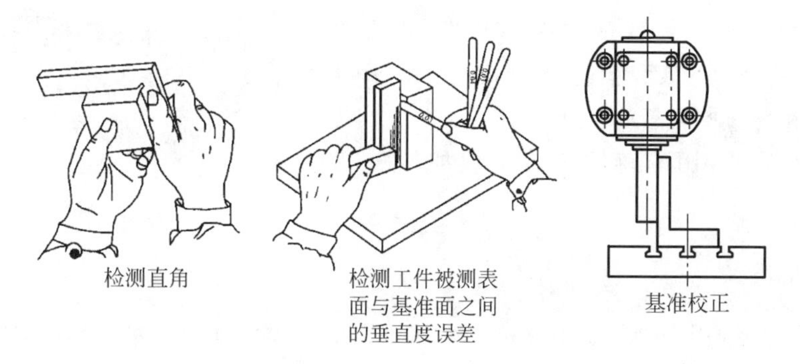

图 1-25 直角尺的使用

直角尺的制造精度有 00 级、0 级、1 级和 2 级四个精度等级，00 级的精度最高，一般作为实用基准，用来检定精度较低的直角量具；0 级和 1 级用于检验精密工件，2 级用于一般工件的检验。

四、检验平尺

检验平尺是用来检验工件的直线度和平面度的量具。检验平尺有两种类型：一种是样板平尺，根据形状不同，又可以分为刀口尺(刀形样板平尺)、三棱样板平尺和四棱样板平尺，如图 1-26 所示；另一种是宽工作面平尺，常用的有矩形平尺、工字形平尺和桥形平尺，如图 1-27 所示。

检验时将样板平尺的棱边或宽工作面平尺的工作面紧贴工件的被测表面，样板平尺通过透光法，宽工作面平尺通过着色法来检验工件的直线度或平面度。

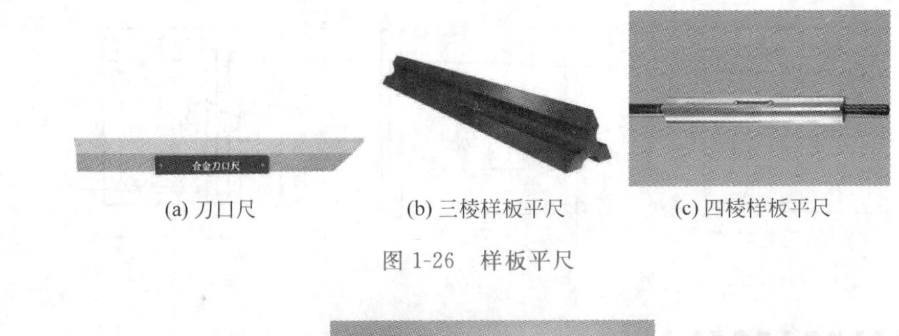

(a) 刀口尺　(b) 三棱样板平尺　(c) 四棱样板平尺

图 1-26　样板平尺

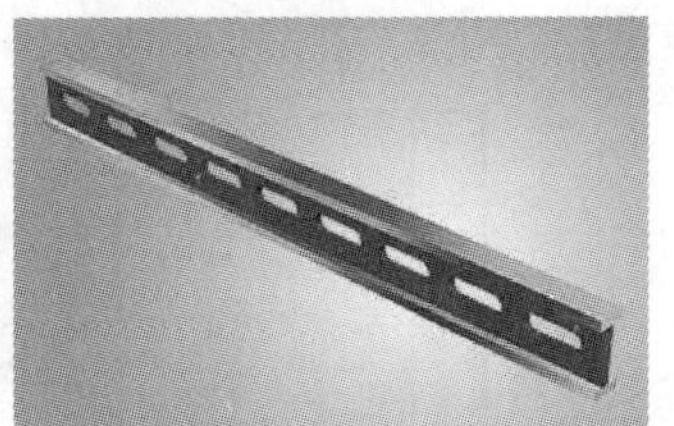
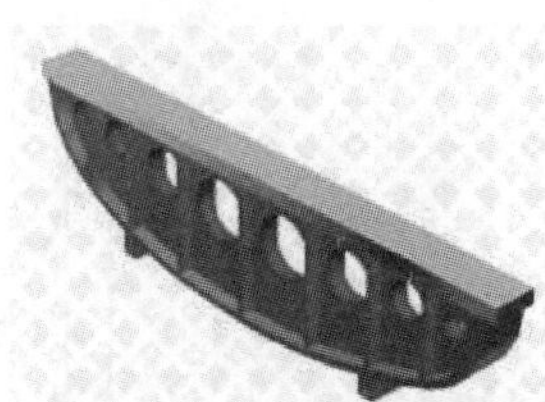

(a) 矩形平尺　(b) 工字形平尺　(c) 桥形平尺

图 1-27　宽工作面平尺

五、检验平板

检验平板一般用铸铁或花岗岩制成，有非常精确的工作平面，其平面度误差极小，在检验平板上，利用指示表和方箱、V 形架等辅助工具，可以进行多种检测。常用的铸铁检验平板如图 1-28 所示。

图 1-28　检验平板

六、水平仪

水平仪是一种用来测量被测平面相对水平面的微小角度的计量器具。主要用于检测机床等设备导轨的直线度，机件工作面间的平行度、垂直度及调整设备安装的水平位置，也可用来测量工件的微小倾角。水平仪有电子水平仪和水准式水平仪。常用的水准式水平仪又有条式水平仪、框式水平仪和合像水平仪三种结构形式，如图 1-29 所示，其中以框式水平仪应用最多。

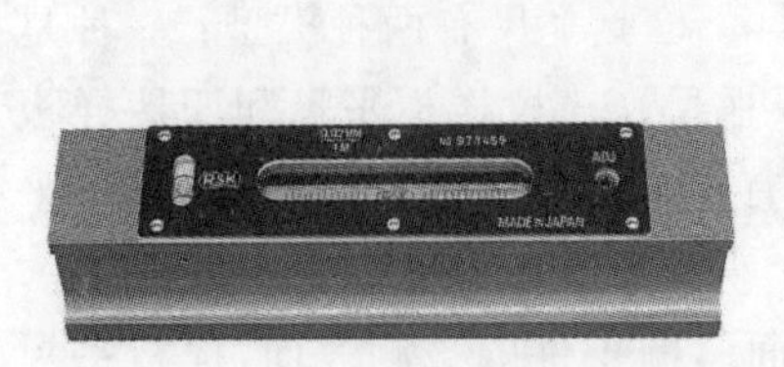

(a) 条式水平仪　(b) 框式水平仪　(c) 合像水平仪

图 1-29　水平仪

框式水平仪由铸铁框架和纵向、横向两个水准器组成。框架为正方形，除有安装水准器的下测量面外，还有一个与之相垂直的侧测量面（两测量面均带V形槽），故当其侧测量面与被测表面相靠时，便可检测被测表面与水平面的垂直度。其规格有150mm×150mm，200mm×200mm，250mm×250mm，300mm×300mm等几种，其中200mm×200mm规格最为常用。

水平仪的玻璃管上有刻度，管内装有乙醚或乙醇，不装满而留有一个气泡。气泡的位置随被测表面相对水平面的倾斜程度而变化，它总是向高的方向移动，若气泡在正中间，说明被测表面水平。如果气泡向右移动了一格，说明右边高。如水平仪的分度值为0.02mm/1000mm(4″)，就表示被测表面倾斜了4″，在1000mm长度上两端高度差为0.02mm。

设被测表面长度为l，测量时气泡移动了n格，则相对倾斜角为$\alpha=4''\times n$，两端高度差为$l\times n\times$分度值。

例1-4 用分度值为0.02mm/1000mm(4″)的水平仪测量一个长度为600mm的导轨工作面的倾斜程度，测量时水平仪的气泡移动了3格，问该导轨工作面相对水平面倾斜了多少？

解：

相对倾斜角为

$$\alpha=4''\times 3=12''$$

两端高度差为

$$\frac{0.02}{1000}\times 600\times 3=0.036(\text{mm})$$

数显量具、量仪简介

数显量具、量仪是以高度集成化的容栅传感器电子组件（带液晶显示器的数显单元），配以各类游标量具（含卡尺、深度尺、高度尺、万能角度尺）、测微螺旋量具、机械式量仪等普通量具构成的电子数显量具、量仪——各类数显卡尺、高度尺、千分尺、百分表、万能角度尺和框式水平仪等。

一般用数显量具测量时，用力要平稳，不宜过猛。

数显量具除机械量具所具有的一般功能外，还有以下特殊功能。

(1) 可在任意位置清零，便于实现相对测量（比较测量）。

(2) 可任意进行米制和英制测量数值的转换。

(3) 某些数显量具带有输出端口，其测量数据经输出端口、连接线可输入计算机或专用打印机进行数据处理。

(4) 数显量具因其电子组件的封装方式不同，量具还可有其他多种不同的使用功能。例如可进行绝对测量和相对测量两种测量方式的转换；可预置数值（测量初始值）；可设置公差带并显示测量结果是否合格，如超差可显示超差状态（偏大或偏小）；可设置在测量中跟踪极大值或极小值；可瞬时保持(锁定)测量数据，这在不便于读数的情况下特别有用，如按下某按键，即锁定测量值，然后将数显量具移到方便处观察测量结果。

(1) 简要说明百分表的工作原理和主要应用场合。

(2) 水平仪有哪些种类？最常用的是哪种？

(3) 杠杆百分表使用时应注意什么？

(4) 什么是数显量具？与常规量具相比，它们有哪些特殊功能？

(5) 用分度值为 0.02mm/1000mm(4″)的水平仪测量一个长度为 800mm 平面的倾斜程度，测量时水平仪的气泡移动了 4 格，则该平面相对水平面倾斜了多少？

单元2

极限与配合

单元概述

零件的互换性是成批生产组装机器时，要求一批相配合的零件只要按零件图要求加工出来，不经任何选择或修配，任取一对装配起来，就能达到设计的工作性能要求。零件具有的这种互换性，可给机器装配、修理带来方便，也为机器的现代工业化大生产提供了可能性。

零件在加工过程中，要受到机床精度、刀具磨损、测量误差等影响，不可能把零件的尺寸加工得绝对准确。为了保证互换性，必须将零件尺寸的加工误差限制在一定范围内。

本单元将对极限与配合的基本术语、极限与配合的标准化、极限与配合的选用及尺寸公差的标注等做简要介绍。

单元目标

(1) 理解极限与配合基本术语的含义；

(2) 能够理解极限与配合国家标准组成与特点；

(3) 能够采用适当的方法选用极限与配合；

(4) 理解并合理对尺寸公差进行标注。

学习任务1　极限与配合的基本术语

任务目标

(1) 理解极限与配合基本术语的含义；

(2) 理解尺寸偏差、公差及其与极限尺寸的关系。

极限与配合是机械工程方面重要的基础标准，它不仅用于圆柱体内、外表面的结合，也用于其他结合中的由单一尺寸确定的部分，例如键结合等。

孔：通常指工件各种形状的内表面，对装配而言指包容面，如图 2-1 所示。

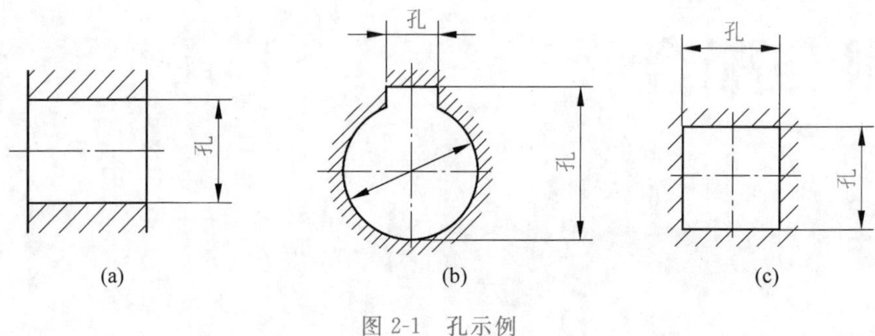

图 2-1 孔示例

轴：通常指工件各种形状的外表面，对装配而言指被包容面，如图 2-2 所示。

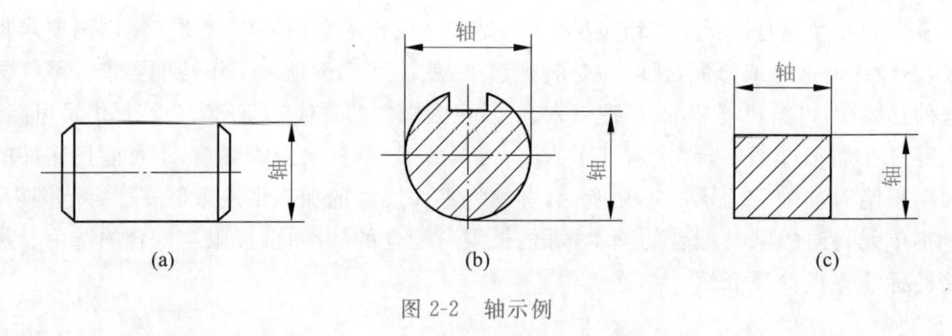

图 2-2 轴示例

从加工过程的变化来看，随着余量被切除，孔的尺寸由小变大，轴的尺寸由大变小。

一、尺寸的术语

零件的加工精度是靠尺寸精度来保证的，零件加工精度越高，尺寸范围就越小。因此，加工零件时要按照规定尺寸精度生产。

1. 尺寸

用特定单位表示长度大小的数值称为尺寸。长度包括直径、半径、宽度、深度、高度和中心距等。

尺寸由数值和特定单位两部分组成。例如 30mm。

在机械图样中，尺寸单位为 mm 时，通常可以省略单位不写。

采用其他单位时，则必须要在数值后注写单位。

2. 公称尺寸

公称尺寸由设计给定，设计时根据零件的使用要求，通过计算、试验或类比的方法，并经过标准化后确定。

标准规定：孔的公称尺寸用“D”表示；轴的公称尺寸用“d”表示。

3. 实际(组成)要素

实际(组成)要素是通过测量获得的尺寸。由于存在加工误差，零件同一表面上不同位置的实际(组成)要素不一定相等，如图 2-3 所示。

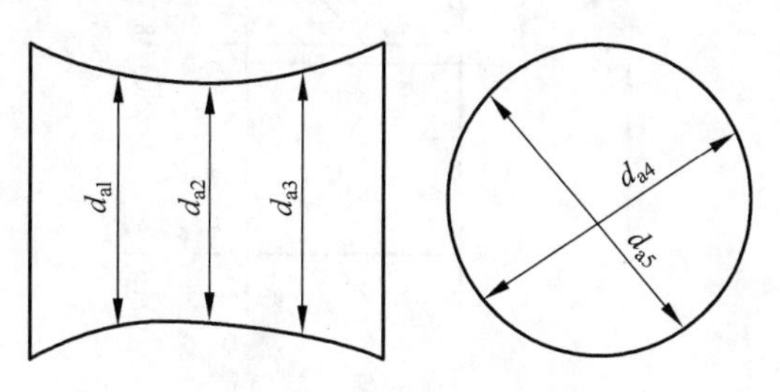

图 2-3 实际(组成)要素

通常孔的实际(组成)要素用“D_a”表示；轴的实际(组成)要素用“d_a”表示。

4. 极限尺寸

极限尺寸是允许尺寸变化的两个界限值。允许的最大尺寸称为上极限尺寸，允许的最小尺寸称为下极限尺寸。

通常孔的上极限尺寸用“D_{max}”表示，轴的上极限尺寸用“d_{max}”表示。孔的下极限尺寸用“D_{min}”表示，轴的下极限尺寸用“d_{min}”表示。

判定零件尺寸合格的标准：零件的实际(组成)要素在极限尺寸之间，也就是在上极限尺寸和下极限尺寸之间时，零件为合格。

二、尺寸偏差、公差的基本术语

1. 偏差

某一尺寸减其公称尺寸所得的代数差称为偏差。某一尺寸可以是极限尺寸，也可以是实际(组成)要素。

(1) 极限偏差

极限尺寸减其公称尺寸所得的代数差称为极限偏差。

上极限偏差(ES、es)：上极限尺寸减其公称尺寸所得的代数差。

$$孔：ES=D_{max}-D \qquad 轴：es=d_{max}-d \qquad (2\text{-}1)$$

下极限偏差(EI、ei)：下极限尺寸减其公称尺寸所得的代数差。

$$孔：EI=D_{min}-D \qquad 轴：ei=d_{min}-d \qquad (2\text{-}2)$$

国家标准规定：在图样上标注极限偏差数值时，上极限偏差标在公称尺寸的右上角，下极限偏差标在公称尺寸的右下角。即：公称尺寸$^{上极限偏差}_{下极限偏差}$，如 $\phi20^{+0.10}_{+0.02}$。

(2) 实际偏差

实际(组成)要素减其公称尺寸所得的代数差称为实际偏差(Ea，ea)。

$$孔：Ea=D_a-D \qquad 轴：ea=d_a-d \qquad (2\text{-}3)$$

判定零件尺寸合格的标准：合格零件的实际偏差应在规定的上、下极限偏差之间。

例 2-1　某孔直径的公称尺寸为 ϕ50mm，上极限尺寸为 ϕ50.048mm，下极限尺寸为 ϕ50.009mm，如图 2-4 所示，求孔的上、下极限偏差。

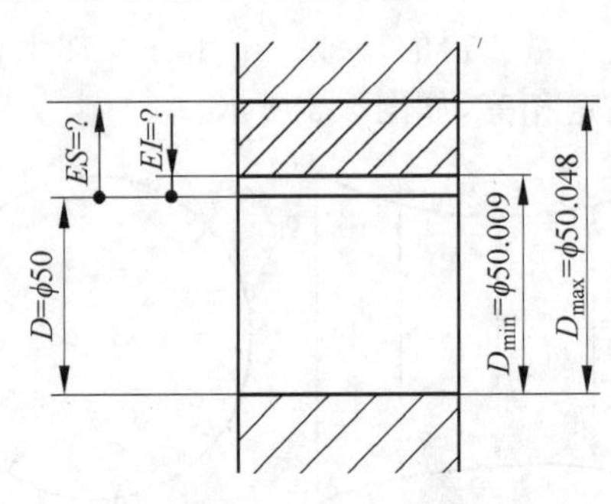

图 2-4　孔的偏差计算图

解：

由公式(2-1)和公式(2-2)得孔的上极限偏差

$$ES = D_{max} - D = 50.048 - 50 = +0.048(\text{mm})$$

孔的下极限偏差

$$EI = D_{min} - D = 50.009 - 50 = +0.009(\text{mm})$$

例 2-2　计算轴 $\phi 60^{+0.018}_{-0.012}$ mm 的极限尺寸。若该轴加工后测得的实际(组成)要素为 ϕ60.012mm，如图 2-5 所示，试判断该零件尺寸是否合格。

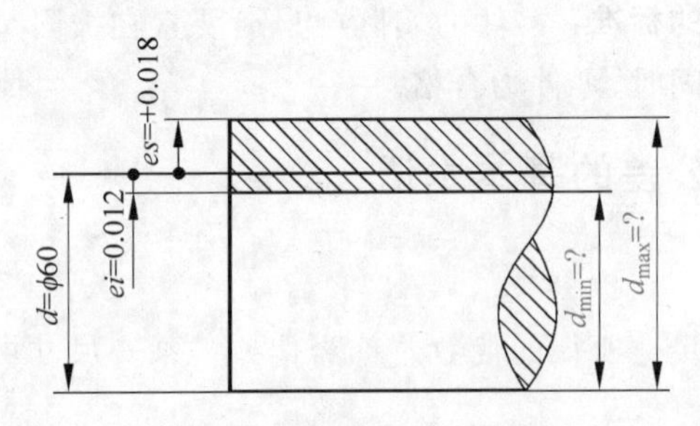

图 2-5　轴的极限尺寸计算图

解：

由公式(2-1)和公式(2-2)得轴的上极限尺寸

$$d_{max} = d + es = 60 + 0.018 = 60.018(\text{mm})$$

轴的下极限尺寸

$$d_{min} = d + ei = 60 - 0.012 = 59.988(\text{mm})$$

方法一：

由于 ϕ59.988mm＜ϕ60.012mm＜ϕ60.018mm，因此该零件尺寸合格。

方法二：

$$\text{轴的实际(组成)要素} = d_a - d = 60.012 - 60 = +0.012(\text{mm})$$

由于 −0.012mm＜+0.012mm＜+0.018mm，因此该零件尺寸合格。

2. 公差

尺寸公差是允许尺寸的变动量，简称公差。

公差是设计人员对尺寸变动量给定允许值，用以限制误差的，如果误差在公差范围内即为合格；反之，则不合格。

公差是绝对值，没有正负之分，且不能为零。

孔的公差

$$T_h = |D_{max} - D_{min}| = |ES - EI| \tag{2-4}$$

轴的公差

$$T_s = |d_{max} - d_{min}| = |es - ei| \tag{2-5}$$

从加工的角度看，基本尺寸相同的，公差值越大，加工就越容易，反之加工就越困难。

例 2-3 求孔 $\phi 20^{+0.10}_{+0.02}$mm 的尺寸公差，如图 2-6 所示。

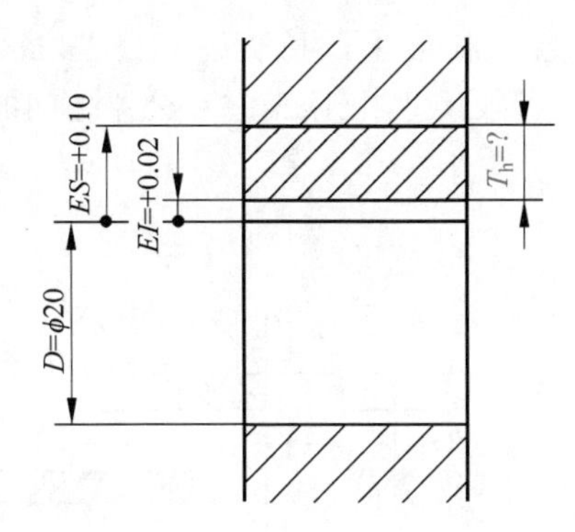

图 2-6 孔的尺寸公差计算图

解：

方法一：

由公式(2-4)得孔的公差

$$T_h = |ES - EI| = |0.10 - 0.02| = 0.08(\text{mm})$$

方法二：

由公式(2-1)和公式(2-2)得

$$D_{max} = D + ES = 20 + 0.10 = 20.10(\text{mm})$$

$$D_{min} = D + EI = 20 + 0.02 = 20.02(\text{mm})$$

由公式(2-4)得孔的公差

$$T_h = |D_{max} - D_{min}| = |20.10 - 20.02| = 0.08(\text{mm})$$

例 2-4 轴公称尺寸为 ϕ40mm，上极限尺寸为 ϕ39.991mm，尺寸公差为 0.025mm，如图 2-7 所示，求其下极限尺寸、上极限偏差和下极限偏差。

解：

由公式(2-5)得

$$d_{min} = d_{max} - T_s = 39.991 - 0.025 = 39.966(\text{mm})$$

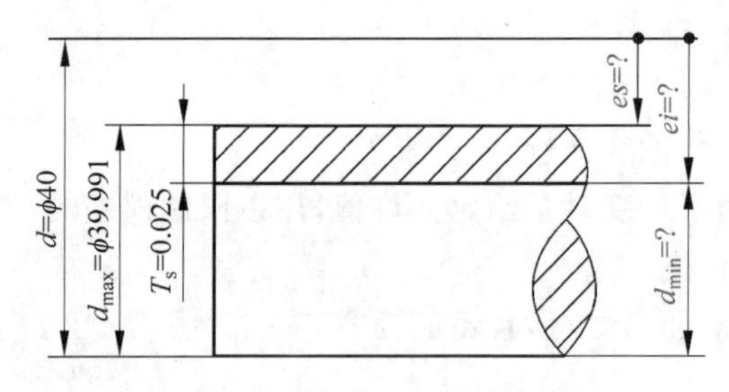

图 2-7　轴的尺寸综合计算图

由公式(2-1)得

$$es = d_{max} - d = 39.991 - 40 = -0.009(\text{mm})$$

由公式(2-2)得

$$ei = d_{min} - d = 39.966 - 40 = -0.034(\text{mm})$$

3. 尺寸公差带

通常采用极限与配合示意图来说明尺寸、偏差和公差之间的关系，如图 2-8 所示，图中还直观地描述了公称尺寸、极限尺寸、极限偏差和公差之间的关系。

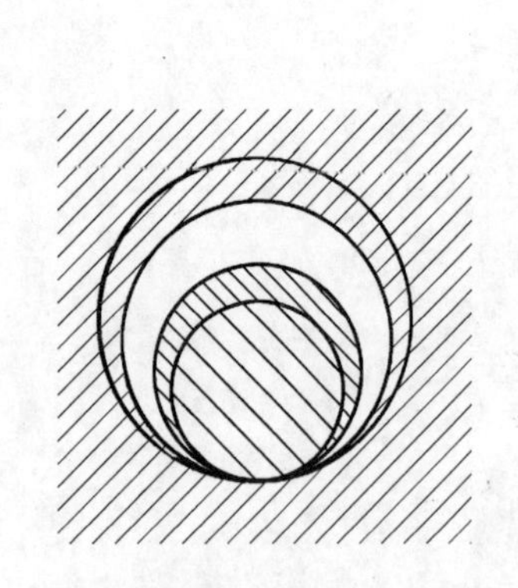

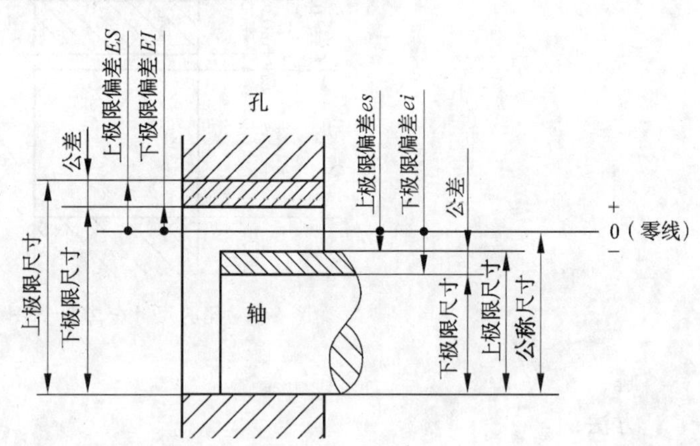

图 2-8　极限与配合示意图

(1) 零线

在极限与配合图解中，表示公称尺寸的一条直线称为零线。

以零线为基准确定偏差，习惯上，零线沿水平方向绘制，在其左端画出表示偏差大小的纵坐标，并标上"0"、"+"和"−"，在其左下方画上带单向箭头的尺寸线，并标上公称尺寸值。

零偏差与零线重合，零线上方表示正偏差，零线下方表示负偏差。

(2) 公差带

在公差带图中，由代表上极限偏差、下极限偏差的两条直线所限定的区域称为公差带。

如图 2-9 所示，公差带沿零线方向的长度可以适当选取。一般在同一图中，孔和轴公差带的剖面线方向应该

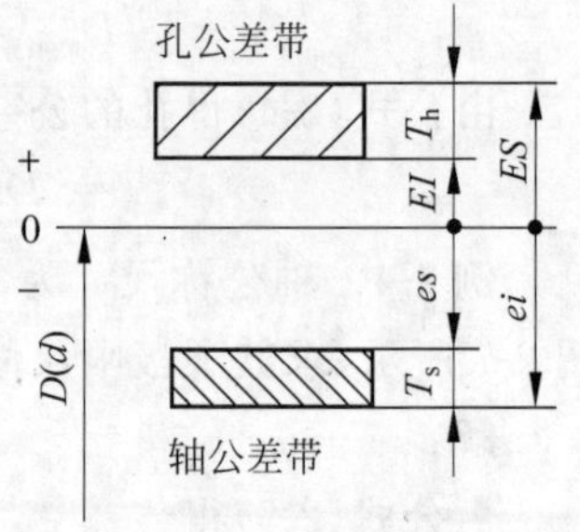

图 2-9　公差带图

相反。

尺寸公差带的两个要素为公差带大小和公差带位置。公差带大小是指公差带沿垂直于零线方向的宽度，由公差的大小决定。公差带位置是指公差带相对于零线的位置，由靠近零线的上极限偏差或下极限偏差决定。

三、配合的术语

1. 配合

公称尺寸相同的，相互结合的孔和轴公差带之间的关系称为配合。

相互配合的孔和轴其公称尺寸应该是相同的。孔、轴公差带之间的不同关系，决定了孔、轴结合的松紧程度，也就是决定了孔、轴的配合性质。

2. 配合的类型

当孔的尺寸减去相配合的轴的尺寸为正时，形成间隙，一般用 X 表示，其数值前应标"＋"号。当孔的尺寸减去相配合的轴的尺寸为负时，形成过盈，一般用 Y 表示，过盈数值前应标"－"号。

根据形成间隙或过盈的情况，将配合分为间隙配合、过渡配合和过盈配合。

(1) 间隙配合

间隙配合是具有间隙(包括最小间隙等于零)的配合。其公差带图的特点是孔的公差带在轴的公差带之上，如图 2-10 所示。

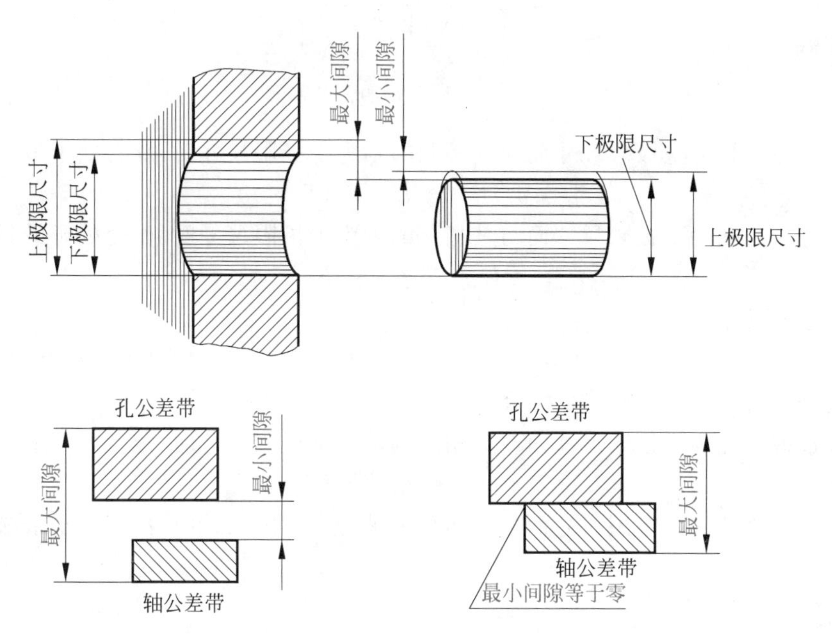

图 2-10　间隙配合的公差带图

最大间隙是孔为上极限尺寸而与其相配的轴为下极限尺寸时，配合处于最松的状态。

$$X_{\max} = D_{\max} - d_{\min} = ES - ei \tag{2-6}$$

最小间隙是孔为下极限尺寸而与其相配的轴为上极限尺寸时，配合处于最紧的状态。

$$X_{\min} = D_{\min} - d_{\max} = EI - es \tag{2-7}$$

（2）过渡配合

过渡配合是可能具有间隙或过盈的配合。其公差带图的特点是孔的公差带与轴的公差带相互交叠，如图 2-11 所示。

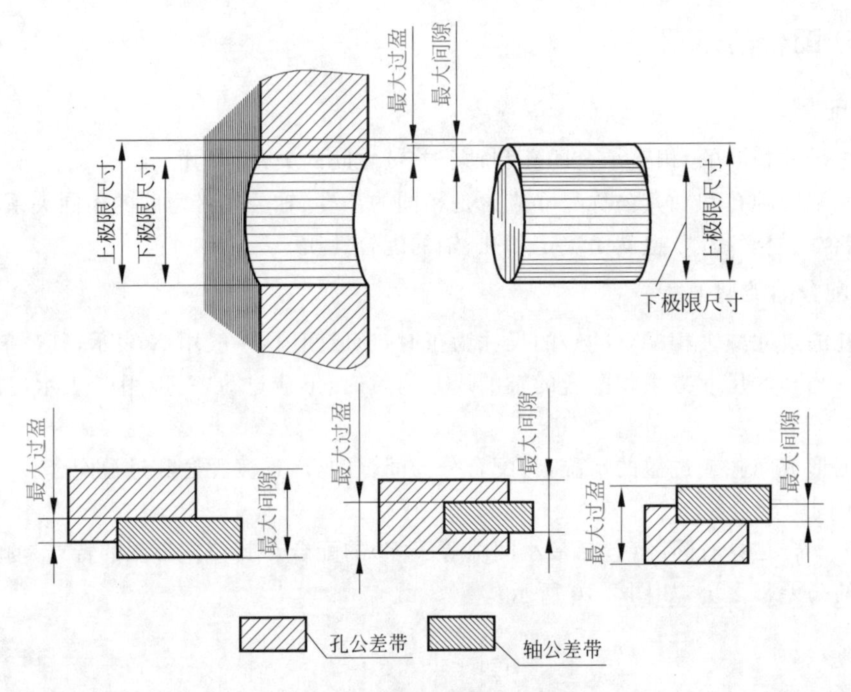

图 2-11　过渡配合的公差带图

最大间隙是孔为上极限尺寸而与其相配的轴为下极限尺寸时，配合处于最松的状态。

$$X_{\max} = D_{\max} - d_{\min} = ES - ei \tag{2-8}$$

最大过盈是孔为下极限尺寸而与其相配的轴为上极限尺寸时，配合处于最紧的状态。

$$Y_{\max} = D_{\min} - d_{\max} = EI - es \tag{2-9}$$

（3）过盈配合

过盈配合是具有过盈（包括最小过盈等于零）的配合。其公差带图的特点是孔的公差带在轴的公差带之下，如图 2-12 所示。

最大过盈是孔为下极限尺寸而与其相配的轴为上极限尺寸时，配合处于最紧的状态。

$$Y_{\max} = D_{\min} - d_{\max} = EI - es \tag{2-10}$$

最小过盈是孔为上极限尺寸而与其相配的轴为下极限尺寸时，配合处于最松的状态。

$$Y_{\min} = D_{\max} - d_{\min} = ES - ei \tag{2-11}$$

3. 配合公差

配合公差是允许间隙或过盈的变动量。配合公差用 T_f 表示。

$$\left.\begin{array}{ll}\text{间隙配合} & T_f = |X_{\max} - X_{\min}| \\ \text{过盈配合} & T_f = |Y_{\min} - Y_{\max}| \\ \text{过渡配合} & T_f = |X_{\max} - Y_{\max}|\end{array}\right\} \tag{2-12}$$

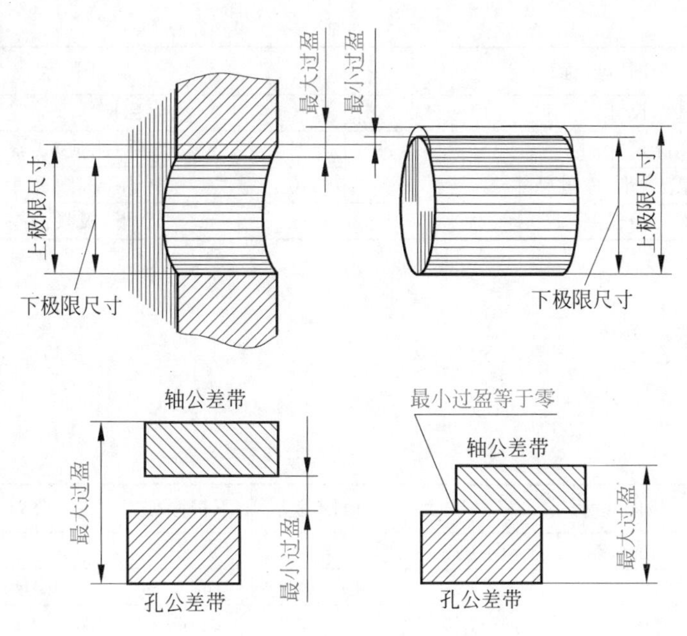

图 2-12 过盈配合的公差带图

每种配合都有两个特征值，这两个特征值分别反映该配合的最“松”和最“紧”程度。配合公差愈大，则配合后的松紧差别程度愈大，配合的一致性差，配合的精度低，反之，配合公差愈小，配合的松紧差别也愈小，配合的一致性好，配合的精度高。

配合公差等于组成部分配合的孔和轴的公差之和。

$$T_f = T_h + T_s \tag{2-13}$$

三种配合的特点见表 2-1。

当 $EI \geqslant es$ 时，为间隙配合；当 $ES \leqslant ei$ 时，为过盈配合；当以上两式都不成立时，为过渡配合。

表 2-1 三种配合的特点

配合类型	特征值	公式	“松”“紧”程度	孔、轴的公差带位置关系	配合公差 T_f
间隙配合	最大间隙 最小间隙	$X_{max}=ES-ei$ $X_{min}=EI-es$	最“松” 最“紧”	孔在轴之上	$\|X_{max}-X_{min}\|$
过渡配合	最大间隙 最大过盈	$X_{max}=ES-ei$ $Y_{max}=EI-es$	最“松” 最“紧”	孔、轴交叠	$\|X_{max}-Y_{max}\|$
过盈配合	最大过盈 最小过盈	$Y_{min}=ES-ei$ $Y_{max}=EI-es$	最“松” 最“紧”	孔在轴之下	$\|Y_{min}-Y_{max}\|$

为了适应科学技术的飞速发展，与国际标准接轨，经原国家技术监督局批准，颁布了公差与配合标准《极限与配合》，代替了旧标准。新旧国标对比见表 2-2。

表 2-2 新旧国标对比

旧 国 标	新 国 标
基本尺寸	公称尺寸
实际尺寸	实际(组成)要素
最大(小)极限尺寸	上(下)极限尺寸
上(下)偏差	上(下)极限偏差

1. 填表题

公称尺寸	上极限尺寸	下极限尺寸	上极限偏差	下极限偏差	公差	尺寸标注
轴 $\phi 40$	$\phi 40.080$	$\phi 40.015$				
孔 $\phi 18$			$+0.093$		0.043	
孔 $\phi 50$		$\phi 49.958$			0.025	
轴 $\phi 60$			-0.041	-0.087		
孔 $\phi 60$				-0.021	0.030	
孔 $\phi 70$						$\phi 70^{+0.018}_{-0.012}$
轴 $\phi 100$	$\phi 100$				0.054	

2. 判断题

(1) 某尺寸的上极限偏差一定大于下极限偏差。 ( )

(2) 相互配合的孔和轴,其公称尺寸必然相同。 ( )

(3) 凡在配合中出现间隙的,其配合性质一定属于间隙配合。 ( )

3. 选择题

(1) 尺寸公差带图的零线表示( )。

A. 上极限尺寸 B. 下极限尺寸 C. 公称尺寸

(2) 当孔的上偏差大于相配合的轴的下偏差时,此配合性质是( )。

A. 间隙配合 B. 过渡配合

C. 过盈配合 D. 无法确定

学习任务2 极限与配合的标准化

任务目标

(1) 理解标准公差和基本偏差;

(2) 掌握标准公差数值表和基本偏差数值表的查表方法。

一、标准公差

标准公差是国家标准《极限与配合》中所规定的任一公差。标准公差数值可从表 2-3 中查出。

表 2-3 标准公差数值

公称尺寸(mm)		标准公差等级																	
		IT1	IT2	IT3	IT4	IT5	IT6	IT7	IT8	IT9	IT10	IT11	IT12	IT13	IT14	IT15	IT16	IT17	IT18
大于	至	μm											mm						
—	3	0.8	1.2	2	3	4	6	10	14	25	40	60	0.1	0.14	0.25	0.4	0.6	1	1.4
3	6	1	1.5	2.5	4	5	8	12	18	30	48	75	0.12	0.18	0.3	0.48	0.75	1.2	1.8
6	10	1	1.5	2.5	4	6	9	15	22	36	58	90	0.15	0.22	0.36	0.58	0.9	1.5	2.2
10	18	1.2	2	3	5	8	11	18	27	43	70	110	0.18	0.27	0.43	0.7	1.1	1.8	2.7
18	30	1.5	2.5	4	6	9	13	21	33	52	84	130	0.21	0.33	0.52	0.84	1.3	2.1	3.3
30	50	1.5	2.5	4	7	11	16	25	39	62	100	160	0.25	0.39	0.62	1	1.6	2.5	3.9
50	80	2	3	5	8	13	19	30	46	74	120	190	0.3	0.46	0.74	1.2	1.9	3	4.6
80	120	2.5	4	6	10	15	22	35	54	87	140	220	0.35	0.54	0.87	1.4	2.2	3.5	5.4
120	180	3.5	5	8	12	18	25	40	63	100	160	250	0.4	0.63	1	1.6	2.5	4	6.3
180	250	4.5	7	10	14	20	29	46	72	115	185	290	0.46	0.72	1.15	1.85	2.9	4.6	7.2
250	315	6	8	12	16	23	32	52	81	130	210	320	0.52	0.81	1.3	2.1	3.2	5.2	8.1
315	400	7	9	13	18	25	36	57	89	140	230	360	0.75	0.89	1.4	2.3	3.6	5.7	8.9
400	500	8	10	15	20	27	40	63	97	155	250	400	0.63	0.97	1.55	2.5	4	6.3	9.7

注：①IT01 和 IT0 在工业上很少用到，本表中未列出。②公称尺寸小于 1mm 时，无 IT14 至 IT18。③公称尺寸大于 500mm 的标准公差数值未列出。

查表时，由公称尺寸查行，标准公差等级查列，两者相交的框格内的数值为标准公差值的数值。

1. 标准公差等级

公差等级是指确定尺寸精确程度的等级。国家标准设置了 20 个公差等级。标准公差等级用“IT”加阿拉伯数字表示，“IT”表示标准公差，阿拉伯数字表示公差等级，即 IT01，IT0，IT1，IT2，IT3，…，IT18。

因零件和零件上不同部件的作用不同，要求尺寸的精确程度就不同。通常情况下，“IT”后的数字越小，公差等级越高，相同公称尺寸的标准公差值越小，精度越高，即 IT01 精度最高，IT18 精度最低。

公差等级越高，精度越高，使用性能也越高，但加工难度大，生产成本高。因而在选择公差等级时应考虑使用要求和加工经济性这两个因素。

注意：虽然在同一公差等级中，不同公称尺寸对应不同的标准公差值，但这些尺寸被认为具有同等的精确程度。

2. 公称尺寸分段

从理论上讲，同一公差等级的标准公差数值也应随公称尺寸的增大而增大。

尺寸分段后，同一尺寸段内所有的公称尺寸，在相同公差等级的情况下，具有相同的公差值。

例如，公称尺寸40mm和50mm都在大于30mm至50mm尺寸段内，两个尺寸的IT7数值均为0.025mm。

二、基本偏差

1. 基本偏差及其代号

基本偏差是国家标准《极限与配合》中所规定的，用以确定公差带相对于零线位置的上极限偏差或下极限偏差。

基本偏差一般指靠近零线位置的那个偏差。如图2-13所示，当公差带的某一偏差为零时，此偏差自然为基本偏差；当公差带相对于零线完全对称时，基本偏差可为上极限偏差，也可为下极限偏差。如 $\phi40^{+0.019}_{-0.019}$ 的基本偏差可为上极限偏差+0.019，也可为下极限偏差−0.019。

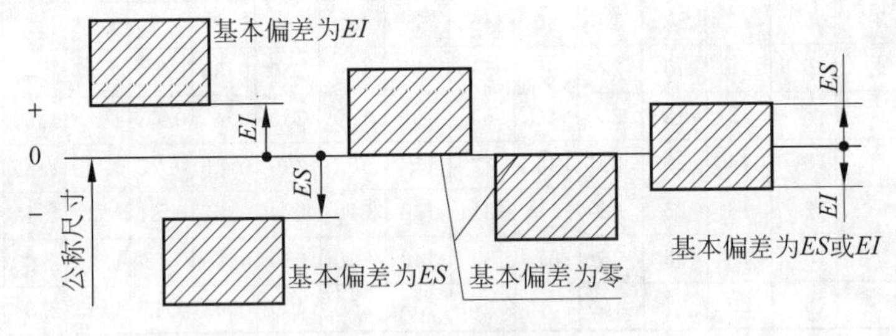

图2-13 基本偏差图

注意：基本偏差既可是上极限偏差，也可为下极限偏差，但对一个尺寸公差带只能规定其中一个为基本偏差。

基本偏差的代号用拉丁字母表示，大写字母表示孔的基本偏差，小写字母表示轴的基本偏差。孔和轴各有28个基本偏差代号，见表2-4。

表2-4 孔和轴的基本偏差代号

孔	A	B	C	D	E	F	G	H	J	K	M	N	P	R	S	T	U	V	X	Y	Z			
			CD		EF	FG		JS														ZA	ZB	ZC
轴	a	b	c	d	e	f	g	h	j	k	m	n	p	r	s	t	u	v	x	y	z			
			cd		ef	fg		js														za	zb	zc

2. 基本偏差系列图及其特征

基本偏差系列图表示公称尺寸相同的28种孔、轴的基本偏差相对于零线的位置关系的图形，如图 2-14 所示。

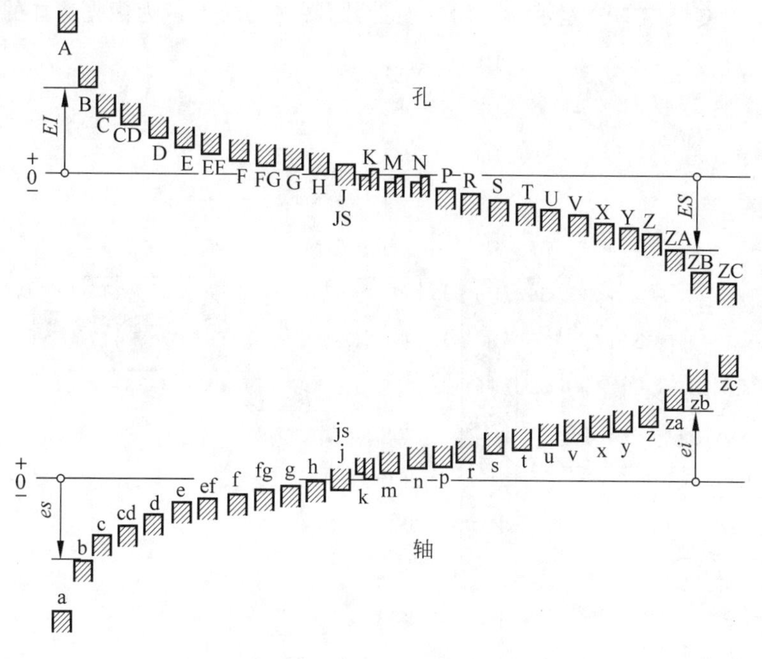

图 2-14 基本偏差系列图

基本偏差系列图只表示公差带的位置，不表示公差带大小。所以，公差带只画了靠近零线的一端，另一端开口，其极限偏差由标准公差确定。从图中还可以得出以下结论。

(1) 孔和轴同字母的基本偏差相对零线基本呈对称分布。

(2) 在基本偏差数值表中将 js 划归为上偏差，将 JS 划归为下偏差。

(3) 代号 k、K 和 N 随公差等级的不同而基本偏差数值有两种不同的情况(K、k 可为正值或零值，N 可为负值或零值)，而代号 M 的基本偏差数值随公差等级不同则有三种不同的情况(正值、负值或零值)。

(4) 代号 j、J 及 P～ZC 的基本偏差数值与公差等级有关。

三、公差带

1. 公差带代号

孔、轴的公差带代号由基本偏差代号和公差等级数字组成。例如，孔的公差带代号为 H9、D9、B11、S7、T7 等；轴的公差带代号为 h6、d8、k6、s6、u6 等。

2. 公差带系列

根据国家标准规定，基本偏差中孔和轴各有 28 个，标准公差等级有 20 级，由基本偏差代号和公差等级数字组成了一系列公差带。孔有 20×27＋3(J6、J7、J8)＝543 种，轴有 20×27＋4(j5、j6、j7、j8)＝544 种，孔和轴又能组成更大数量的配合，但这将不利于标准化生产。为了减少定值刀具、量具和工艺装备的规格，在满足现实需要和生产发展的前提下，国标对孔、轴的公差带做出了规定。

国家标准对公称尺寸至 500mm 孔、轴的公差带的划分如图 2-15 和图 2-16 所示。其中，图中方框内的公差带为常用公差带，圆圈内的公差带为优先选择的公差带。

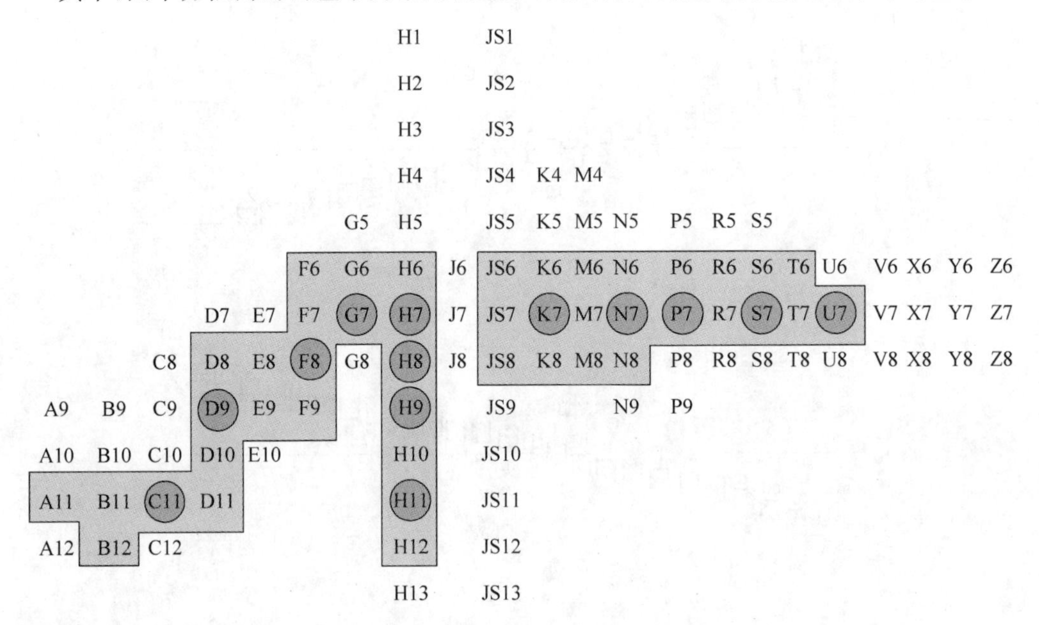

图 2-15 公称尺寸至 500mm 优先、常用和一般孔用公差带

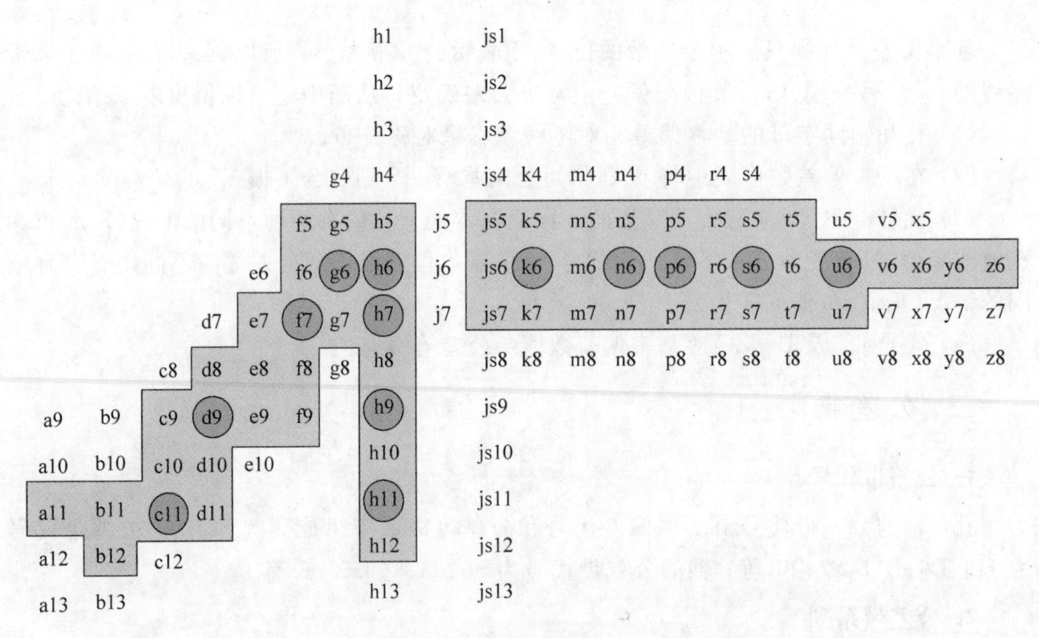

图 2-16 公称尺寸至 500mm 优先、常用和一般轴用公差带

由图中可以看出，孔用公差带中，优先公差带 13 种，常用公差带 44 种，一般用途公差带 105 种；轴用公差带中，优先公差带 13 种，常用公差带 59 种，一般用途公差带 116 种。

在实际生产中，选择公差带的顺序：先优先公差带，其次常用公差带，最后一般用途公差带。

四、配合制

配合的类型分为间隙配合、过渡配合和过盈配合，它们由相配合的孔、轴公差带的相对位置决定。从理论上讲，任何一种孔的公差带和任何一种轴的公差带都可以形成一种配合，但是为了便于应用，国标对孔与轴公差带之间的相互关系，规定了两种基准制，即基孔制和基轴制。

1. 基孔制

基孔制是基本偏差为一定的孔的公差带，与不同基本偏差的轴的公差带形成各种配合的一种制度。

基孔制中的孔是配合的基准件，称为基准孔。基准孔的基本偏差代号为“H”，它的基本偏差是下极限偏差，且数值为0，上极限偏差为正值，其公差带位于零线上方并紧邻零线。

由于基孔制中的轴是非基准件，所以轴的公差带相对于零线可有各种不同的位置，从而可形成各种不同性质的配合，即间隙配合、过盈配合和过渡配合，如图2-17所示。图中基准孔的上偏差用虚线画出，以表示其公差带大小随不同公差等级变化。

2. 基轴制

基轴制是基本偏差为一定的轴的公差带，与不同基本偏差的孔的公差带形成各种配合的一种制度。

基轴制中的轴是配合的基准件，称为基准轴。基准轴的基本偏差代号为“h”，它的基本偏差是上极限偏差，且数值为0，下极限偏差为负值，其公差带位于零线下方并紧邻零线。

由于基轴制中的孔是非基准件，所以孔的公差带相对于零线可有各种不同的位置，从而可形成各种不同性质的配合，即间隙配合、过盈配合和过渡配合，如图2-18所示。图中基准轴的上偏差用虚线画出，以表示其公差带大小随不同公差等级变化。

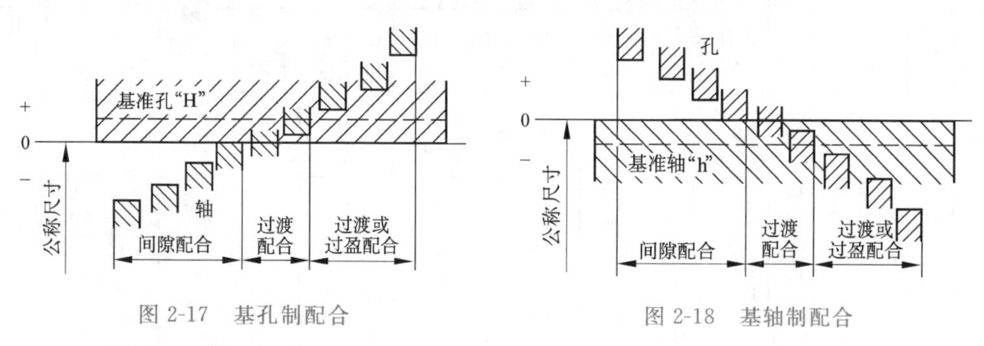

图2-17　基孔制配合　　图2-18　基轴制配合

3. 常用和优先配合

国标在公称尺寸至500mm范围内，对基孔制规定了59种常用配合，对基轴制规定了47种常用配合。这些配合分别由轴、孔的常用公差带和基准孔、基准轴的公差带组合而成。

在常用配合中又对基孔制、基轴制各规定了13种优先配合，优先配合分别由轴、孔的优先公差带与基准孔和基准轴的公差带组合而成。基孔制、基轴制的优先和常用配合分别见表 2-5 和表 2-6。

表 2-5　基孔制的优先和常用配合

基准孔	轴																				
	a	b	c	d	e	f	g	h	js	k	m	n	p	r	s	t	u	v	x	y	z
	间隙配合								过渡配合			过盈配合									
H6						H6/f5	H6/g5	H6/h5	H6/js5	H6/k5	H6/m5	H6/n5	H6/p5	H6/r5	H6/s5	H6/t5					
H7						H7/f6	H7/g6	H7/h6	H7/js6	H7/k6	H7/m6	H7/n6	H7/p6	H7/r6	H7/s6	H7/t6	H7/u6	H7/v6	H7/x6	H7/y6	H7/z6
H8					H8/e7	H8/f7	H8/g7	H8/h7	H8/js7	H8/k7	H8/m7	H8/n7	H8/p7	H8/r7	H8/s7	H8/t7	H8/u7				
				H8/d8	H8/e8	H8/f8		H8/h8													
H9			H9/c9	H9/d9	H9/e9	H9/f9		H9/h9													
H10			H10/c10	H10/d10				H10/h10													
H11	H11/a11	H11/b11	H11/c11	H11/d11				H11/h11													
H12		H12/b12						H12/h12													

表 2-6　基轴制的优先和常用配合

基准轴	孔																				
	A	B	C	D	E	F	G	H	JS	K	M	N	P	R	S	T	U	V	X	Y	Z
	间隙配合								过渡配合			过盈配合									
h5						F6/h5	G6/h5	H6/h5	JS6/h5	K6/h5	M6/h5	N6/h5	P6/h5	R6/h5	S6/h5	T6/h5					
h6						F7/h6	G7/h6	H7/h6	JS7/h6	K7/h6	M7/h6	N7/h6	P7/h6	R7/h6	S7/h6	T7/h6	U7/h6				
h7					E8/h7	F8/h7		H8/h7	JS8/h7	K8/h7	M8/h7	N8/h7									
h8				D8/h8	E8/h8	F8/h8		H8/h8													
h9				D9/h9	E9/h9	F9/h9		H9/h9													
h10				D10/h10				H10/h10													
h11	A11/h11	B11/h11	C11/h11	D11/h11				H11/h11													
h12		B12/h12						H12/h12													

五、一般公差——线性尺寸的未注公差

在设计时，对机械零件上各部位提出的尺寸、形状和位置等精度要求，取决于其使用功能的要求。当对机械零件上各部位无特殊要求时，可给出一般公差。

1. 线性尺寸的一般公差

线性尺寸的一般公差是在车间普通工艺条件下，机床设备一般加工能力可保证的公差。在正常维护和操作情况下，它代表经济加工精度。

国标规定：采用一般公差时，在图样上不单独注出公差，而是在图样上、技术文件或技术标准中做出总的说明。

线性尺寸的一般公差既适合于金属切削加工的尺寸，也适用于一般冲压加工的尺寸，非金属材料和其他工艺方法加工的尺寸也可参照采用。国家标准规定线性尺寸的一般公差适用于非配合尺寸。

零件图样上采用一般公差后，可以简化制图，使图样清晰易读；便于突出需要标注公差要求的部位，有利于加工和检测；简化零件上某些部位的检测。

2. 线性尺寸的一般公差标准

线性尺寸的一般公差规定了四个等级，即 f(精密级)、m(中等级)、c(粗糙级)和 v(最粗级)。

确定图样上线性尺寸的未注公差时，应考虑车间的一般加工精度，选取标准规定的公差等级，并在相应的技术文件或技术标准中做出具体规定，见表 2-7 和表 2-8。

表 2-7 一般公差线性尺寸的极限偏差数值 单位：mm

公差等级	尺寸分段							
	0.5～3	＞3～6	＞6～30	＞30～120	＞120～400	＞400～1000	＞1000～2000	＞2000～4000
f(精密级)	±0.05	±0.05	±0.1	±0.15	±0.2	±0.3	±0.5	—
m(中等级)	±0.1	±0.1	±0.2	±0.3	±0.5	±0.8	±1.2	±2
c(粗糙级)	±0.2	±0.3	±0.5	±0.8	±1.2	±2	±3	±4
v(最粗级)	—	±0.5	±1	1.5	±2.5	±4	±6	±8

表 2-8 一般公差倒圆半径与倒角高度尺寸的极限偏差数值 单位：mm

<table>
<tr><th rowspan="2">公差等级</th><th colspan="4">尺寸分段</th></tr>
<tr><th>0.5～3</th><th>＞3～6</th><th>＞6～30</th><th>＞30</th></tr>
<tr><td>f(精密级)</td><td rowspan="2">±0.2</td><td rowspan="2">±0.5</td><td rowspan="2">±1</td><td rowspan="2">±2</td></tr>
<tr><td>m(中等级)</td></tr>
<tr><td>c(粗糙级)</td><td rowspan="2">±0.4</td><td rowspan="2">±1</td><td rowspan="2">±2</td><td rowspan="2">±4</td></tr>
<tr><td>v(最粗级)</td></tr>
</table>

3. 线性尺寸一般公差的表示方法

一般情况下，线性尺寸的一般公差在图样上、技术文件或技术标准中作总的说明，不

单独标出。标注时用线性尺寸的一般公差标准号和公差等级符号表示。

例如，当一般公差选用中等级时，可在零件图样上（标题栏上方）标明，未注明尺寸按GB/T 1804-m。（其中GB/T 1804为线性尺寸的一般公差标准号，m为公差等级符号）

六、温度条件

由于热胀冷缩等的影响，一个零件在某一温度下检测合格，而在另一温度下检测不合格，特别是高精度零件出现这种情况的可能性更大，因此《极限与配合》标准中明确规定：尺寸的基准温度为20℃。

规定的含义是：图样上和标准中规定的极限与配合是在20℃时给定的，因此测量结果应以工件和测量器具的温度在20℃时为准。

配合制中，如果是没有基准件的配合，即没有基准孔，也没有基准轴时，那么在实际生产中，要根据需求采用非基准孔和非基准轴的配合，这种配合称为混合配合。

孔与轴的配合制中，一般情况下，采用同级配合，如ϕ50H7/f7；或者轴的精度比孔的精度高一级，即轴比孔的标准公差等级数字小，如ϕ50H8/f7。

线性尺寸的一般公差也称为未注公差，它不是没有公差要求，只是在车间普通工艺条件下，机床设备一般加工能力可保证的公差。在以往也称为“自由公差”。在零件图样上，除了少数重要尺寸需要对其标注公差外，对一般尺寸，通常“自由尺寸”可不予标注公差。但这并不意味着这些“自由尺寸”可以完全“自由”，对它们仍应按照未注公差的规定，在此较宽的范围内予以限制。比如零件的倒角、非配合的零件表面、冲压件和铸件（其尺寸已由冲模或木模来保证）等。

1. 填空题

(1) 标准公差设置了________个等级，其中________级精度最高，________级精度最低。

(2) 在公称尺寸相同的情况下，公差等级越高，公差值________。

(3) 孔和轴各有________个基本偏差代号。孔和轴同字母的基本偏差相对零线基本呈________分布。

(4) 孔、轴公差带代号由________代号与________组成。

(5) 国标对孔与轴公差带之间的相互关系规定了________和________两种基准制。

(6) 配合代号用孔、轴________的组合表示，写成分数形式，分子为________，分母为________。

(7) 线性尺寸的一般公差规定了四个等级，即________、________、________

和________。

(8) 国标规定尺寸的基准温度为________。

2. 判断题

(1) 基本偏差为靠近零线的偏差，一般以数值小的偏差作为基本偏差。 ( )

(2) 因为公差等级不同，所以 ϕ50H7 与 ϕ50H8 的基本偏差值不相等。 ( )

(3) 选用公差带时，应按常用、优先、一般公差带的顺序选取。 ( )

(4) 基孔制或基轴制间隙配合中，孔公差带一定在零线以上，轴公差带一定在零线以下。 ( )

3. 选择题

(1) 确定不在同一尺寸段的两尺寸的精确程度，是根据( )。

A. 公差数值的大小　　B. 基本偏差

C. 公差等级　　D. 实际偏差

(2) ϕ20f6、ϕ20f7、ϕ20f8 三个公差带( )。

A. 上、下偏差相同　　B. 上偏差相同、但下偏差不相同

C. 上、下偏差都不同　　D. 上偏差不相同、但下偏差相同

(3) 下列配合中，公差等级选择不恰当的是( )。

A. H7/g6　　B. H9/g9

C. H7/f8　　D. M8/h8

学习任务3 极限与配合的选用

任务目标

(1) 理解公差等级、配合类型、配合制的选用原则；

(2) 能够合理选用公差等级、配合类型、配合制。

学习内容

合理选用极限与配合，是机械设计与制造中的一项重要工作，它对提高产品的性能、质量以及降低生产成本具有重要影响。极限与配合的选用主要就是公差等级、配合类型和配合制的选择。

一、公差等级的选用

选择公差等级时要综合考虑使用性能和经济性能两方面的因素，总的选择原则是：在满足零件的使用性能要求的条件下，尽量选取较低的公差等级。

一般情况下，公差等级的选择主要采用类比法，即结合零件的配合、工艺和结构等特

点，经分析对比后确定公差等级，见表 2-9。

表 2-9　公差等级的主要应用实例

公差等级	主要应用实例
IT01～IT1	一般用于精密标准量块。IT1 也用于检验 IT6 和 117 级轴用量规的校对量规
IT2～IT7	用于检验工作 IT5～IT16 的量规的尺寸公差
IT3～IT5 (孔为 IT6)	用于精度要求很高的重要配合。例如机床主轴与精密滚动轴承的配合、发动机活塞销与连杆孔和活塞孔的配合。 配合公差很小，对加工要求很高，应用较少
IT6(孔为 IT7)	用于机床、发动机和仪表中的重要配合。例如机床传动机构中的齿轮与轴的配合，轴与轴承的配合，发动机中活塞与气缸、曲轴与轴承、气阀杆与导套的配合等。 配合公差较小，一般精密加工能够实现，在精密机械中广泛应用
IT7，IT8	用于机床和发动机中不太重要的配合，也用于重型机械、农业机械、纺织机械、机车车辆等的重要配合。例如机床上操纵杆的支承配合、发动机中活塞环与活塞环槽的配合、农业机械中齿轮与轴的配合等。 配合公差中等，加工易于实现，在一般机械中广泛应用
IT9，IT10	用于一般要求，或长度精度要求较高的配合。某些非配合尺寸的特殊要求。例如飞机机身的外壳尺寸，由于质量限制，要求达到 IT9 或 IT10
IT11，IT12	多用于各种没有严格要求，只要求便于连接的配合。例如螺栓和螺孔、铆钉和孔等的配合
IT12～IT18	用于非配合尺寸和粗加工的工序尺寸上。例如手柄的直径、壳体的外形和壁厚尺寸，以及端面之间的距离等

二、配合类型的选用

一般情况下，配合类型的选择主要采用类比法，即与经过生产和验证后的某种配合进行比较后确定配合类型。

首先根据使用要求确定配合类型，选择间隙配合、过渡配合还是过盈配合，见表 2-10；其次根据国标中各种基本偏差的特点，各种常用和优先配合的特征及应用场合，进一步类比，确定选用哪种配合；第三根据实际工作条件与典型配合的应用场合的不同，对配合的松紧做适当的调整，最后确定选用哪种配合。

表 2-10　配合类型选择原则

<table>
<tr><th>类型</th><th colspan="3">工件相对特征</th><th>配合类型选择</th></tr>
<tr><td rowspan="4">无相对运动</td><td rowspan="3">要传递转矩</td><td rowspan="2">要精确同轴</td><td>永久结合</td><td>过盈配合</td></tr>
<tr><td>可拆结合</td><td>过渡配合或基本偏差为 H(h)[①] 的间隙配合加紧固件[②]</td></tr>
<tr><td colspan="2">无须精确同轴</td><td>间隙配合加紧固件</td></tr>
<tr><td colspan="3">不传递转矩</td><td>过渡配合或小过盈配合</td></tr>
<tr><td rowspan="2">有相对运动</td><td colspan="3">只有移动</td><td>基本偏差为 H(h)，G(g)的间隙配合</td></tr>
<tr><td colspan="3">转动或转动和移动复合运动</td><td>基本偏差为 A～F(a～f)的间隙配合</td></tr>
</table>

注：①指非基准件的基本偏差代号。②紧固件指键、销钉和螺钉等。

三、配合制的选用

选择配合制应从零件的结构、工艺、经济性能等方面综合分析，合理确定。

(1) 一般情况下，应优先选用基孔制。孔通常采用定值刀具，如钻头、铰刀、拉刀等进行加工，采用极限量规进行检验，为了减少所需定值刀具和量具的规格和种类，有利于组织大批量生产和提高经济效益，国标推荐优先选用基孔制。

在有些情况下可采用基轴制。如采用冷拔圆棒料作精度要求不高的轴，因该轴尺寸及形状不需加工就能满足配合要求，所以采用基轴制在技术和经济要求上都更为合理。

(2) 与标准件配合时，配合制的选择通常依标准件所处位置而定。如图 2-19 所示，其中滚动轴承内圈与轴的配合采用基孔制，滚动轴承外圈与孔的配合采用基轴制。

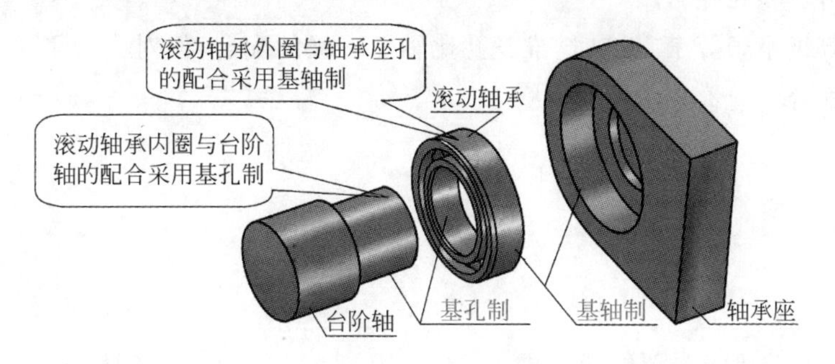

图 2-19 与标准件配合时基准制的选择

(3) 为了满足配合的特殊要求，允许采用混合配合。

当机器上出现一个非基准孔(轴)和两个以上的轴(孔)要求组成不同性质的配合时，其中肯定至少有一个为混合配合。

如图 2-20 所示，轴承座孔与端盖凸缘的配合为混合配合。

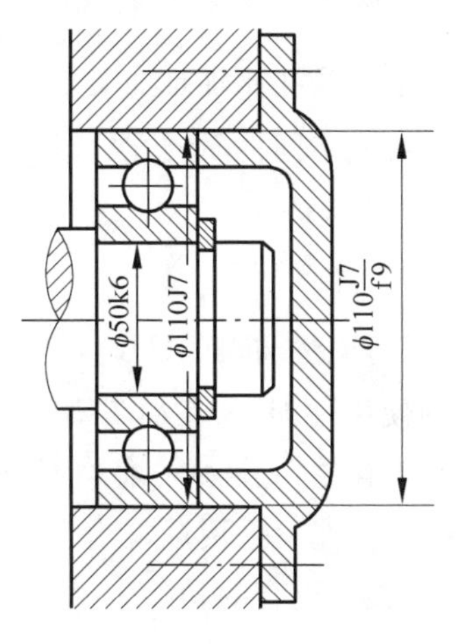

图 2-20 混合配合示例

极限与配合的选择有三种方法：类比法、计算法和试验法。

类比法是在调查和分析类似机器零部件使用情况的基础上，结合自己的具体情况进行修正，作为主要参考依据来选取配合种类与公差值的一种方法，它是实际生产中最可靠、最主要、应用最多的方法；计算法是按照一定的理论和公式，通过精确计算来确定所需要的间隙或过盈量的方法，由于影响配合间隙和配合过盈的因素很多，理论计算结果只能是近似的，所以在实际应用中还需要根据实际工作条件进行必要的修正；试验法通过大量客观性实验和统计分析来确定所需的间隙或过盈量，此方法较为合理可靠，但成本较高，只用于比较重要的配合。

当公差等级小于等于 IT8 时，推荐孔比轴低一级的配合，但对大于 IT8 级的配合，则应采用同级配合。

1. 填空题

(1) 选择公差等级时要综合考虑________和________两方面的因素，总的选择原则：在满足________的条件下，尽量选取________的公差等级。

(2) 配合制的选用原则：在一般情况下优先采用________，有些情况下可采用________；若与标准件配合时，配合制则依________而定；如果为了满足配合的特殊要求，允许采用________。

2. 判断题

(1) 优先采用基孔制的原因主要是孔比轴难加工。 (　　)

(2) 一个非基准轴与两个孔组成不同性质的配合时，必定有一个配合为混合配合。 (　　)

3. 选择题

(1) 关于公差等级的选用，下列说法错误的是(　　)。

A. 公差等级高，零件的使用性能好，但加工困难，生产成本高

B. 公差等级低，零件加工容易，生产成本低，但零件使用性能较差

C. 公差等级的选用，一般情况下采用试验法

(2) 下列情况中，不能采用基轴制配合的是(　　)。

A. 采用冷拔圆型材作轴

B. 滚动轴承内圈与转轴轴颈的配合

C. 滚动轴承与壳体孔的配合

学习任务4 尺寸公差的标注

(1) 理解单一尺寸公差标注的方法及其适用生产要求；

(2) 掌握配合代号含义和标注方法。

一、单一尺寸公差的标注

(1) 用公称尺寸与公差带代号表示，此方法适用于大批量的生产要求。

例如，孔 ϕ40G7，轴 ϕ16d9，其中孔 ϕ40G7 表示为

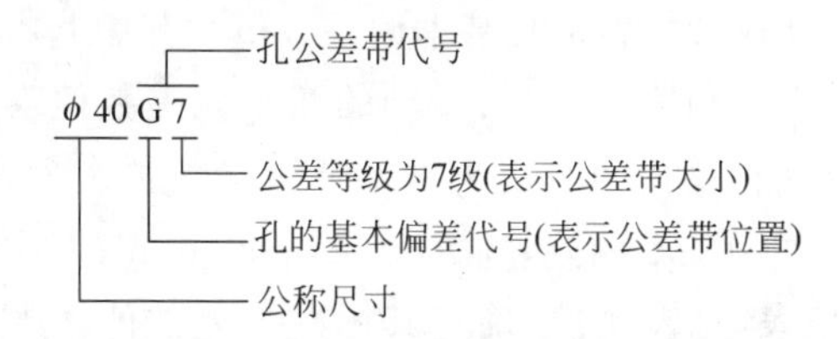

这种方法能够清楚地表示出公差带的性质，但其偏差值需要查表得出。

(2) 用公称尺寸与极限偏差表示，此方法适用于单件或小批量的生产要求。

例如，孔 $\phi 40^{+0.034}_{+0.009}$，轴 $\phi 16^{-0.050}_{-0.093}$。

这种方法对于零件加工较为方便，但不能明确其公差带的性质。

(3) 用公称尺寸与公差带代号、极限偏差共同表示，此方法适用于批量不定的生产要求。

例如，孔 $\phi 40G7(^{+0.034}_{+0.009})$，轴 $\phi 16d9(^{-0.050}_{-0.093})$。

这种方法兼有上面两种标注的优点，但标注起来较为麻烦。

下面以轴 ϕ65k6、$\phi 65^{+0.021}_{+0.002}$、$\phi 65k6(^{+0.021}_{+0.002})$为例，如图 2-21 所示，说明尺寸公差的标注方法如下。

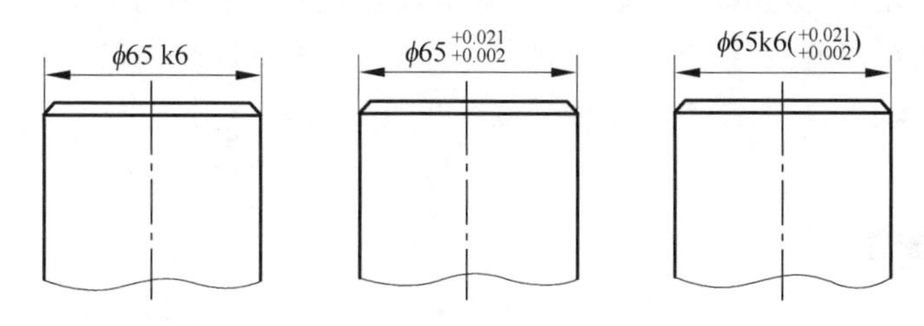

图 2-21 尺寸公差标注示例

二、配合代号标注

国标规定：配合代号用孔、轴公差带代号的组合表示，写成分数形式，其中分子为孔的公差带代号，分母为轴的公差带代号。

例如，$\phi50\mathrm{H8/f7}$ 或 $\phi50\ \dfrac{\mathrm{H8}}{\mathrm{f7}}$，其含义：公称尺寸为 $\phi50$mm，孔的公差带代号为 H8，轴的公差带代号为 f7，为基孔制间隙配合。

配合代号 $\phi32\ \dfrac{\mathrm{H7}}{\mathrm{k6}}$ 标注示例如图 2-22 所示。

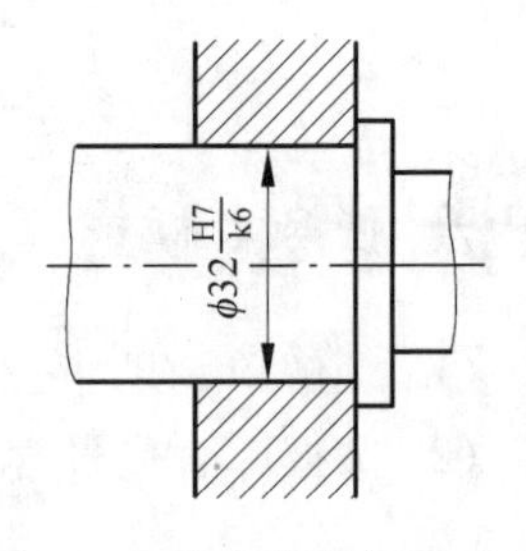

图 2-22 配合代号标注示例

三、孔、轴极限偏差数值的确定

当我们看到孔 $\phi40\mathrm{G7}$ 时，如何确定其极限偏差数值呢？

1. 查表、计算法

(1) 查**基本偏差表**(见附录)，确定其基本偏差数值。其中基本偏差代号有大、小写之分，大写的查孔的基本偏差数值表，小写的查轴的基本偏差数值表。由公称尺寸查行，公差带代号查列，两者相交的框格内的数值为基本偏差的数值。如，孔 $\phi40\mathrm{G7}$，查孔的基本偏差数值表，得下极限偏差为基本偏差，且 $EI=+0.009$mm。

(2) 查**标准公差数值表**(见表 2-1)，确定其标准公差数值。由公称尺寸查行，标准公差等级查列，两者相交的框格内的数值为标准公差数值。如，孔 $\phi40\mathrm{G7}$，查表 2-3 得 $IT=0.025$mm。

(3) 计算出另个极限偏差数值。由极限偏差和标准公差的关系式得

$$\text{孔：} ES = EI + IT \quad \text{或} \quad EI = ES - IT \tag{2-14}$$

$$\text{轴：} es = ei + IT \quad \text{或} \quad ei = es - IT \tag{2-15}$$

如，孔 $\phi40\mathrm{G7}$ 可由上述查表所得 $EI=+0.009$mm，$IT=0.025$mm，再利用关系式(2-14)得出 $ES=EI+IT=+0.009+0.025=+0.034$(mm)。

由此，通过查表、计算得出极限偏差值。即孔 $\phi40\mathrm{G7}(^{+0.034}_{+0.009})$。

2. 直接查表法

利用**极限偏差表**，由公称尺寸查行，由基本偏差代号和公差等级查列，行与列相交处的框格有上下两个偏差数值，上方为上极限偏差，下方为下极限偏差。

两种方法比较而言，直接查极限偏差表简单方便些。

拓展提高

在查表时要注意：

(1) 对于处于公称尺寸段界限位置上的公称尺寸应该属于哪个尺寸段，不要弄错。

一般情况下，公称尺寸段为大于小数值而小于等于大数值，如，表2-3中，查50mm的标准公差数值时，应选取大于30mm至50mm的尺寸段，而不选择大于50mm至80mm的尺寸段。

(2) 分清基本偏差是上极限偏差还是下极限偏差，以避免后续计算上的出错。

1. 解释下列代号的含义

(1) ϕ80cd5　　(2) ϕ65M8　　(3) ϕ40K7/h5

2. 查表

(1) ϕ80f7　　(2) ϕ100N7　　(3) ϕ30js6

单元3

几何公差及其检测

图样上给出的零件是没有误差的理想几何体，但是，在加工过程中由于机床、夹具、刀具和工件组成的工艺系统本身存在各种误差，以及加工过程中变形、振动、磨损等各种干扰，加工后的零件不仅会产生尺寸误差，还会产生几何误差，即零件表面、中心轴线等的实际形状和位置偏离设计要求的理想形状和位置，从而产生误差。如轴套的外圆可能产生以下误差(见图 3-1)：①外圆在垂直于轴线的正截面上不圆；②外圆柱面上任一素线不直；③外圆柱面的轴心线与孔的轴心线不重合。

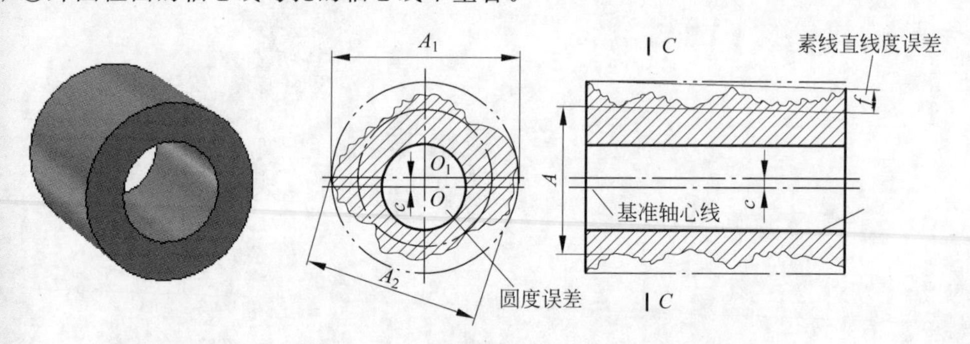

图 3-1　轴套外圆可能产生的误差

零件的几何误差对产品的工作精度、密封性、运动平稳性、耐磨性和使用寿命等都有很大的影响。几何公差和尺寸公差一样，是衡量产品质量的重要技术指标之一。如图 3-2 所示的光滑轴，尽管轴的各段横截面积的尺寸都控制在尺寸公差范围内，但是由于该轴发生了弯曲，不能与配合孔进行装配。为了保证零件质量，让机器零件满足互换性要求，构成零件形状的要素与理想的几何要素要有一定的相符程度。

为了控制几何误差，保证零件质量，满足互换性要求，国家制定和颁布了一系列几何

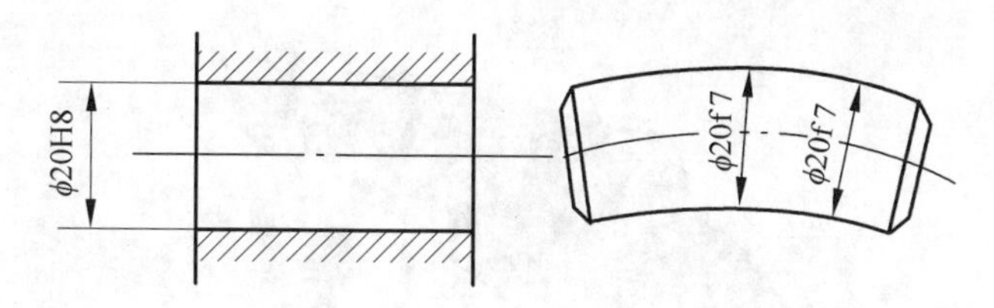

图 3-2　轴孔配合可能产生的误差

公差标准，以便在零件的设计、加工和检测等过程中对几何公差有统一的认识和标准。本单元将对其中常用几何公差标准的标注、应用和检测等作简要介绍。

单元目标

(1) 会在图纸上标注几何公差；

(2) 能够读懂图纸上几何公差；

(3) 能够采用适当的方法检测几何误差。

学习任务1　几何公差概述

任务目标

(1) 能够认识几何公差的符号；

(2) 能够理解几何公差带的形状及含义。

学习内容

零件图样上除了规定尺寸公差来限制尺寸误差外，还规定了几何公差来限制几何误差，以满足零件的功能要求。零件的形状和结构虽各式各样，但它们都是由一些点、线、面按一定几何关系组合而成，如球面、圆锥面、端平面、圆柱面、轴线、球心等。这些构成零件形体的点、线、面称为零件的几何要素。

零件的几何误差就是关于零件各个几何要素的自身形状、方向、位置、跳动所产生的误差，几何公差就是对这些几何要素的形状、方向、位置、跳动所提出的精度要求。

零件的几何误差会影响零件的功能要求、零件的配合性质以及零件的装配性等，因此，零件在设计和制造中，其几何误差应加以必要且合理的限制。

一、零件的几何要素

零件的几何要素如图 3-3 所示。

零件的几何要素可以按照以下几种方式分类，见表 3-1。

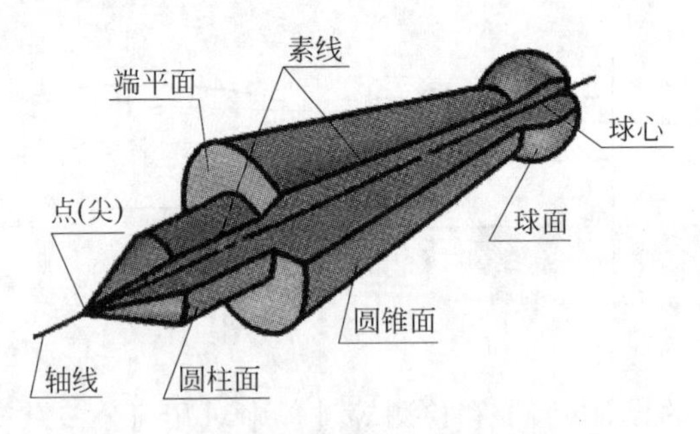

图 3-3 零件的几何要素

表 3-1 零件几何要素的分类

分类方式	种 类	定 义	说明和举例
按存在状态分类	实际要素	零件上实际存在的要素，即加工后得到的要素	由于存在测量误差，所以完全符合定义的实际要素是测量不到的，在生产实际中，通常用测量得到的要素来代替实际要素
	理想要素	指具有几何意义的要素	不存在任何误差，图样上表示的要素均为理想要素
按结构特征分类	组成要素	指构成零件外廓的并能直接为人们感觉到的点、线、面	组成要素可以看到、摸到，如各种球面、圆柱面、端平面以及圆锥面、顶点、素线等
	导出要素	指组成要素的对称中心的点、线、面	是看不见、摸不着的，它总是由相应的轮廓要素来体现的，如轴线、球心、对称面等
按要素在几何公差中所处的地位分类	被测要素	指零件设计图样上给出了公差要求的要素，是被检测的对象	在图纸中和公差框格相连用箭头指向的要素，如边、线或者平面等。如图 3-4 中所示被测要素从左至右依次为 ϕd_1 圆柱面、ϕd_1 圆柱面的右端面以及 ϕd_2 圆柱面的轴线
	基准要素	指用来确定被测要素的方向或位置的要素	零件上用来建立基准并实际起基准作用的实际(组成)要素，如一条边、一个表面等。如图 3-4 中所示基准为 ϕd_1 圆柱面的轴线

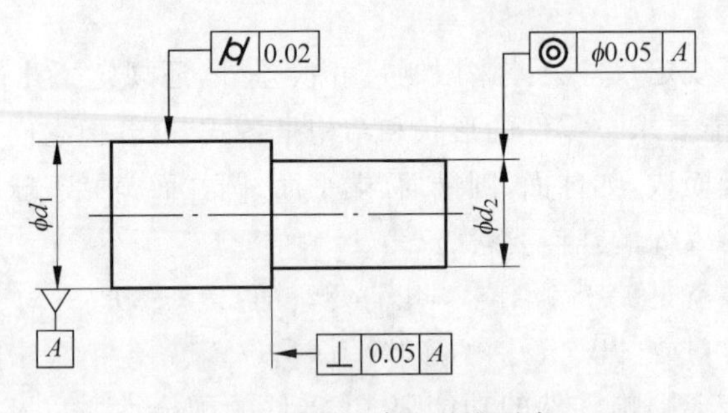

图 3-4 被测要素和基准要素

其中，被测要素按其功能关系分类，分为单一要素和关联要素，单一要素指仅对其要素本身提出功能要求并给出形状公差的要素，如图 3-4 中的 ϕd_1 圆柱面。关联要素指与其他要素有功能关系并给出位置公差要求的要素，如图 3-4 中的 ϕd_1 圆柱面的右端面以及 ϕd_2 圆柱面的轴线。

二、几何公差的项目及符号

1. 几何公差类型、几何特征和符号

几何公差特征项目符号见表 3-2，分为形状公差、方向公差、位置公差和跳动公差四大类。形状公差分为 6 项，方向公差分为 5 项，位置公差分为 5 项，跳动公差分为 2 项。其中，线轮廓度和面轮廓度因其被测要素的本身特征，属于不同的公差项目，所以形位公差特征项目共 14 项，分别用 14 个符号表示。

表 3-2　几何公差类型、几何特征和符号

公差类型	几何特征	符号	有无基准
形状公差	直线度	—	无
	平面度	⏥	无
	圆度	○	无
	圆柱度	⌭	无
	线轮廓度	⌒	无
	面轮廓度	⌓	无
方向公差	平行度	//	有
	垂直度	⊥	有
	倾斜度	∠	有
	线轮廓度	⌒	有
	面轮廓度	⌓	有
位置公差	位置度	⌖	有或无
	同轴(心)度	◎	有
	对称度	⌯	有
	线轮廓度	⌒	有
	面轮廓度	⌓	有
跳动公差	圆跳动	↗	有
	全跳动	⌰	有

注：同心度用于中心点，同轴度用于轴线。

形状公差是对单一要素提出的要求，因此没有基准要求；方向公差和位置公差是对关联要素提出的要求，因此在大多数情况下都是有基准的。当公差特征为线轮廓度和面轮廓度时，若无基准要求，则为形状误差；若有基准要求，则通常为位置误差或方向误差。

2. 几何公差的代号

国家标准规定，对零件的几何公差要求，在图样上一般用代号标注。几何公差的代号

包括几何公差框格和指引线，几何公差有关项目的符号，几何公差数值和其他有关符号，基准符号字母和其他有关符号等。

几何公差的标注采用框格形式，框格用细实线绘制(见图 3-5)。每个公差框格内只能表达一项几何公差的要求，公差框格根据公差的内容要求可分两格和多格。框格内从左到右书写以下内容。

第一格：公差特征符号；

第二格：公差数值和有关符号；

第三格和以后各格：基准符号的字母和有关符号。

形状公差无基准，故只有两格；而位置公差框格则需要三格或者更多。

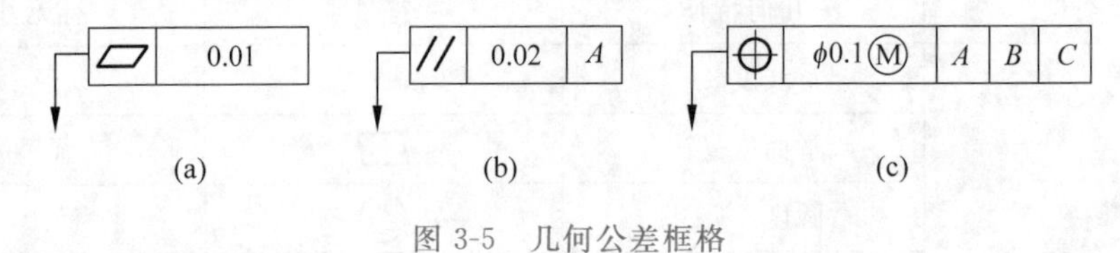

图 3-5 几何公差框格

3. 几何公差的数值和有关符号

几何公差数值是从公差表中查得的，标注在框格的第二格中。框格中的数字和字母的高度应该与图样中的尺寸数字高度相同。

被测要素、基准要素的标注要求及其他附加符号见表 3-3。

表 3-3 其他附加符号(摘自 GB/T 1182—2008)

说明	符号	说明	符号
被测要素		基准要素	A A
基准目标	ϕ2 / A1	理论正确尺寸	50
延伸公差带	Ⓟ	最大实体要求	Ⓜ
最小实体要求	Ⓛ	自由状态条件(非刚性零件)	Ⓕ
全周(轮廓)		包容要求	Ⓔ
公共公差带	CZ	可逆要求	Ⓡ

4. 基准符号

对于有方向公差和位置公差要求的零件的被测要素，在图样上必须标明基准要素。基准要素用基准符号表示：在几何公差的标注中，与被测要素相关的基准用一个大写字母表示。字母标注在基准方格内，与一个涂黑的或空白的三角形相连来表示。涂黑的或空白的基准三角形含义相同，如图 3-6 所示。

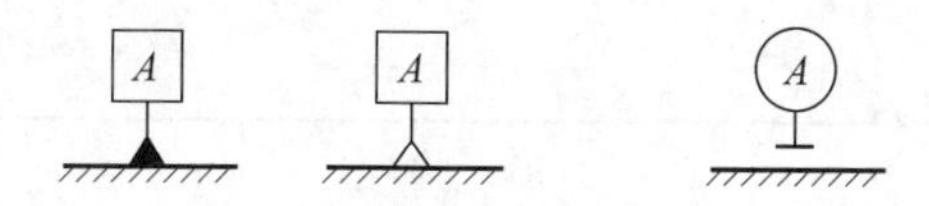

(a) 新国标中基准的标注　(b) 旧国标中基准的标注

图 3-6　基准的标注

三、几何公差带

加工后的零件，构成其形体的各实际要素，其形状和位置在空间的各个方向都有可能产生误差，为了限制这两种误差，可以根据零件的功能要求，对实际要素给出一个允许变动的区域。若实际要素位于这一区域内即为合格，超出这一区域时则不合格。这个限制实际要素变动的区域称为几何公差带。这个区域是一个几何图形，它可以是平面区域或空间区域。只要被测实际要素能全部落在给定的公差带内，就表明该被测实际要素合格。

图样上给出的几何公差要求，实际上都是对实际要素规定的一个允许变动的区域，即给定一个公差带。一个确定的几何公差带由形状、大小、方向和位置四个要素确定。这四个要素会在图样标注中体现出来。

1. 形状

公差带的形状由被测要素的理想形状和给定的公差特征项目确定。如圆度公差带形状是两同心圆之间的区域，如图 3-7(a)所示；而对直线度，当被测要素为给定平面内的直线时，公差带形状是两条平行直线间的区域，如图 3-7(b)所示；当被测要素为轴线时，公差带形状是一个圆柱内的区域等，如图 3-7(c)所示。

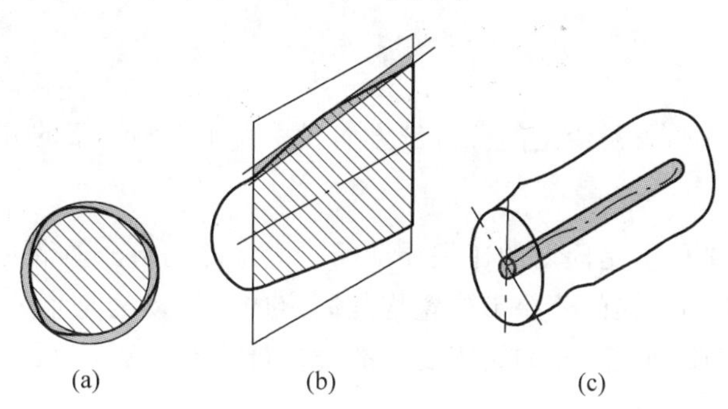

(a)　(b)　(c)

图 3-7　公差带形状

常见的公差带形状见表 3-4。

表 3-4　常见公差带形状

序号	公差带	形　状	应 用 示 例
1	两平行直线(t)		给定平面内素线的直线度
2	两等距曲线(t)		线轮廓度
3	两同心圆(t)		圆度

续表

序号	公差带	形 状	应 用 示 例
4	一个圆(ϕt)		给定平面内点的位置度
5	一个球($S\phi t$)		空间点的位置度
6	一个圆柱(ϕt)		轴线的直线度
7	两同轴圆柱(t)		圆柱度
8	两平行平面(t)		圆的平面度
9	两等距曲线(t)		面轮廓度

2. 大小

几何公差带的大小是指公差带的宽度、直径或半径差的大小,它由图样上给定的几何公差值 t 确定。如果公差带是圆形或圆柱形的,则在公差值前加注 ϕ,如果是球形,则加 $S\phi$。

3. 方向

公差带的宽度方向就是给定的公差带方向或垂直于被测要素的方向。

4. 位置

位置是指公差带位置是固定的还是浮动的。固定的是指公差带的位置不随实际尺寸的变动而变化,如中心要素的公差带位置均是固定的。浮动的是指公差带的位置随实际尺寸的变化(上升下降)而浮动,如轮廓要素的公差带位置都是浮动的。

拓展提高

《产品几何技术规范(GPS)公差原则(GB/T 4249—2009)》代替 GB/T 4249—1996,与 1996 版相比,主要变化为:将"形状和位置公差"改为"几何公差";增加了第 3 章术语和定义,给出最大实体边界、最小实体边界、包容要求的定义;第 4 章改为第 5 章,将其中有关叙述部分做了相应修改和补充;第 5 章改为第 6 章,简化了最大实体要求、最小实体要求和可逆要求的内容;删去了附录 A(提示的附录)"零形位公差"。改动最大的主要有:旧标准中的"形状和位置公差"改为"几何公差";"中心要素"改为"导出要素";"轮廓要素"改为"组成要素";"测得要素"改为"提取要素"等(这些都是为与相关标准的术语取得一致)。基准的标注也发生了改变,旧标准中基准的标注如图 3-6 所示。

1. 填空题

(1) 几何公差的标注采用框格形式,公差框格根据公差的内容要求可分两格和多格。框格内从左到右,第一格内填写________;第二格内填写________和有关符号;第三格和以后各格内填写基准符号的字母和有关符号。

(2) 几何公差带具有________、________、________和________四个特征要素。

2. 选择题

(1) 零件的几何误差是指被测要素相对(　　)的变动量。

A. 理想要素　　B. 实际要素　　C. 基准要素　　D. 关联要素

(2) 某个空间点的位置度公差带形状是(　　)。

A. 两个同心圆　　B. 一个圆　　C. 一个球　　D. 一个圆柱

(3) 属于形状公差的有(　　)。

A. 圆柱度　　B. 倾斜度　　C. 同轴度　　D. 圆跳动

(4) 同轴度公差属于(　　)。

A. 形状公差　　B. 位置公差　　C. 方向公差　　D. 跳动公差

(5) 某轴类零件的轴线不会是(　　)。

A. 基准要素　　B. 导出要素　　C. 被测要素　　D. 组成要素

(6) 几何公差带形状不是距离为公差值 t 的两平行平面内区域的是(　　)。

A. 平面度　　B. 任意方向的线的直线度

C. 给定一个方向的线的倾斜度　　D. 面对面的平行度

3. 简答题

指出图 3-8 中的被测要素、基准要素、组成要素、导出要素。

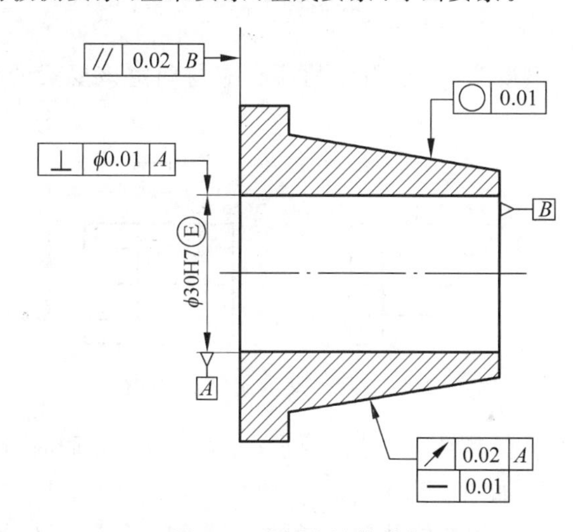

图 3-8　几何公差带形状

学习任务2　几何公差的标注

(1) 能分清图样中的组成要素和导出要素；

(2) 能够在图样中正确标注几何公差。

一、被测要素的标注方法

标注被测要素时，用带箭头的指引线将被测要素与公差框格的一端相连，指引线的箭头应指向被测要素公差带的宽度或直径方向。一般来说，箭头所指的方向就是被测要素对理想要素允许变动的方向。标注时应注意：

(1) 几何公差的框格应水平或垂直地绘制。

(2) 指引线原则上从框格一端的中间位置引出。

(3) 被测要素是组成要素时，指引线的箭头应指在该要素的轮廓线或其延长线上，并应明显地与尺寸线错开，如图3-9所示。

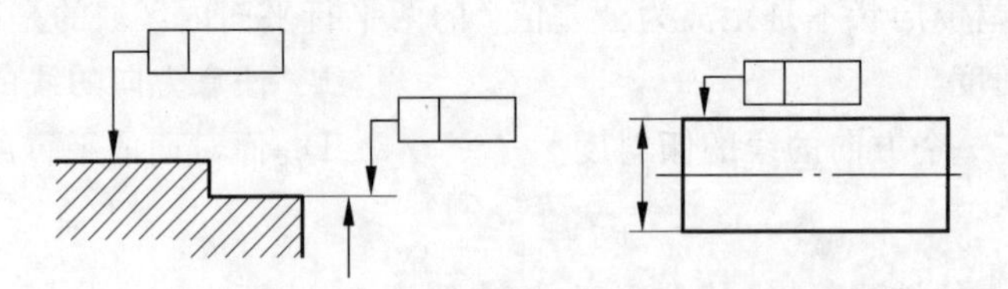

图3-9　被测要素为组成要素时的标注

(4) 被测要素是导出要素时，指引线的箭头应与确定该要素的轮廓尺寸线对齐，如图3-10所示。

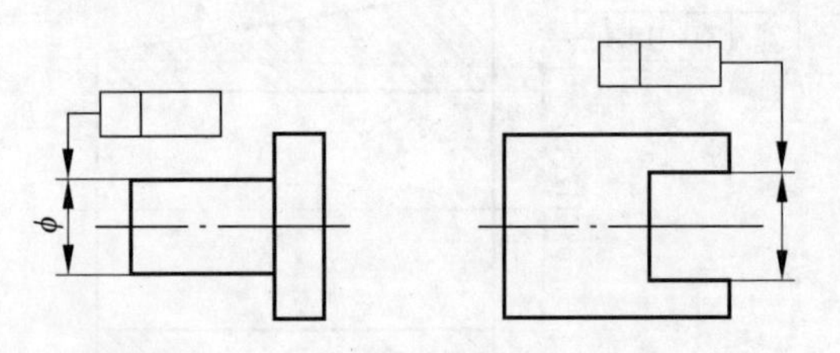

图3-10　被测要素为导出要素时的标注

(5) 当同一被测要素有多项几何公差要求，且测量方向相同时，可将这些框格绘制在一起，并共用一根指引线，如图3-11所示。

(6) 当多个被测要素有相同的几何公差要求时，可从框格引出的指引线上绘制多个指示箭头并分别与各被测要素相连，如图 3-12 所示。

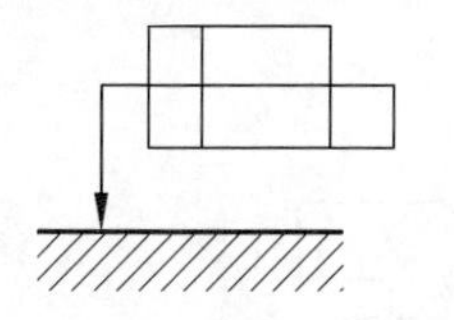

图 3-11　同一被测要素有多项几何公差要求时的标注

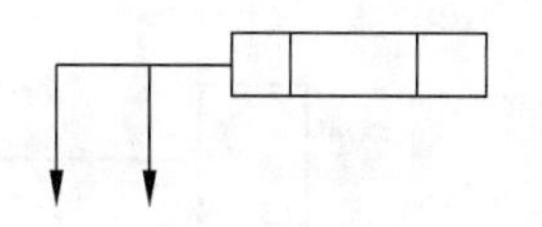

图 3-12　不同被测要素有相同几何公差要求时的标注

(7) 公差框格中标注的几何公差有其他附加要求时，可在公差框格的上方或下方附加文字说明。属于被测要素数量的说明，应写在公差框格的上方，如图 3-13(a)所示。属于解释性的说明，应写在公差框格的下方，如图 3-13(b)所示。

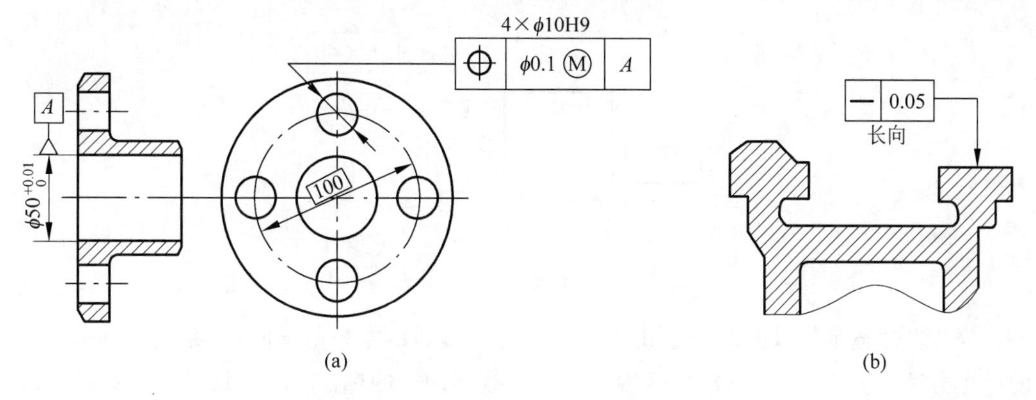

图 3-13　几何公差的附加说明

二、基准要素的标注方法

基准要素采用基准符号标注，并从几何公差框格中的第三格起，填写相应的基准符号字母，基准符号中的连线应与基准要素垂直。无论基准符号在图样中方向如何，方框内字母应水平书写，如图 3-14 所示。

基准符号在标注时还应注意以下几点。

(1) 基准要素为组成要素时，基准符号的连线应指在该要素的轮廓线或其延长线上，并应明显地与尺寸线错开，如图 3-15 所示。

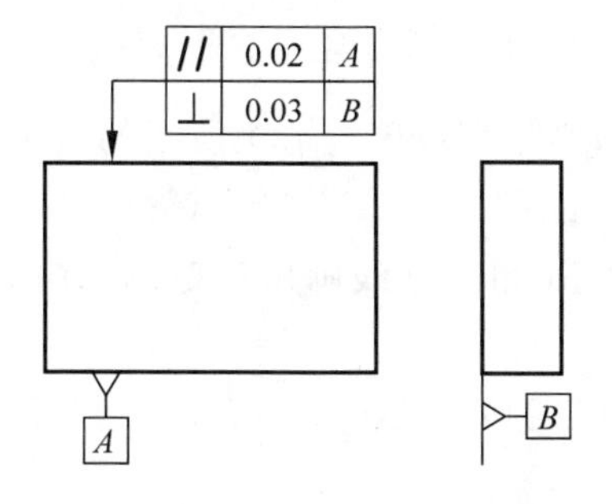

图 3-14　基准字母水平书写

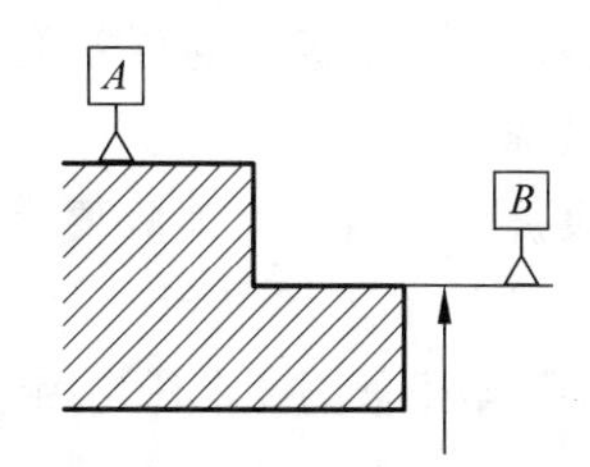

图 3-15　基准要素为组成要素时的标注

(2) 基准要素是导出要素时，基准符号的连线应与确定该要素轮廓的尺寸线对齐，如图 3-16 所示。

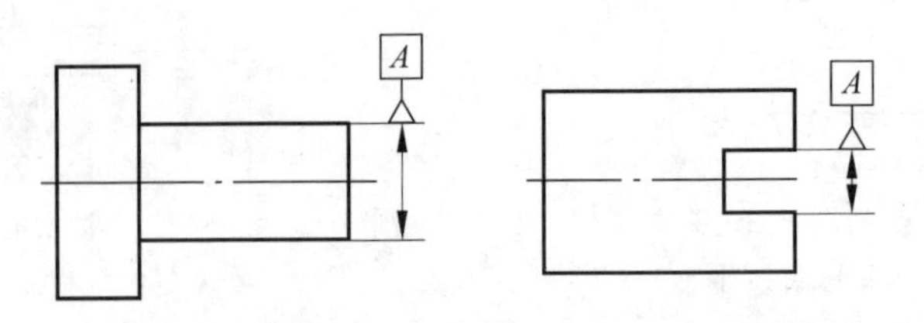

图 3-16 基准要素为导出要素时的标注

(3) 基准要素为公共轴线时的标注。在图 3-17 中，基准要素为外圆 ϕd_1 的轴线 A 与外圆 ϕd_2 的轴线 B 组成的公共轴线 $A—B$。

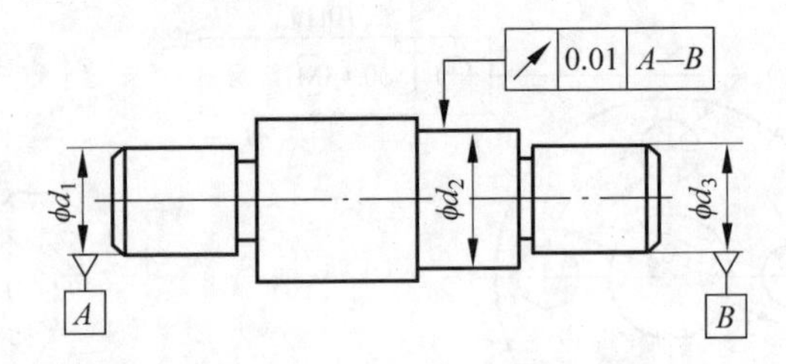

图 3-17 基准要素为公共轴线时的标注

(4) 当轴类零件以两端中心孔工作锥面的公共轴线作为基准时，可采用图 3-18 所示的标注方法。其中图 3-18(a)为两端中心孔参数不同时的标注；图 3-18(b)为两端中心孔参数相同时的标注。

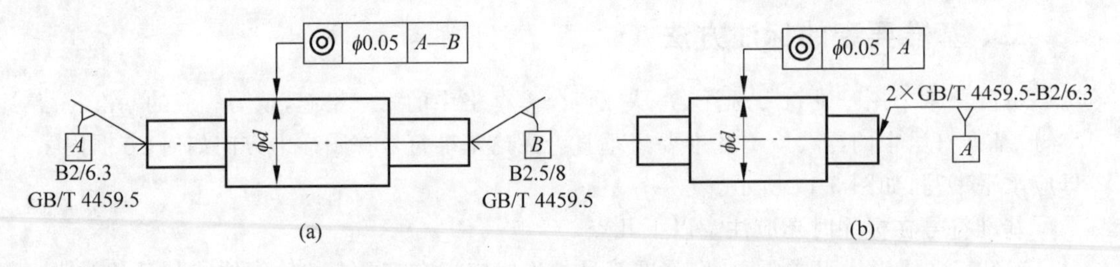

图 3-18 以中心孔的公共轴线作为基准时的标注

三、几何公差的其他标注规定

(1) 公差框格中所标注的公差值如无附加说明，则被测范围为箭头所指的整个组成要素或导出要素。

(2) 如果被测范围仅为被测要素的一部分时，应用粗点划线画出该范围，并标出尺寸。其标注方法如图 3-19 所示。

(3) 如果需给出被测要素任一固定长度上(或范围)的公差值时，其标注方法如图 3-20 所示。

图 3-20(a)表示在任一 100mm 长度上的直线度公差值为 0.02mm。

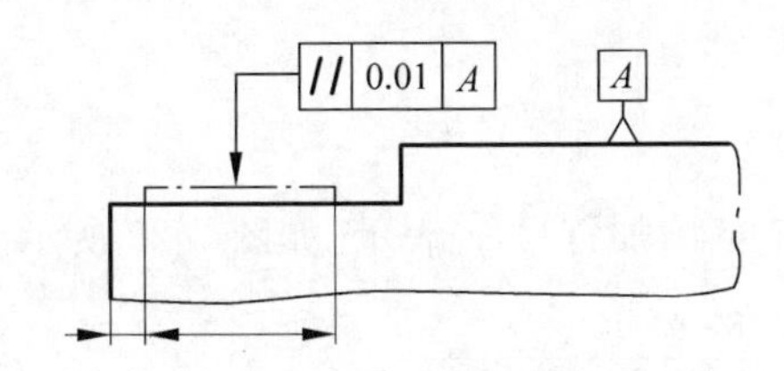

图 3-19　被测范围为部分被测要素时的标注

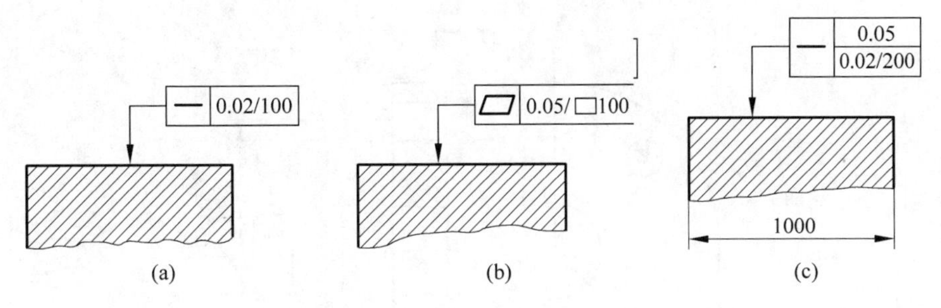

图 3-20　公差值有附加说明时的标注

图 3-20(b)表示在任一 100mm×100mm 的正方形面积内，平面度公差数值为 0.05mm。

图 3-20(c)表示在 1000mm 全长上的直线度公差为 0.05mm，在任一 200mm 长度上的直线度公差数值为 0.02mm。

(4) 当给定的公差带形状为圆或圆柱时，应在公差数值前加注“ϕ”，如图 3-21(a)所示；当给定的公差带形状为球时，应在公差数值前加注“$S\phi$”，如图 3-21(b)所示。

图 3-21　公差带为圆、圆柱或球时的标注

(5) 几何公差有附加要求时，应在相应的公差数值后加注有关符号，见表 3-5。

表 3-5　几何公差附加符号

符号	含　义	符号	含　义
(+)	被测要素只许中间向材料外凸起	Ⓔ	包容要求
(−)	被测要素只许中间向材料内凹下	Ⓜ	最大实体要求
(▷)	被测要素只许按符号的方向从左至右减小	Ⓛ	最小实体要求
		Ⓡ	可逆要求
(◁)	被测要素只许按符号的方向从右至左减小	Ⓟ	延伸公差带
		Ⓕ	自由状态条件(非刚性)

(1) 延伸公差带用规范的附加符号Ⓟ表示，如图 3-22 所示。

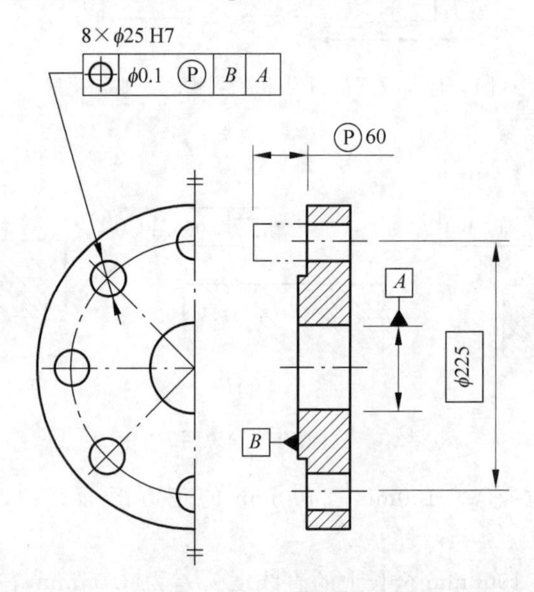

图 3-22 延伸公差带的标注

(2) 最大实体要求用规范的附加符号Ⓜ表示，该附加符号可根据需要单独或者同时标注在相应公差值和(或)基准字母的后面，如图 3-23 所示。

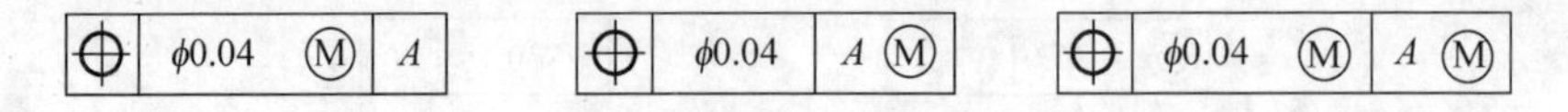

图 3-23 最大实体要求的标注

(3) 最小实体要求用规范的附加符号Ⓛ表示。同最大实体要求一样，该附加符号可根据需要单独或者同时标注在相应公差值和(或)基准字母的后面，如图 3-24 所示。

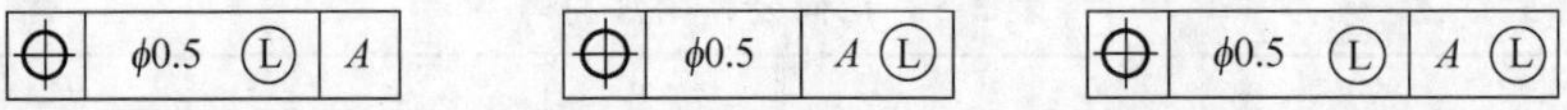

⌖	ϕ0.5 Ⓛ	A

⌖	ϕ0.5	A Ⓛ

⌖	ϕ0.5 Ⓛ	A Ⓛ

图 3-24 最小实体要求的标注

(4) 非刚性零件自由状态下的公差要求应该用在相应公差值的后面加注规范的附加符号Ⓕ的方法表示，如图 3-25 所示。

图 3-25 非刚性零件自由状态的标注

(5) 各附加符号Ⓟ、Ⓜ、Ⓛ、Ⓕ和 CZ,可同时用于同一个公差框格中,如图 3-26 所示。

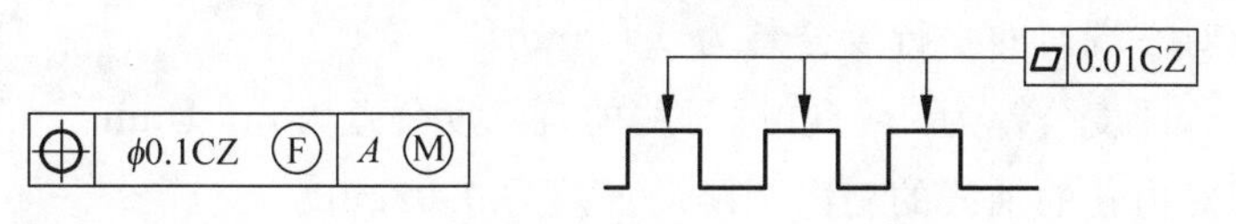

图 3-26 其他附加符号的标注

思考练习

(1) 将下列要求标注在图 3-27 所示的图样上。

① ϕ12mm 外圆的轴线的直线度公差为 ϕ0.06mm。

② ϕ12mm 外圆的圆柱度公差为 0.05mm。

(2) 将下列要求标注在图 3-28 所示的图样上。

ϕ25mm 水平内孔的轴线相对于 ϕ25mm 垂直内孔轴线的垂直度公差为 0.05mm。

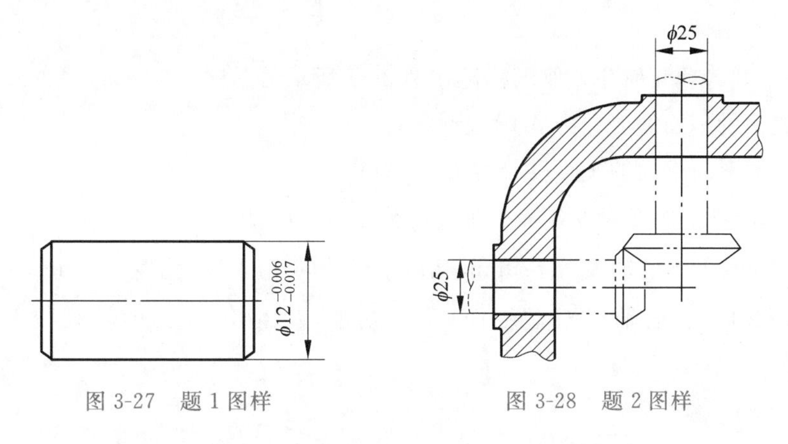

图 3-27 题 1 图样　　图 3-28 题 2 图样

(3) 将下列要求标注在图 3-29 所示的图样上。

① 120°V 形槽的中心平面对 $60_{-0.03}^{\ 0}$ 的两平面的中心平面的对称度公差为 0.04mm。

② 两处 b 表面的平面度公差为 0.01mm。

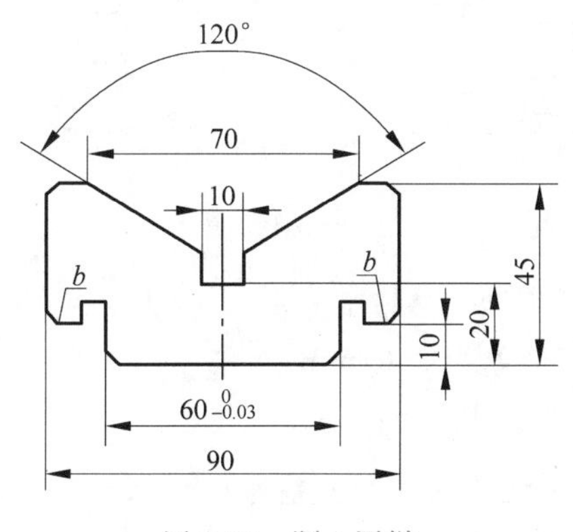

图 3-29 题 3 图样

(4) 将下列各项几何公差要求标注在图 3-30 所示的图样上。

① 左端面对右端面的平行度公差为 0.02mm。

② 圆锥面的圆度公差为 0.01mm,母线的直线度公差为 0.01mm。

③ 圆锥面对内孔的轴线的斜向圆跳动公差为 0.02mm。

④ 内孔的轴线对右端面垂直度公差为 0.01mm。

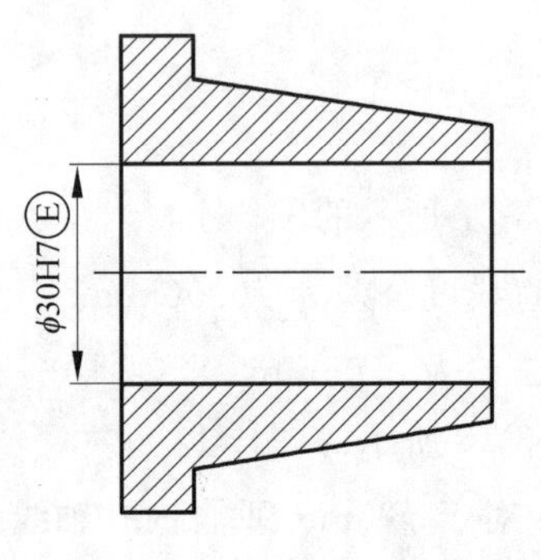

图 3-30 题 4 图样

(5) 将下列各项几何公差要求标注在图 3-31 所示的图样上。

① 左端面的平面度公差为 0.01mm。

② 右端面对左端面的平行度公差为 0.02mm。

③ ϕ70mm 孔的轴线对左端面的垂直度公差为 ϕ0.02mm。

④ ϕ210mm 外圆的轴线对 ϕ70mm 孔的轴线的同轴度公差为 ϕ0.03mm。

⑤ 4×ϕ20H8 孔的轴线对左端面(第一基准)及 ϕ70mm 孔的轴线位置度公差为 ϕ0.15mm。

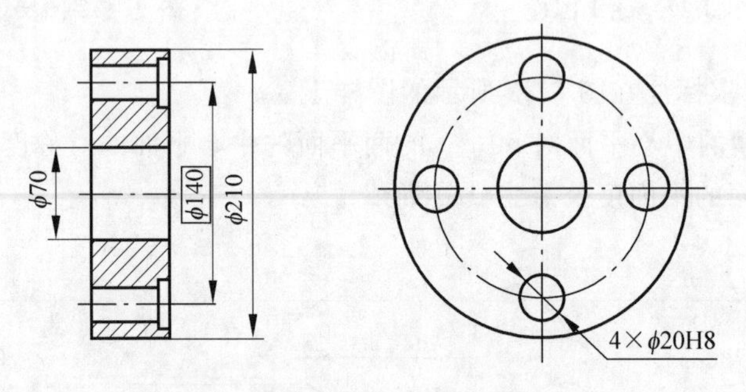

图 3-31 题 5 图样

(6) 将下列几何公差要求标注在图 3-32 所示的图样上。

① 孔 ϕ_1 轴线的直线度公差为 0.01mm。

② 外圆柱面的圆柱度公差为 0.04mm。

③ 圆锥孔 ϕ_2 对孔 ϕ_1 轴线的同轴度公差为 0.02mm。

④ 左端面对右端面的平行度公差为 0.05mm。

⑤ 左端面对孔 ϕ_1 轴线的垂直度公差为 0.03mm。

(7) 如图 3-33 所示为锥齿轮的毛坯，齿轮轴孔ϕ，试在图样上标注各项几何公差要求。

① 右端面的全跳动度公差为 0.03mm。

② 齿顶圆锥面的圆度公差为 0.02mm。

③ 齿顶圆锥面的斜向圆跳动度公差为 0.04mm。

④ 右端面对左端面的平行度公差为 0.05mm。

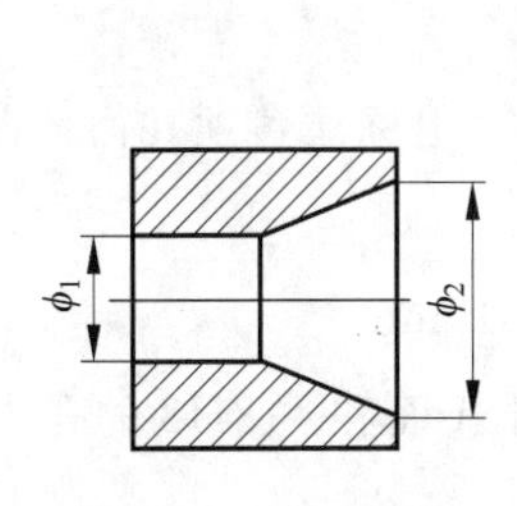

图 3-32　题 6 图样

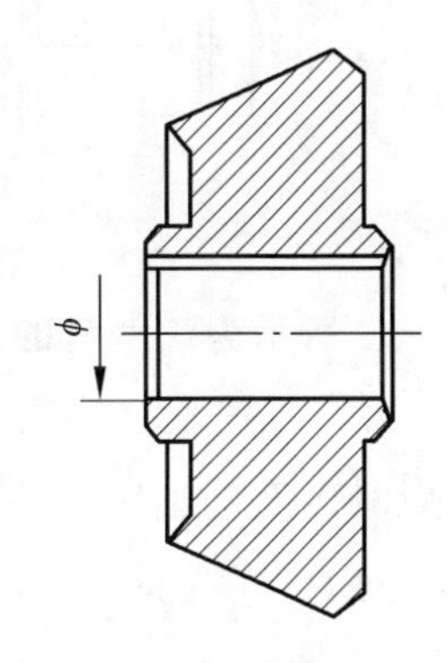

图 3-33　题 7 图样

(8) 将下列几何公差要求标注在图 3-34 所示的图样上。

① A 面的平面度公差为 0.01mm。

② ϕ50 孔的形状公差遵守包容要求，且圆柱度误差不超过 0.011mm。

③ ϕ65 孔的形状公差遵守包容要求，且圆柱度误差不超过 0.013mm。

④ ϕ50 和 ϕ65 两孔中心线分别对它们的公共孔中心线的同轴度公差为 ϕ0.02mm。

⑤ ϕ50 和 ϕ65 两孔中心线分别对 A 面的平行度公差为 ϕ0.015mm。

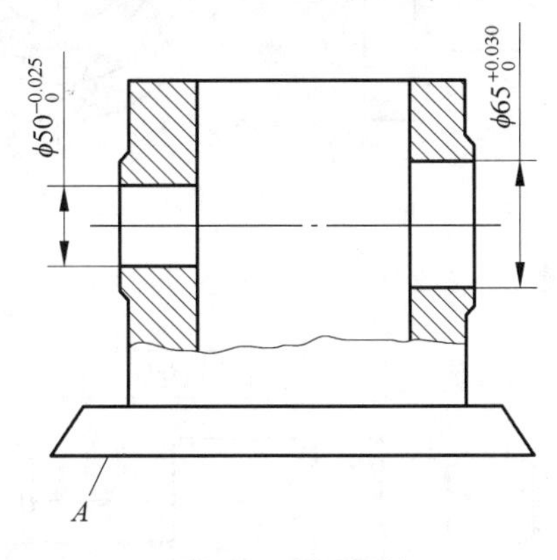

图 3-34　题 8 图样

(9) 将下列几何公差要求标注在图 3-35 所示的图样上。

① ϕ40h8 圆柱面对两 ϕ25h7 公共轴线的径向圆跳动公差为 0.015mm。

② 两 ϕ25h7 轴颈的圆度公差为 0.01mm。

③ ϕ40h8 左右端面对 ϕ25h7 两公共轴线的端面圆跳动公差为 0.02mm。

④ 键槽 10H9 中心平面对 ϕ40h8 轴线的对称度公差为 0.015mm。

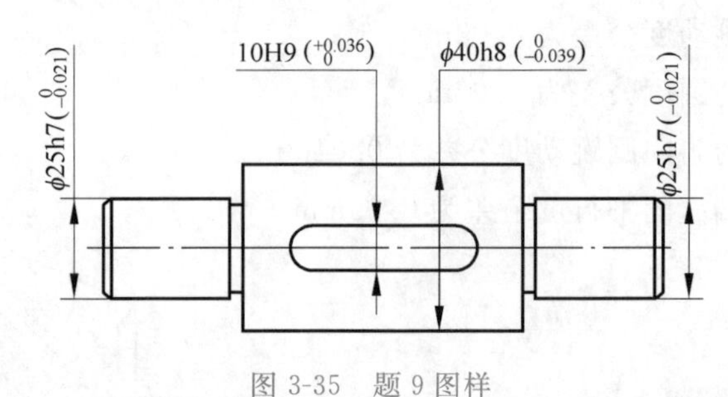

图 3-35　题 9 图样

(10) 如图 3-36 所示为法兰盘的两视图，试在图样上标注各项几何公差要求。

① 法兰盘端面 A 的平面度公差为 0.008mm。

② A 面对 ϕ18H8 孔的轴线的垂直度公差为 0.015mm。

③ ϕ35 圆周上均匀分布的 4×ϕ8H8 孔的轴线对 A 面和 ϕ18H8 的孔中心线的位置度公差为 ϕ0.05mm，且遵守最大实体要求。

④ 4×ϕ8H8 孔中最上边一个孔的轴线与 ϕ4H8 孔的轴线应在同一平面内，其偏离量不超过±10μm。

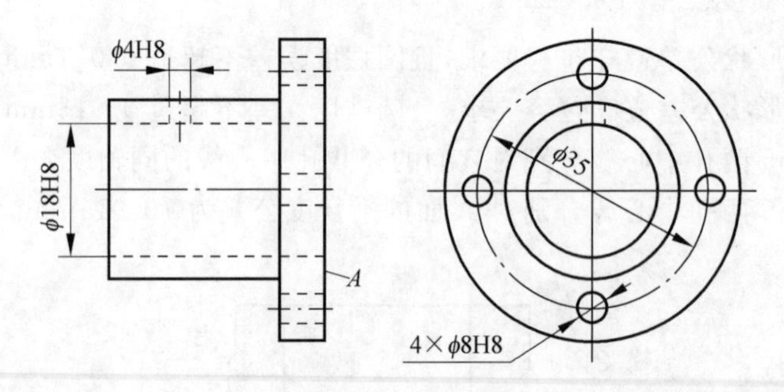

图 3-36　题 10 图样

(11) 指出图 3-37 中的错误并改正(几何公差项目不允许变更)。

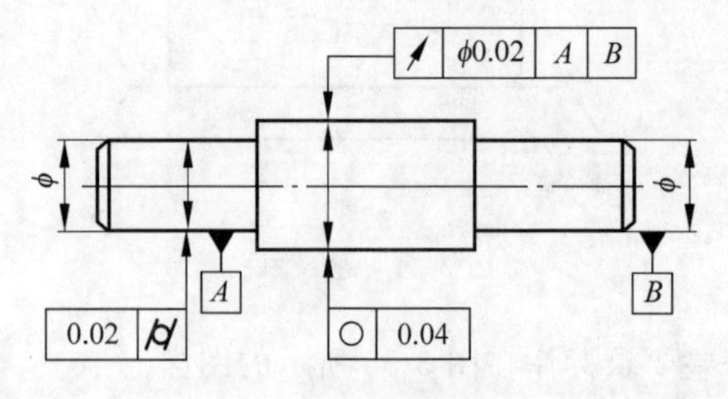

图 3-37　题 11 图样

学习任务3 几何公差的应用和含义

(1) 会正确识读图样中几何公差;
(2) 能够解释几何公差的含义。

几何公差带是对零件几何精度的一种要求。图样上的几何公差要求实际上都是对实际要素规定的允许变动的公差带范围。按照国标规定,图样上的几何公差要求是用几何公差代号标注的,并用公差带概念来解释。

一、形状公差带

形状公差带是控制单一要素的形状误差允许变动的范围,它包括直线度公差、平面度公差、圆度公差、圆柱度公差、线轮廓度公差(无基准)以及面轮廓度公差(无基准)。

1. 直线度公差

直线度公差限制被测实际直线相对于理想直线的变动。被测直线可以是平面内的直线、直线回转体(圆柱、圆锥)上的素线、平面间的交线和轴线等。

2. 平面度公差

平面度公差限制实际平面相对于理想平面的变动。平面度公差带只有一种,即由两个平行平面组成的区域,该区域的宽度即为要求的公差值。

3. 圆度公差

圆度公差限制实际圆相对于理想圆的变动。圆度公差用于对回转体表面(圆柱、圆锥和曲线回转体)任一正截面的圆轮廓提出形状精度要求。在圆度公差的标注中,箭头方向应垂直于轴线或指向圆心。

4. 圆柱度公差

圆柱度公差限制实际圆柱面相对于理想圆柱面的变动。圆柱度公差综合控制圆柱面的形状精度。由于圆柱度公差包含了轴剖面和横剖面两个方面的公差,所以它在数值上要比圆度公差为大。圆柱度的公差带是两同轴圆柱面间的区域,该两同轴圆柱面间的径向距离即为公差值。

5. 线轮廓度公差(无基准)

线轮廓度公差(无基准)限制实际平面曲线对其理想曲线的变动。它是对零件上非圆曲线提出的形状精度要求。无基准时,理想轮廓的形状由理论正确尺寸(尺寸数字外面加上框格)确定,其位置是不定的。

理论正确尺寸(TED):当给出一个或一组要素的位置、方向或轮廓度公差时,分别用来确定其理论正确位置、方向或轮廓的尺寸称为理论正确尺寸,故该尺寸不附带公差,而该要素的形状、方向和位置误差由给定的几何公差来控制。理论正确尺寸必须以框格框出。

6. 面轮廓度公差(无基准)

面轮廓度公差(无基准)限制实际曲面对其理想曲面的变动,它是对零件上曲面提出的形状精度要求。理想曲面由理论正确尺寸确定。

二、方向公差

方向公差限制实际被测要素相对于基准要素在方向上的变动。它包括平行度公差、垂直度公差、倾斜度公差、线轮廓度公差(有基准)以及面轮廓度公差(有基准)。

方向公差的被测要素和基准一般为平面或轴线,因此,方向公差有面对面、线对面、面对线和线对线公差等。

1. 平行度公差

当被测要素与基准的理想方向成0度时,为平行度公差。对平行度公差而言,被测要素可以是直线或平面,基准要素也可以是直线或平面,所以实际组成平行度的类型较多。

2. 垂直度公差

当被测要素与基准的理想方向成90°时,为垂直度公差。垂直度和平行度同属方向公差,所以在分析上这两种情况十分相似。垂直度的被测和基准要素也有直线和平面两种。

3. 倾斜度公差

当被测要素与基准的理想方向成其他任意角度时,为倾斜度公差。由于倾斜的角度是随具体零件而定的,所以在倾斜度的标注中,总需要将要求倾斜的角度作为理论正确角度标注出,这是它的特点。

4. 线轮廓度公差(有基准)

理想轮廓线的形状、方向由理论正确尺寸和基准确定。

5. 面轮廓度公差(有基准)

理想轮廓面的形状、方向由理论正确尺寸和基准确定。

三、位置公差

位置公差限制实际被测要素相对于基准要素在位置上的变动。它包括位置度公差、同轴(心)度公差、对称度公差、线轮廓度公差(有基准)以及面轮廓度公差(有基准)。

1. 位置度公差

位置度公差要求被测要素对一基准体系保持一定的位置关系。被测要素的理想位置是由基准和理论正确尺寸确定的。

2. 同轴(心)度公差

被测要素和基准要素均为轴线,要求被测要素的理想位置与基准同心或同轴。同轴度是位置公差,理论正确位置即为基准轴线。由于被测轴线对基准轴线的不同点可能在空间各个方向上出现,故其公差带为一以基准轴线为轴线的圆柱体,公差值为该圆柱体的直径,在公差值前总加注符号“ϕ”。

3. 对称度公差

被测要素和基准要素为中心平面或轴线,要求被测要素理想位置与基准一致。对称度和同轴度相似,但对称度的被测要素和基准要素可以是一条直线或一个平面,所以形式比同轴度要多。

4. 线轮廓度公差(有基准)

理想轮廓线的形状、方向、位置由理论正确尺寸和基准确定。

5. 面轮廓度公差(有基准)

理想轮廓面的形状、方向、位置由理论正确尺寸和基准确定。

四、跳动公差

跳动公差限制被测表面对基准轴线的变动。跳动公差分为圆跳动和全跳动两种。

1. 圆跳动公差

圆跳动公差是被测表面绕基准轴线回转一周时,在给定方向上的任一测量面上所允许的跳动量。圆跳动公差根据给定测量方向可分为径向圆跳动、轴向圆跳动和斜向圆跳动三种。跳动的名称是和测量相联系的。测量时零件绕基准轴线回转,测量用指示表的测头接触被测要素。回转时指示表指针的跳动量就是圆跳动的数值。指示表测头指在圆柱面上为径向圆跳动,指在端面为端面圆跳动,垂直指向圆锥素线上为斜向圆跳动。

2. 全跳动公差

全跳动公差是被测表面绕基准轴线连续回转时,在给定方向上所允许的最大跳动量。全跳动公差分为径向全跳动和轴向全跳动两种。全跳动公差是关联实际被测要素对其理想要素的允许变动量。当理想要素是以基准轴线为轴线的圆柱面时,称为径向全跳动;当理想要素是与基准轴线垂直的平面时,称为端面(轴向)全跳动。

全跳动和圆跳动不同,径向圆跳动只是在某一横剖面测量的跳动量,端面圆跳动只是在端面某一半径上测量的跳动量。径向全跳动在用指示表和被测圆柱面接触测量时,除工件要围绕基准轴线转动外,指示表还得相对于工件做轴向移动,以便在整个圆柱面上测出跳动量。端面全跳动在测量时,工件除要围绕基准轴线转动外,指示表还得相对于工件做垂直回转轴线的运动,以便在整个端面上测得跳动量。对同一零件,全跳动误差值总大于圆跳动误差值。

几何公差部分项目的应用与解读见表 3-6。

表 3-6 几何公差部分项目的应用与解读

公差	示例	识读	含义
直线度	圆锥面素线的直线度 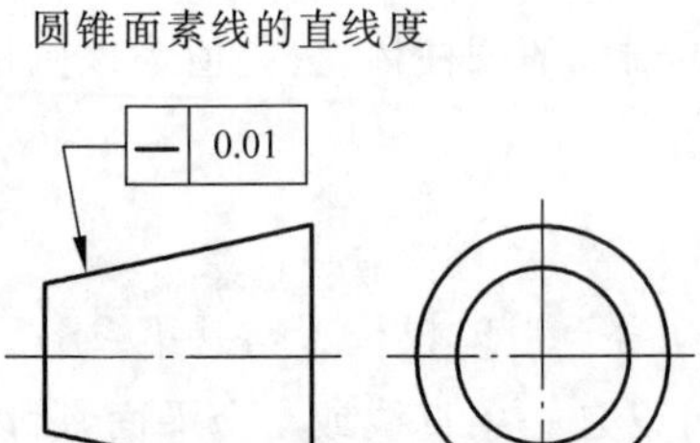 0.01	圆锥面素线的直线度公差为0.01mm	圆锥面素线必须位于轴截面内，距离为0.01mm的两条平行直线之间 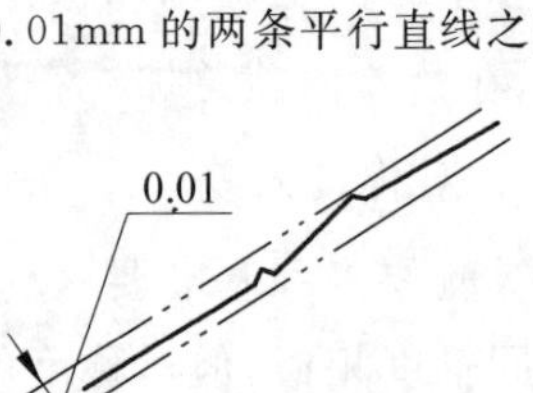 0.01
直线度	刀口尺刃口的直线度 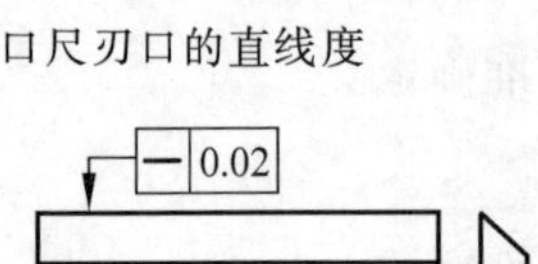 0.02	刀口尺刃口在垂直方向上棱线的直线度公差为0.02mm	刀口尺刃口棱线必须位于垂直方向距离为0.02mm的两平行平面之间 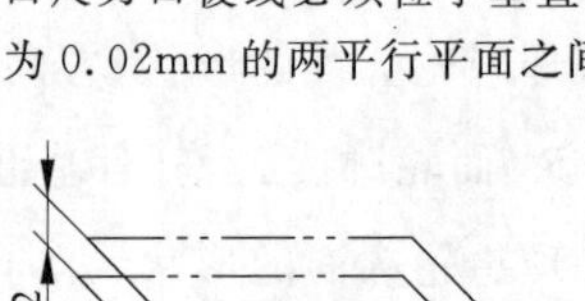 0.02
直线度	轴线的直线度 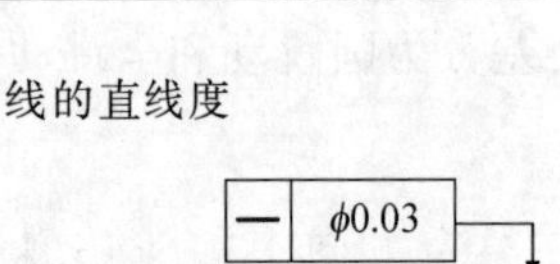 ϕ0.03 ϕd	轴颈为 d 的外圆，其轴线的直线度公差为 ϕ0.03mm	轴颈为 d 的外圆的轴线必须位于直径为 ϕ0.03mm的圆柱面内 ϕ0.03 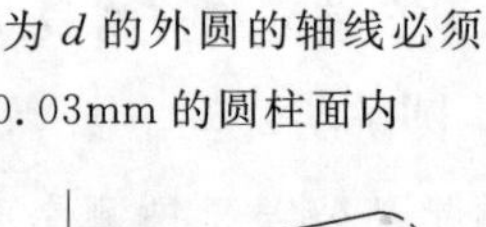
平面度	0.1	该表面的平面度公差为0.08mm	被测表面必须位于距离为公差值0.1mm的两平行平面之间 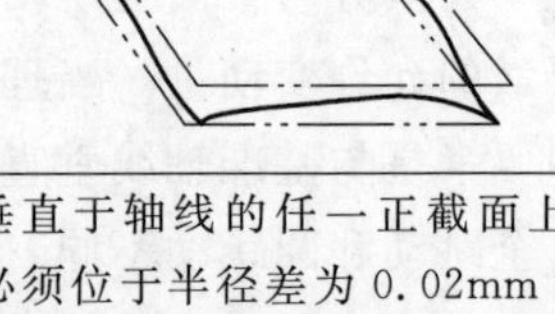 0.1
圆度	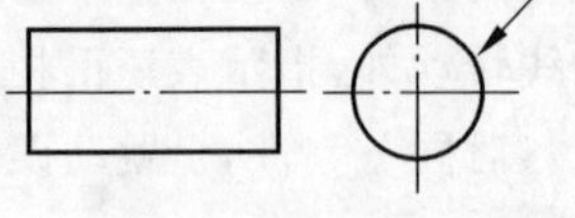 0.02	圆柱面的圆度公差为0.02mm	在垂直于轴线的任一正截面上，实际圆必须位于半径差为0.02mm的两同心圆之间 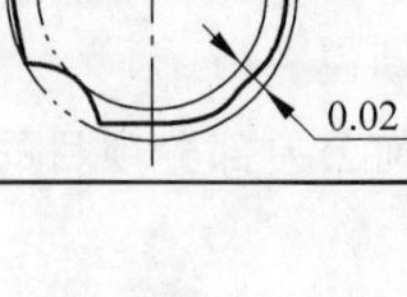 0.02

续表

公差	示　例	识　读	含　义
圆柱度	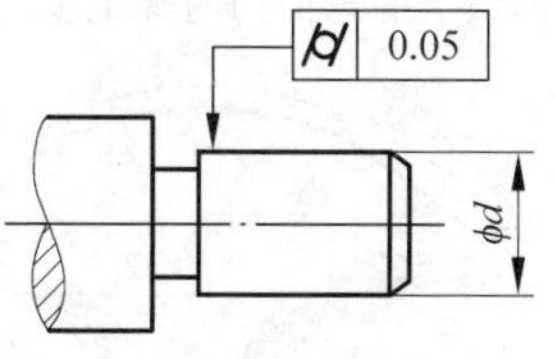 0.05　ϕd	直径为 d 的圆柱面的圆柱度公差为 0.05mm	实际圆柱面必须位于半径差为 0.05mm 的两同轴圆柱面之间 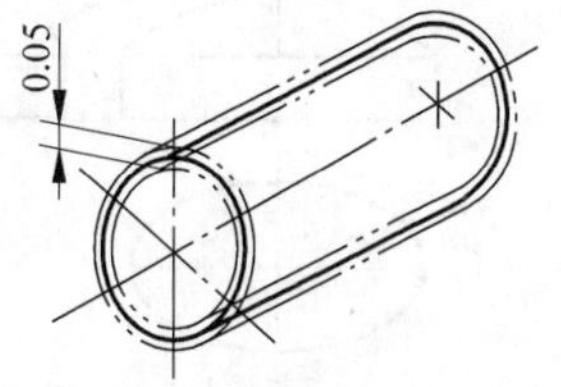 0.05
线轮廓度（无基准）	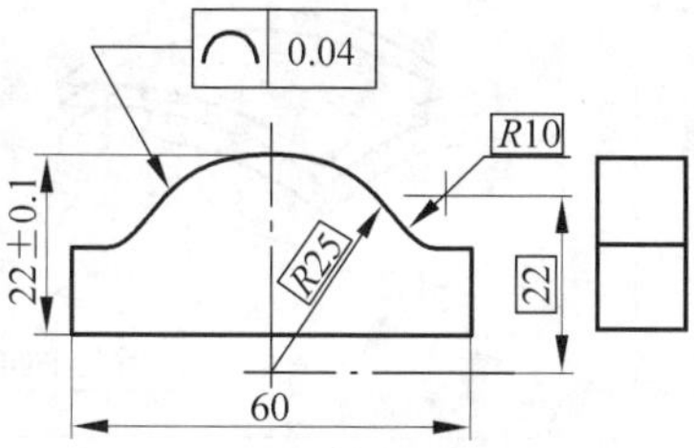 0.04　R10　R25　22±0.1　22　60	外形轮廓的线轮廓度公差为 0.04mm	在平行于正投影面的任一截面上，实际轮廓线必须位于包络一系列直径为 0.04mm 且圆心在理想轮廓线上的圆的两包络线之间 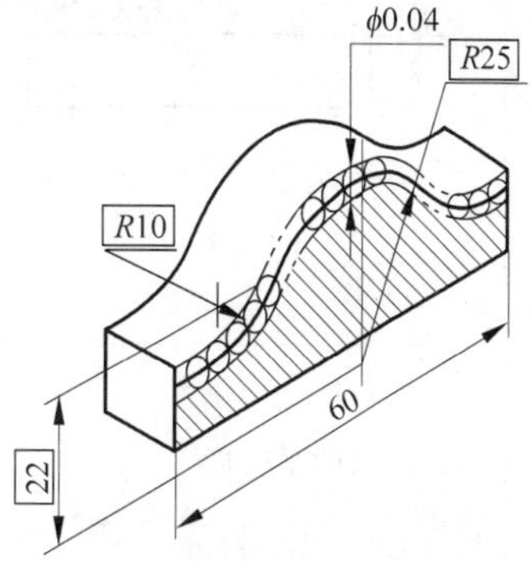 ϕ0.04　R25　R10　60　22
线轮廓度（有基准）	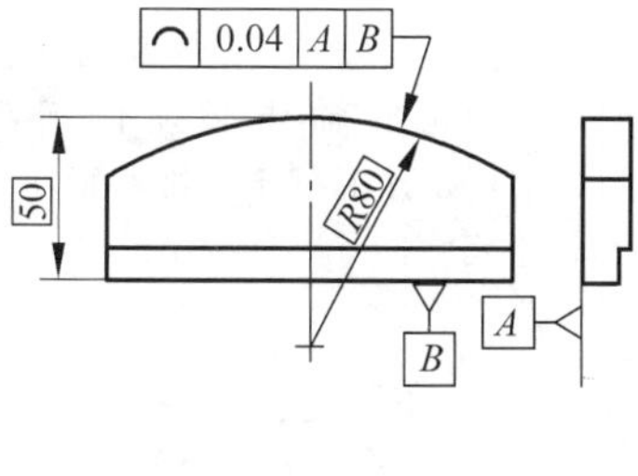 0.04 A B　R80　50　A　B	外形轮廓相对基准 A、B 的线轮廓度公差为 0.04mm	实际轮廓线必须位于包络一系列直径为 0.04mm，圆心位于由基准确定的正确几何形状上的圆的两包络线之间 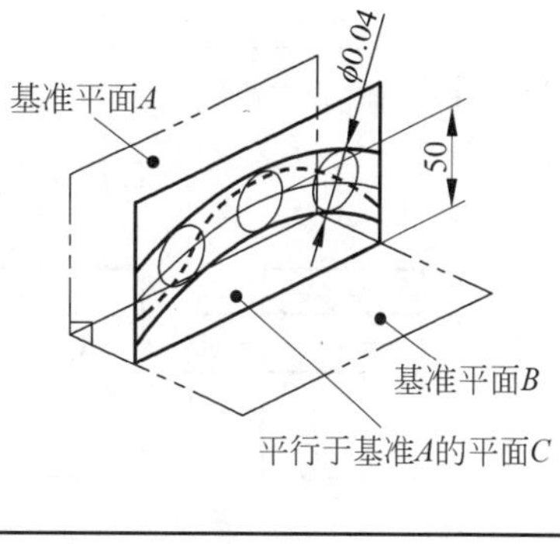 基准平面A　ϕ0.04　50　基准平面B　平行于基准A的平面C

续表

公差	示例	识读	含义
面轮廓度（无基准）	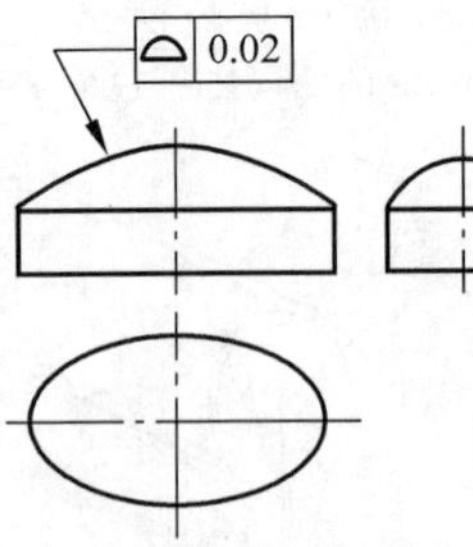 0.02	上椭圆面的面轮廓度公差为0.02mm	实际轮廓面必须位于包络一系列直径为0.02mm，球心位于理论正确几何形状上的球面的两等距包络面之间 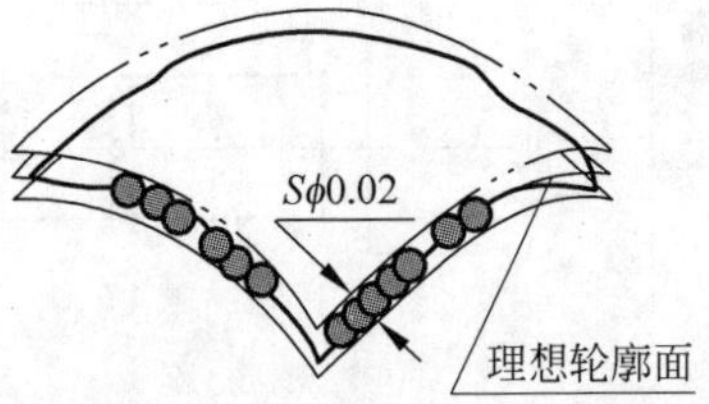 Sϕ0.02 理想轮廓面
面轮廓度（有基准）	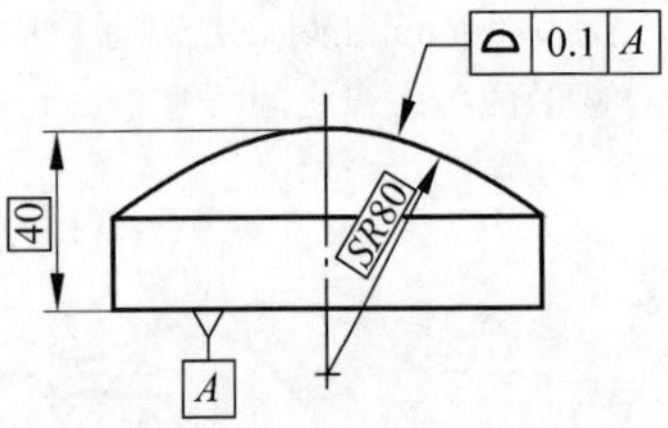 0.1 A 40 SR80 A	上轮廓面相对于基准A的面轮廓度公差为0.1mm	实际轮廓面必须位于包络一系列直径为0.1mm，球心位于由基准A确定的理论正确几何形状上的球的两等距包络面之间 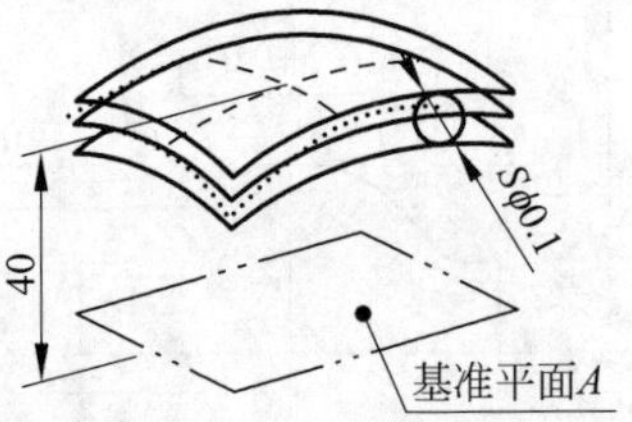 Sϕ0.1 40 基准平面A
平行度	面对面的平行度 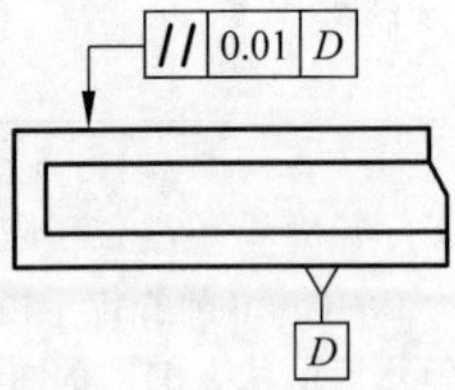 // 0.01 D D	上表面对底面D的平行度公差为0.01mm	上表面必须位于距离为公差值t=0.01mm且平行于基准平面D的两平行平面之间 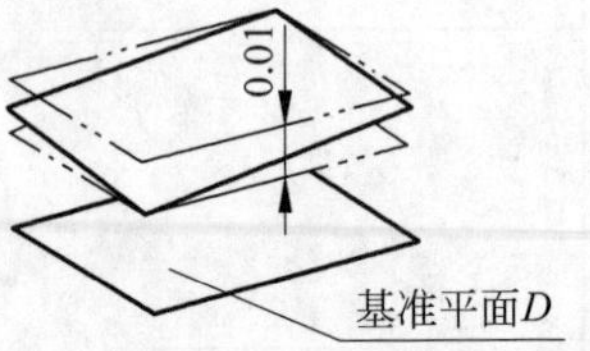 0.01 基准平面D
	线对面的平行度 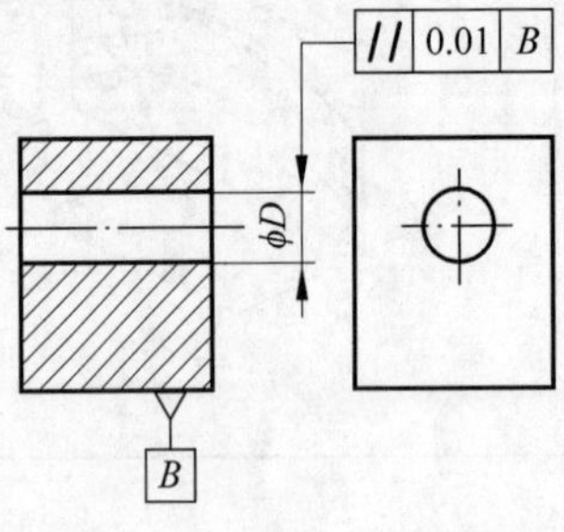 // 0.01 B ϕD B	ϕD孔的轴线对底面B的平行度公差为0.01mm	ϕD孔的轴线必须位于距离为0.01mm且平行于基准平面B的两平行平面之间 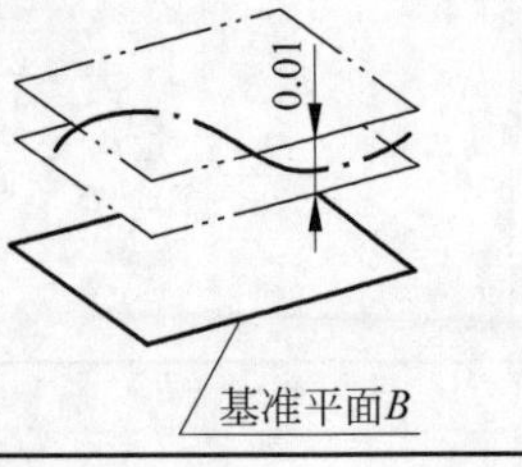 0.01 基准平面B

续表

公差	示例	识读	含义
平行度	面对线的平行度	上表面对孔轴线的平行度公差为0.1mm	上表面必须位于距离为0.1mm且平行于基准轴线C的两平行平面之间
	给定一个方向线对线的平行度	ϕD_1孔的轴线对ϕD_2孔的轴线A在垂直方向上的平行度公差为0.1mm	ϕD_1孔的轴线必须位于相距0.1mm且平行于基准轴线A的两平行平面之间
	在任意方向上线对线的平行度	ϕD_1孔的轴线对ϕD_2孔的轴线A的平行度公差为$\phi 0.03$mm	ϕD_1孔的轴线必须位于直径为0.03mm且轴线平行于基准轴线A的圆柱面内
垂直度	面对面的垂直度	右侧面对底面A的垂直度公差为0.08mm	右侧面必须位于距离为0.08mm，且垂直于基准平面A的两平行平面之间

续表

公差	示例	识读	含义
垂直度	面对线的垂直度 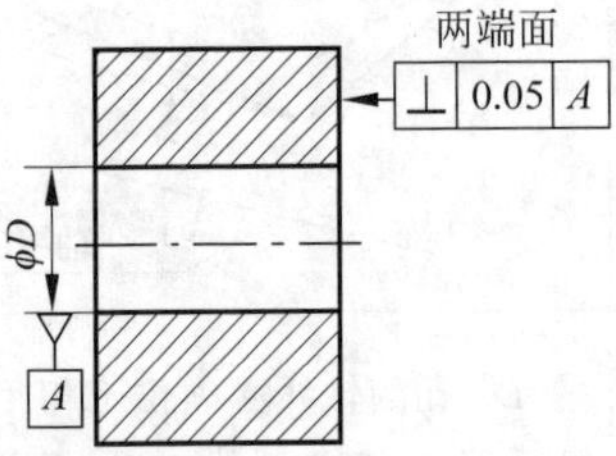 两端面 ⊥ 0.05 A ϕD A	两端面对 ϕD 孔轴线 A 的垂直度公差为 0.05mm	被测端面必须位于距离为 0.05mm 且垂直于基准轴线 A 的两平行平面之间 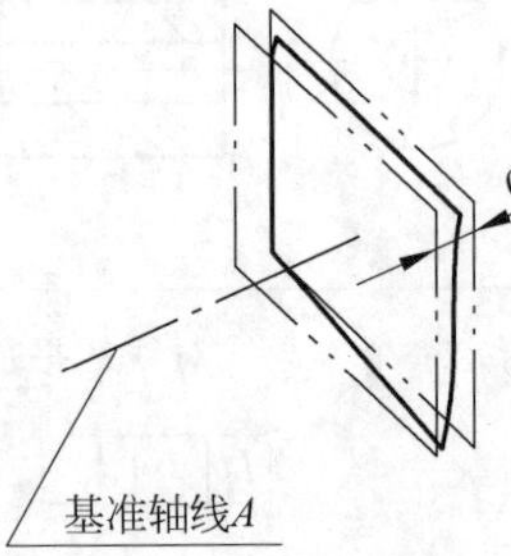 0.05 基准轴线A
	在任意方向上线对面的垂直度 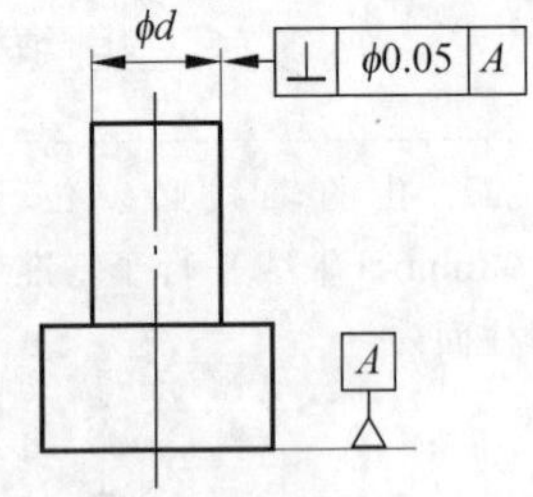 ϕd ⊥ ϕ0.05 A A	ϕd 外圆的轴线对基准面 A 的垂直度公差为 ϕ0.05mm	ϕd 外圆的轴线必须位于直径为 ϕ0.05mm 且垂直于基准平面 A 的圆柱面内 基准平面A ϕ0.05
倾斜度	线对线的倾斜度 ϕD ∠ 0.08 A—B 60° ϕd_1 ϕd_2 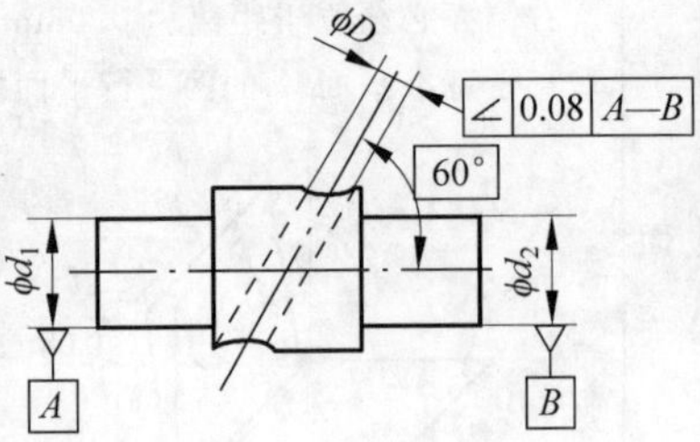 A B	ϕD 孔轴线对基准 ϕd_1 和 ϕd_2 外圆的公共轴线 A—B 的倾斜度公差为 0.08mm	ϕD 孔轴线必须位于距离为 0.08mm 且与基准轴线 A—B 成 60°角的两平行平面之间 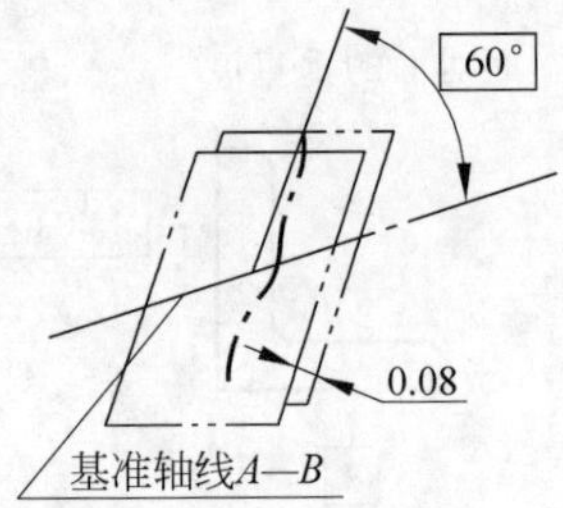 60° 0.08 基准轴线A—B

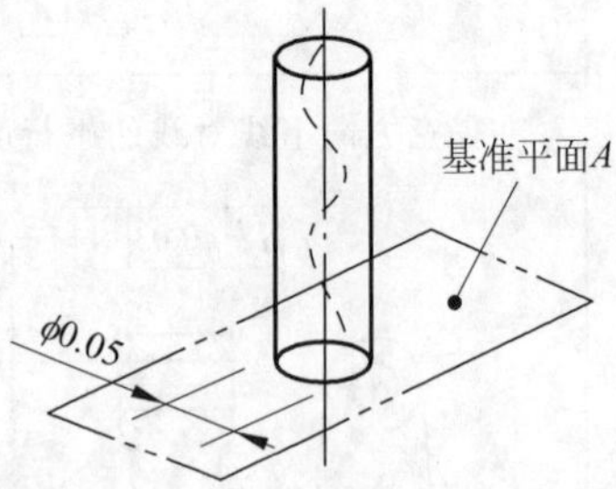

续表

公差	示例	识读	含义
倾斜度	面对面的倾斜度 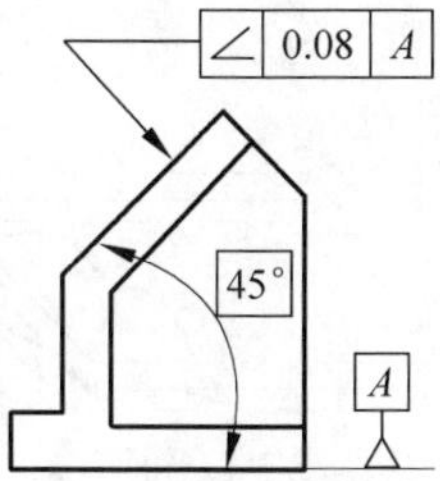	斜面对基准面 A 的倾斜度公差为 0.08mm	斜面必须位于距离为 0.08mm 与基准面 A 成 45°角的两平行平面之间 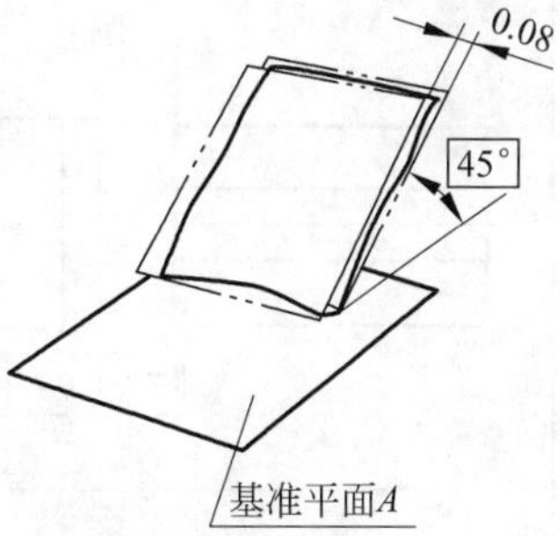
	面对线的倾斜度 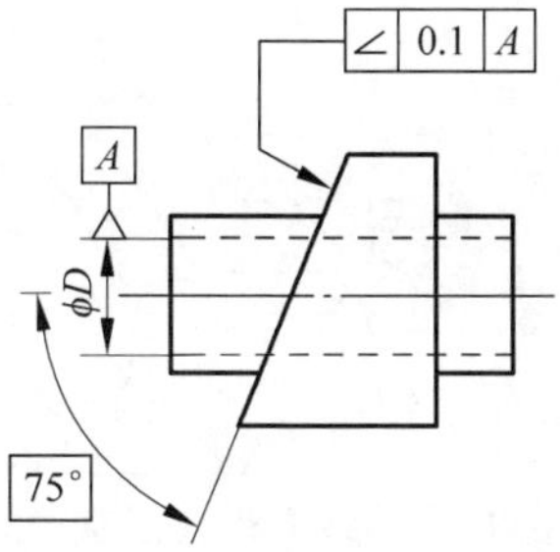	斜面对基准轴线 A 的倾斜度公差为 0.1mm	斜面必须位于距离为 0.1mm 与基准轴线 A 成 75°角的两平行平面之间 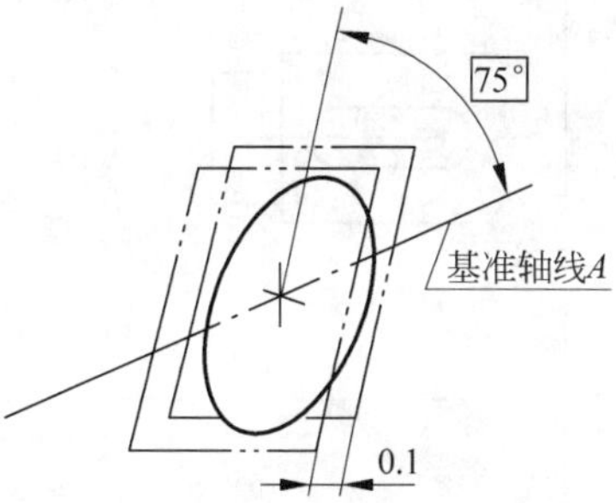
同轴(心)度	轴线对轴线的同轴度 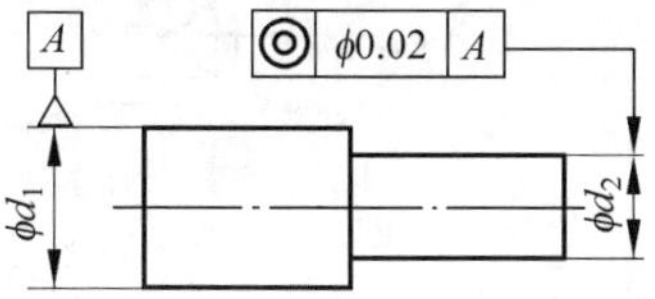	ϕd_2 外圆的轴线对基准轴线 A(d_1 外圆的公共轴线)的同轴度公差 $\phi 0.02$mm	ϕd_2 外圆的轴线必须位于直径为 $\phi 0.02$mm 且与基准轴线 A 同轴的圆柱面内 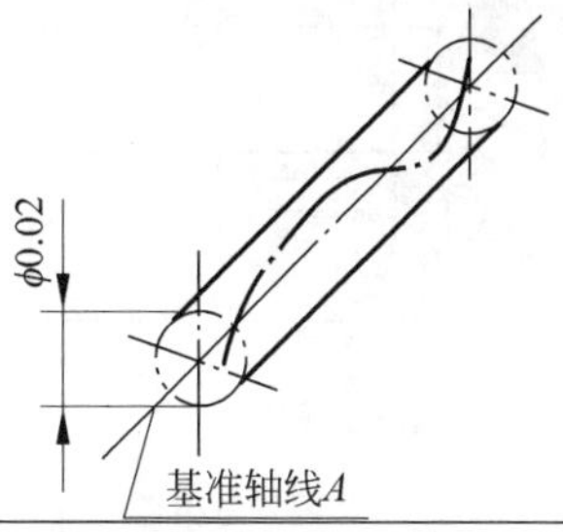
	圆心对圆心的同轴(心)度 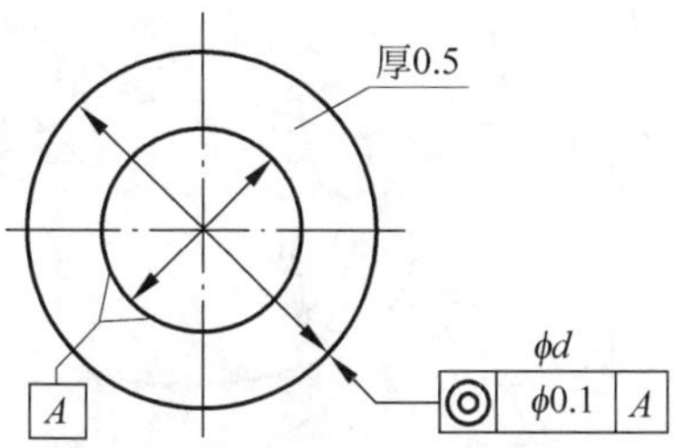	ϕd 圆心对基准圆心 A 的同心度公差 $\phi 0.1$mm	ϕd 圆的圆心必须位于直径为 $\phi 0.1$mm 且与基准圆心 A 同心的圆内 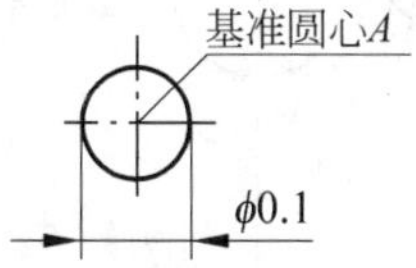

续表

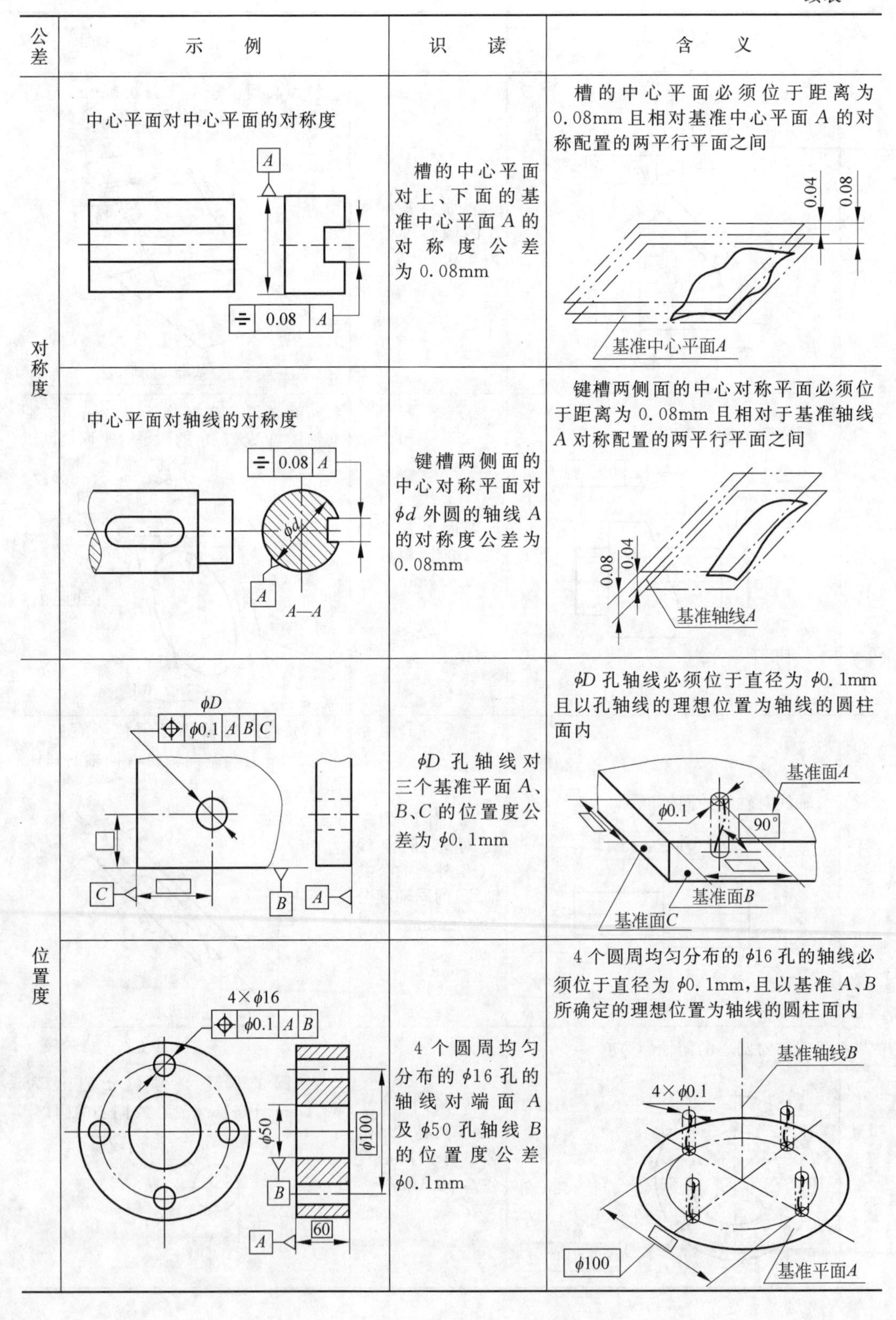

公差	示例	识读	含义
对称度	中心平面对中心平面的对称度	槽的中心平面对上、下面的基准中心平面 A 的对称度公差为 0.08mm	槽的中心平面必须位于距离为 0.08mm 且相对基准中心平面 A 的对称配置的两平行平面之间
	中心平面对轴线的对称度	键槽两侧面的中心对称平面对 ϕd 外圆的轴线 A 的对称度公差为 0.08mm	键槽两侧面的中心对称平面必须位于距离为 0.08mm 且相对于基准轴线 A 对称配置的两平行平面之间
位置度		ϕD 孔轴线对三个基准平面 A、B、C 的位置度公差为 $\phi 0.1$mm	ϕD 孔轴线必须位于直径为 $\phi 0.1$mm 且以孔轴线的理想位置为轴线的圆柱面内
		4 个圆周均匀分布的 $\phi 16$ 孔的轴线对端面 A 及 $\phi 50$ 孔轴线 B 的位置度公差 $\phi 0.1$mm	4 个圆周均匀分布的 $\phi 16$ 孔的轴线必须位于直径为 $\phi 0.1$mm，且以基准 A、B 所确定的理想位置为轴线的圆柱面内

续表

公差	示例	识读	含义
圆跳动	径向圆跳动 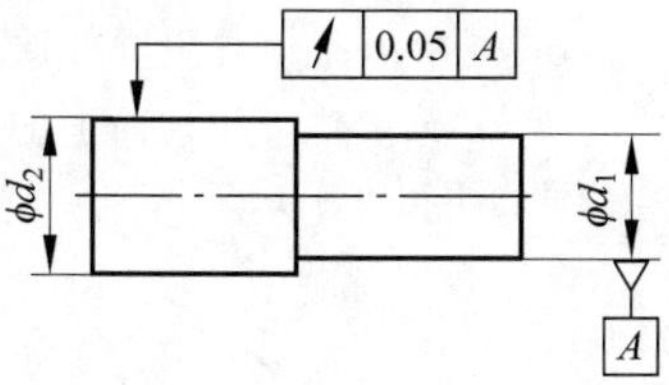	ϕd_2 圆柱面对基准轴线 A 的径向圆跳动公差为 0.05mm	ϕd_2 圆柱面绕基准轴线 A 回转一周时，在垂直于基准轴线的任一测量平面内的径向跳动量均不得大于 0.05mm 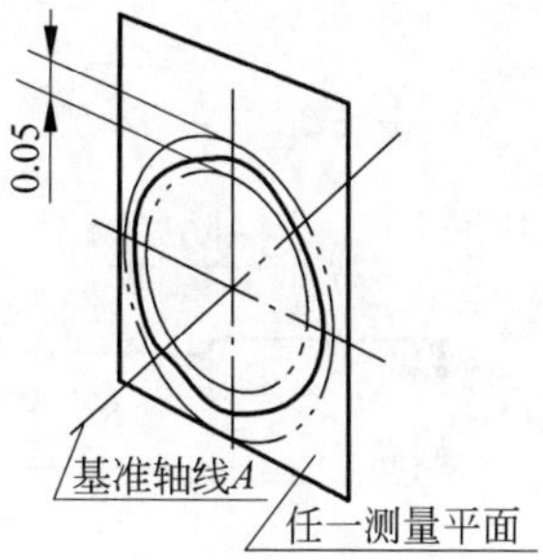
	轴向圆跳动 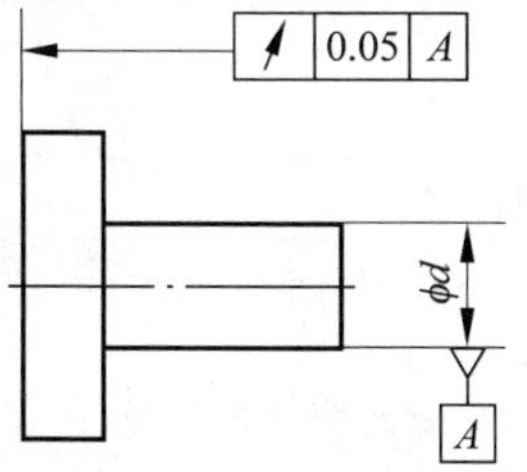	左端面对基准轴线 A 的轴向圆跳动公差为 0.05mm	左端面绕基准轴线 A 回转一周时，在与基准轴线同轴的任一直径位置的测量圆柱面上的轴向跳动量均不得大于 0.05mm 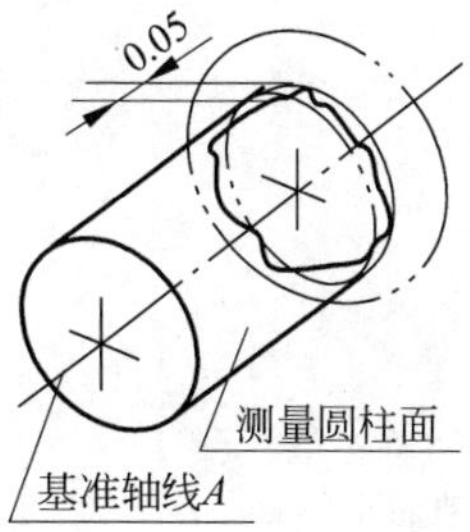
	斜向圆跳动 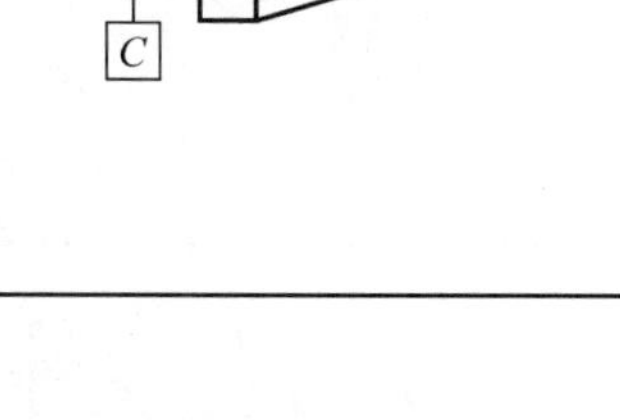	圆锥面对基准轴线 C 的斜向圆跳动公差为 0.1mm	圆锥面绕基准轴线 C 回转一周时，在与基准轴线同轴的任一测量圆锥面（素线与被测面垂直）上的跳动量均不得大于 0.1mm 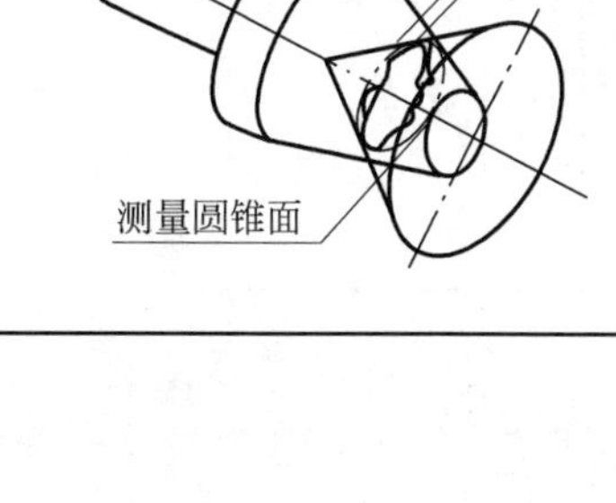

续表

公差	示　　例	识　　读	含　　义
全跳动	径向全跳动 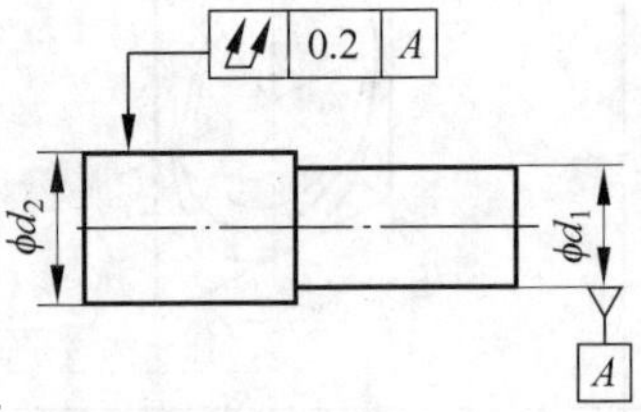	ϕd_2 圆柱面对基准轴线 A 的径向全跳动公差为 0.2mm	ϕd_2 圆柱面绕基准轴线 A 连续回转，同时指示器相对于圆柱面做轴向移动，在 ϕd_2 整个圆柱面上的径向跳动量均不得大于 0.2mm 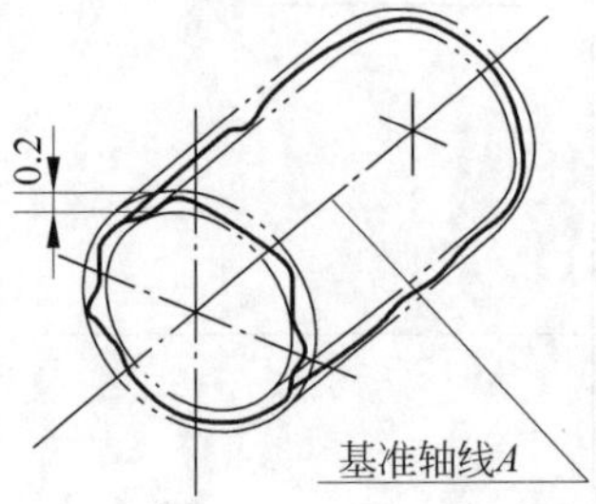
	轴向全跳动 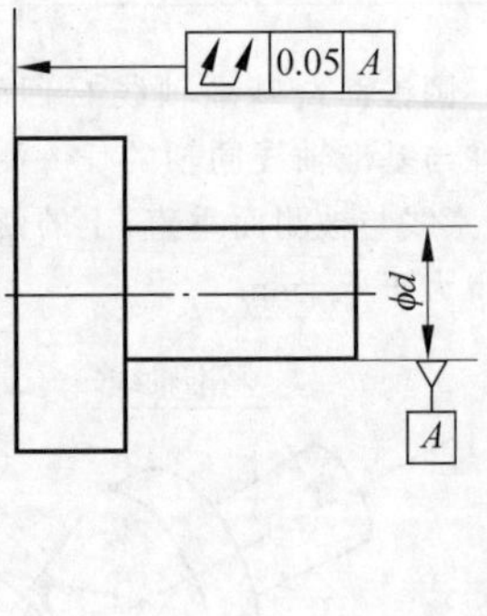	左端面对基准轴线 A 的轴向全跳动公差为 0.05mm	左端面绕基准轴线 A 连续回转，同时指示器相对于端面做径向移动，在整个端面上的轴向跳动量均不得大于 0.05mm 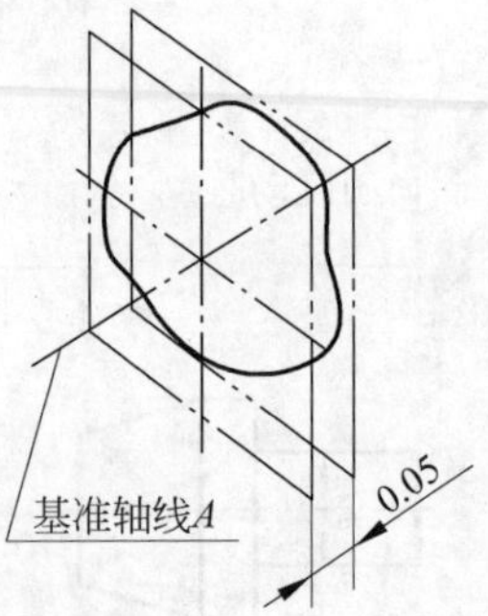

如图 3-38 所示为一曲轴，识读其几何公差并说出其含义。

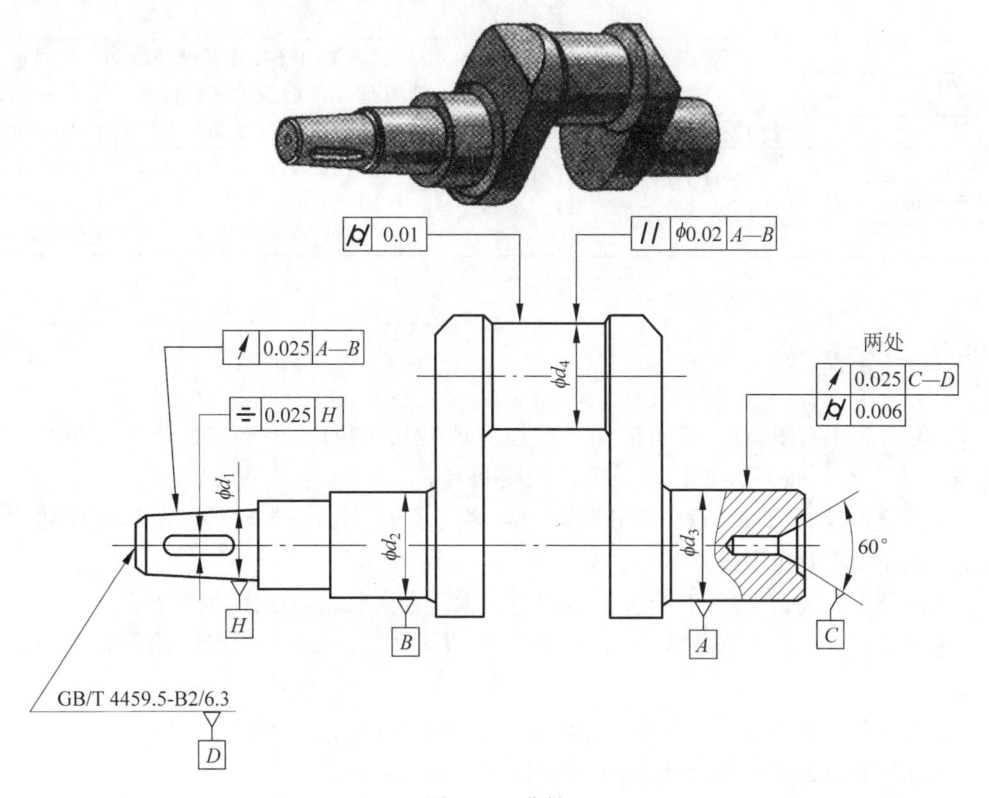

图 3-38 曲轴

曲轴几何公差的识读和含义见表 3-7。

表 3-7 曲轴几何公差的识读和含义

代　　号	识　　读	含　　义
两处 ↗ 0.025 C—D ⌭ 0.006	曲轴的两个支撑轴颈 ϕd_2 和 ϕd_3 外圆有两项要求： （1）ϕd_2 和 ϕd_3 两圆柱面的圆柱度公差为 0.006mm。 （2）ϕd_2 和 ϕd_3 圆柱面对两端中心孔的公共轴线（C—D）的径向圆跳动公差为 0.025mm	（1）ϕd_2 和 ϕd_3 实际圆柱面必须位于半径差为 0.006mm 的两同轴圆柱面之间。 （2）ϕd_2 和 ϕd_3 两圆柱面绕公共基准轴线 C—D 回转一周时，在任一测量平面内的径向跳动量均不得大于 0.025mm
// ϕ0.02 A—B	ϕd_4 的轴线对两支承轴颈 ϕd_2 和 ϕd_3 的公共轴线（A—B）的平行度公差为 0.025mm	ϕd_4 的实际轴线必须位于直径为 0.02mm，且平行于公共轴线 A—B 的圆柱面内
⌭ 0.01	ϕd_4 圆柱面的圆柱度公差为 ϕ0.02mm	ϕd_4 实际圆柱面必须位于半径差为 0.01mm 的两同轴圆柱面之间

续表

代　　号	识　　读	含　　义
↗ | 0.025 | A—B	圆锥面对两支承轴颈 ϕd_2 和 ϕd_3 的公共轴线（A—B）的斜向圆跳动公差为 0.025mm	圆锥面绕公共基准轴线 A—B 回转一周时，在垂直于圆锥面素线的任一测量圆锥面上的跳动量均不得大于 0.025mm
⌯ | 0.025 | H	键槽的中心平面对圆锥面轴线的对称度公差为 0.025mm	键槽的中心平面必须位于距离为 0.025mm 的两平行平面之间，且这两个平面对称配置在圆锥面基准轴线的两侧

拓展提高

(1) 为简化制图，对一般机床加工就能保证的几何精度，不必在图样上注出几何公差，未注几何公差按 GB/T 1184—1996 规定执行。

未注直线度、垂直度、对称度和圆跳动各规定了 H、K、L 三个公差等级，在标题栏或技术要求中注出标准及等级代号。如："GB/T 1184—K"。

未注圆度公差值等于直径公差值，但不得大于径向跳动的未注公差。

未注圆柱度公差不作规定，由构成圆柱度的圆度、直线度和相应线的平行度的公差控制。

未注平行度公差值等于尺寸公差值或直线度和平面度公差值中较大者。

未注同轴度公差值未作规定，可与径向圆跳动公差等。

未注线轮廓度、面轮廓度、倾斜度、位置度和全跳动的公差值均由各要素的注出或未注出的尺寸或角度公差控制。

(2) 如要求在公差带内进一步限定被测要素的形状，则应在公差值后面加注符号，见表 3-5。

思考练习

(1) 识读图 3-39 中的几何公差。

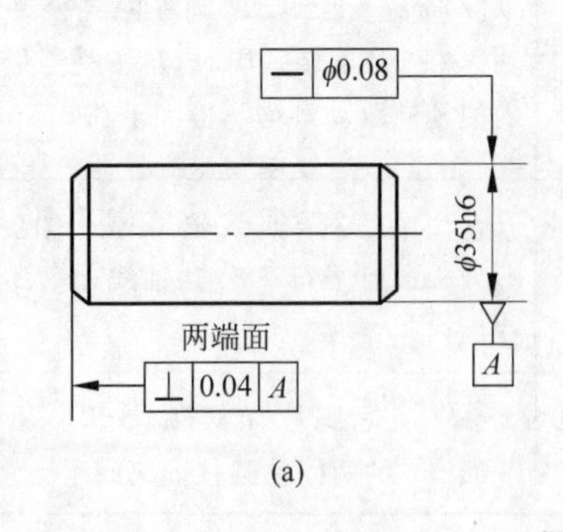

(a)

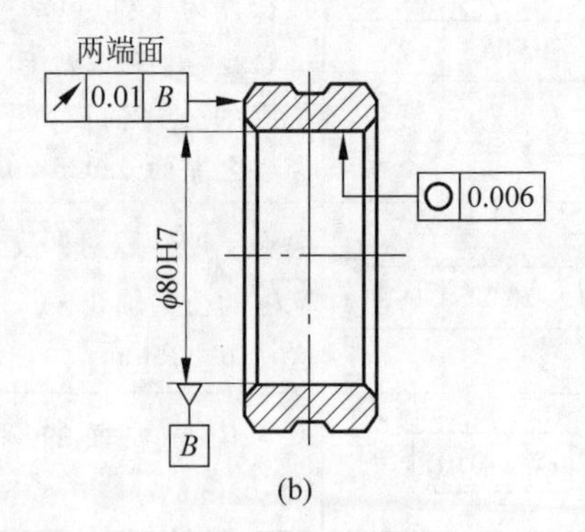

(b)

图 3-39　题 1 图样

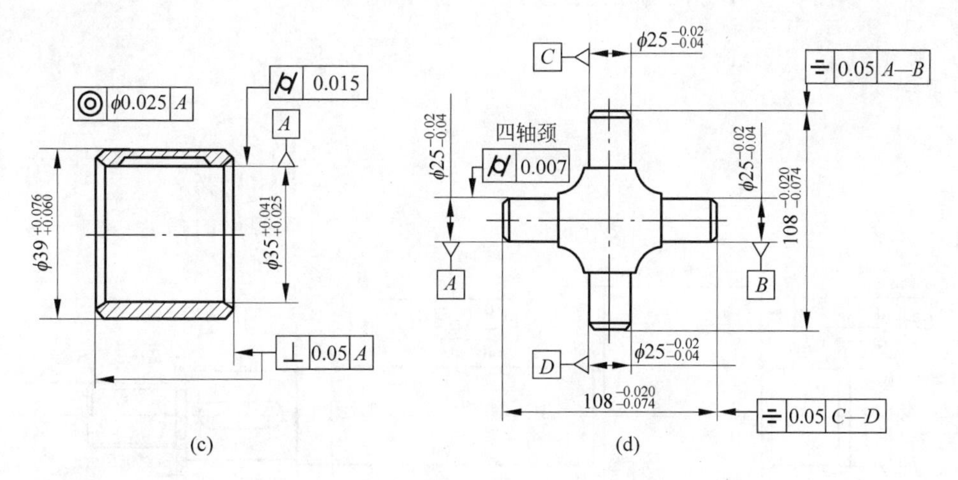

图　3-39(续)

(2) 识读图 3-40 所示零件图的几何公差并说出各个几何公差的含义。

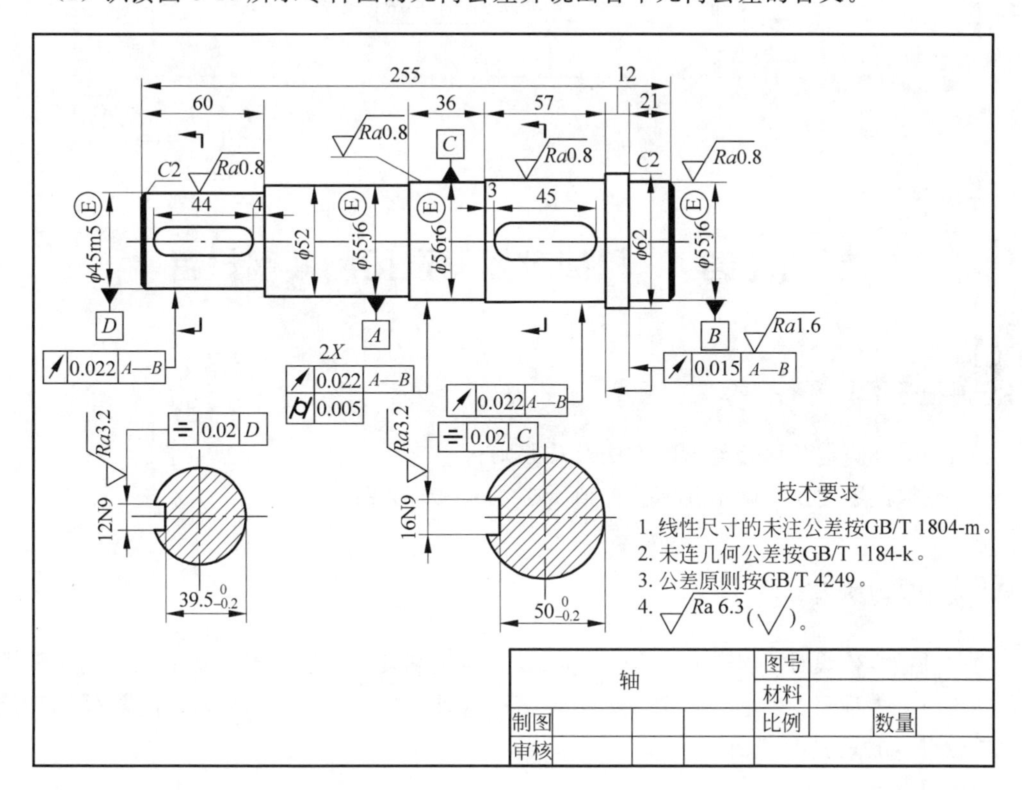

图 3-40　题 2 图样

(3) 识读图 3-41 中标注的几何公差。

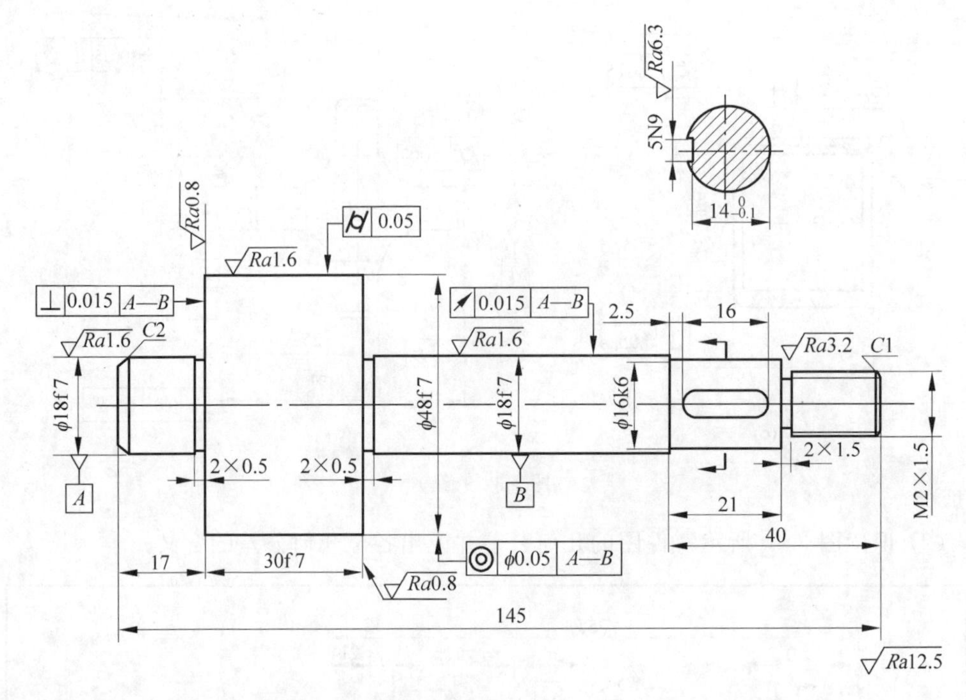

图 3-41 题 3 图样

学习任务 4 几何公差的选用和实例分析

(1) 了解确定几何公差值的方法及总原则；

(2) 掌握用类比法确定几何公差值所必须考虑的关系。

在机械零件设计中,零件的尺寸精度、表面质量和几何精度是影响产品质量的重要因素。几何公差项目、公差原则、基准及公差值的合理选用,是保证零件设计精度、使用功能和产品质量的重要内容。

一、几何公差项目的选用

几何公差项目的选用应遵循的原则：在保证零件功能要求的前提下,应尽量使几何公差项目减少,检测方法简便,以获得较好的经济效益。各项几何公差的控制功能不尽相同,选择时应尽量发挥能综合控制的公差项目的功能,以减少几何公差项目。确定公差项目还必须与检测条件相结合，考虑现有条件检测的可能性与经济性，当同样满足零件的使用要求时，应选用检测简便的项目。总之，几何公差项目的选择主要从被测要素的几何特征、功能要求、测量的方便性和特征项目本身的特点等几个方面来考虑。

1. 依据零件的结构特征和加工情况

零件自身的结构特征限定了可选择的几何公差项目。例如，有平面要素的零件可选平面度、平行度公差；有曲面要素的零件可选面轮廓度；圆柱体零件可根据零件自身各要素选择轴线的直线度、素线的直线度、圆度、圆柱度、径向圆跳动公差；阶梯孔零件会有同轴度误差；零件上孔或轴的轴线会有位置度误差等。

在机械零件设计时，还应根据零件的加工和装配情况来选择几何公差项目。例如，在加工细长轴时中部较易产生变形，可以选择素线直线度或圆柱度来控制。

2. 依据零件的功能和精度要求

几何公差项目还应满足零件的功能和精度要求，主要考虑几何误差对零件的配合性质、装配互换性、工作精度、可靠性等影响。只有了解和明确零件的使用性能，才能确定为保证这些性能必须选用的几何公差项目。例如，为保证一对锥齿轮的正确啮合传动，对箱体上安装锥齿轮轴的孔需要给出垂直度要求，车床主轴的旋转精度要求很高，应规定其前后轴颈的同轴度来保证主轴的精度要求等。

3. 依据几何公差项目的特点和检测方便性

在机械零件设计时，要充分考虑各几何公差项目的特点和它们之间的关系，在满足功能要求的前提下应尽量选用检测方法易行的项目来代替检测难度较大的几何公差项目。

(1) 形状公差可控制某些其他形状公差。形状公差中有些项目可以控制其他项目。例如，圆柱度公差可综合控制圆柱体的正截面的圆度误差和圆柱体轴线方向上的形状误差。因此，当圆柱体给出了圆柱度公差后，一般就不再给出圆度公差和素线直线度公差。只有圆度或直线度精度高于圆柱度时才单独标注。因为圆柱度误差通常用圆度仪或配备计算机的三坐标测量装置检测，检测较为复杂，所以对一般精度的圆柱体零件，还是用圆度与直线度或者圆柱面素线的平行度来控制，避免检测复杂。用圆度和平行度来代替圆柱度时，应根据圆柱体的长径比确定圆度公差值与平行度公差值。当圆柱体长度大于其直径时，素线平行度公差值必须相应大于其圆度公差值；当圆柱体长度等于其直径时，素线平行度公差值与其圆度公差值也应相等；当圆柱体长度小于其直径时，素线平行度公差值必须相应小于其圆度公差值，如图 3-42 所示。

(2) 方向公差可控制形状公差。方向公差带可以把同一要素的形状误差控制在方向公差范围内，即方向公差可控制形状公差。因此当对同一要素给出方向公差时就不再注出形状公差，只有当对其形状公差的精度要求高于方向公差的要求时才需单独标注。

如图 3-43 所示，两孔轴线同轴度公差完全可以控制两轴线的平行度要求，因其控制了被测轴线对基准的平移、倾斜或弯曲，所以不必再标注两孔轴线平行度。

(3) 位置公差可控制方向公差和形状公差。位置公差带可以把同一要素的方向公差和形状公差控制在位置公差范围内，即位置公差有综合控制被测要素位置、方向和形状的功能。因此当对同一要素给出位置公差时就不再注出方向公差，只有当对其方向公差的精度高于位置公差的要求时才需注出。位置度公差是综合性最强的指标之一,是实际位置和实际形状所产生的综合效果,即测得的位置误差中包含了形状误差。通常同一要素给出的形状公差值应小于位置公差值。

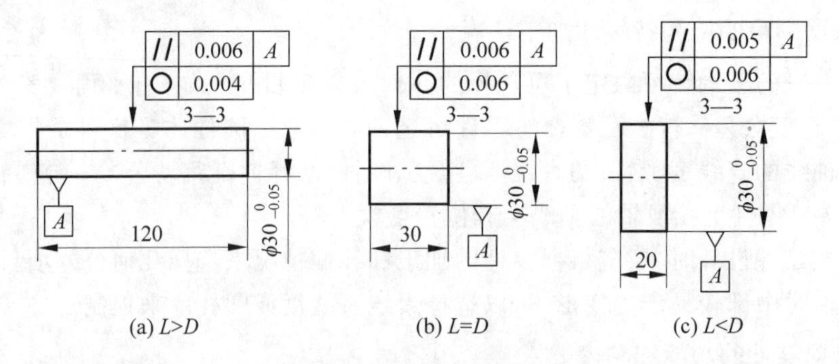

图 3-42 按圆柱体长径比确定圆度公差和平行度公差

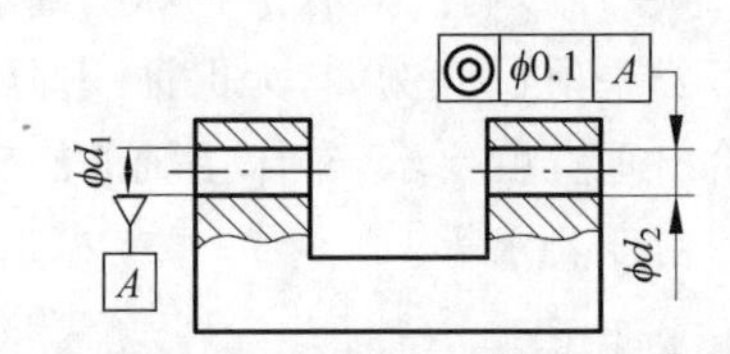

图 3-43 同轴度综合控制平行度

如图 3-44 所示,两孔轴线的直线度及两孔轴线对基准面的垂直度可由位置度综合控制,没有必要再重复标注。

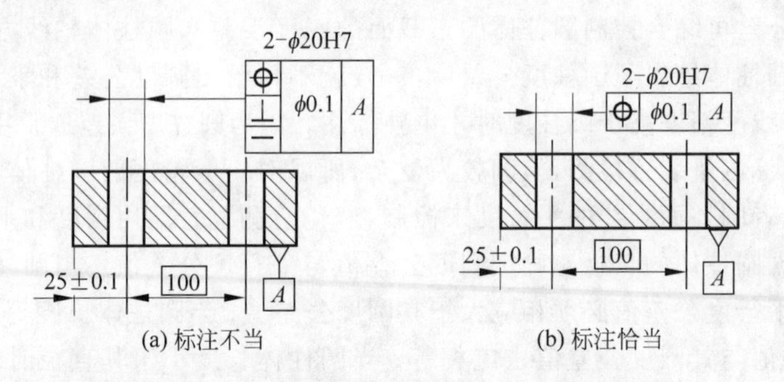

图 3-44 位置度综合控制垂直度与直线度

虽然很多情况完全可以用位置度取代同轴度和对称度,但由于在生产中标注同轴度和对称度比标注位置度更直观明确,所以有时图样上标注同轴度和对称度更恰当,而位置度通常用于限制点、线的位置误差。

(4) 跳动公差可控制其他几何公差。径向全跳动公差是综合性最强的指标之一,它能全面控制圆柱面上的圆度、圆柱度、素线和轴线的直线度、同轴度公差。端面全跳动能全面控制该端面的平面度公差和垂直度公差。因此在满足零件功能和精度要求的前提下,可选用简便易行的综合控制公差项目来代替测量难度较大的公差项目,同时可减少图样上的几何公差项目。

径向圆跳动公差能控制同轴度误差和圆度误差，由于径向圆跳动误差的检测比同轴度误差的检测简单易行，所以在满足零件功能和精度要求的前提下，优先选用径向圆跳动公差。

端面对基准轴线的垂直度公差是端面圆跳动和平面度误差的综合反映。如果采用端面圆跳动来代替垂直度公差要求，其结果会降低端面垂直度精度。因为端面圆跳动的检测方法比较简便，所以对基准的垂直度精度要求不高的零件，如低速旋转轴上的轴肩端面应优先选用端面圆跳动，但是对立式铣床工作台等对垂直度有一定要求的零件，则必须标注出垂直度公差。

二、公差原则的选择

公差原则的选择应根据被测要素的功能要求，充分发挥公差的功能和采取该公差原则的可行性、经济性。公差原则可以分为独立原则和相关要求。相关要求有包容要求、最大实体要求和最小实体要求等。

(1) 独立原则是指图样上对某要素注出或未注出的尺寸公差和几何公差各自独立，彼此无关，分别满足各自要求的公差原则。独立原则是尺寸公差和几何公差相互关系遵循的基本原则。

(2) 包容要求(er)是尺寸公差与形位公差相互有关的一种相关要求。用符号Ⓔ表示，它只适用于单一尺寸要素的尺寸公差与形位公差之间的关系，通常只在圆要素或由两个平行平面建立的要素上使用。图样上尺寸公差的后面标注有符号Ⓔ，表示该要素的形状公差和尺寸公差之间的关系应遵守包容要求，如图3-45所示。

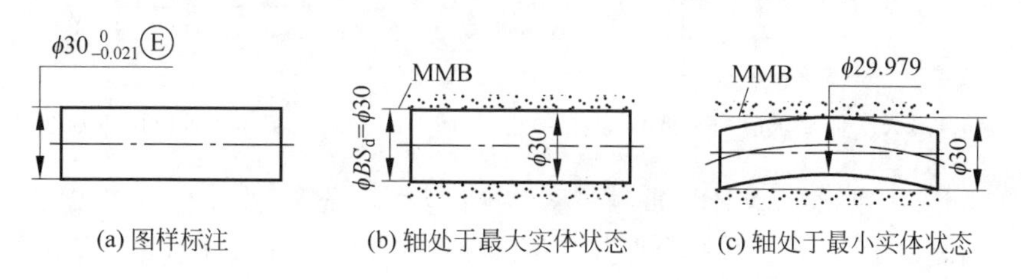

(a) 图样标注　(b) 轴处于最大实体状态　(c) 轴处于最小实体状态

图3-45　包容要求下的孔轴配合

采用包容要求的尺寸要素，其实际轮廓应遵守最大实体边界，即其体外作用尺寸不超出其最大实体尺寸，且局部实际尺寸不超出其最小实体尺寸。包容要求主要用于要保证孔、轴的配合性质，特别是配合公差要求严格的精密配合。它用最大实体边界尺寸控制孔、轴配合所需要的最小间隙或者最大过盈。如有包容要求的孔和有包容要求的轴的配合，可以保证配合的最小间隙等于零。

(3) 最大实体要求(MMR)：被测要素的实际轮廓应遵守其最大实体实效边界。用符号Ⓜ表示，适用于中心要素。当其实际尺寸偏离最大实体尺寸时，允许其形位误差值超出在最大实体状态下给出的公差值。最大实体要求用于被测中心要素时，可保证自由装配，如轴承盖上用于穿过螺钉的通孔等；最大实体要求用于基准中心要素时，基准轴线或中心平面相对于理想边界的中心允许偏高，如同轴度的基准轴线。

① 最大实体要求应用于被测要素。最大实体要求的表示方法如图3-46所示，最大

实体要求应用于被测要素 $\phi10_{-0.015}^{\ 0}$。该轴的直线度公差是 $\phi0.015$ Ⓜ，其中 0.015 是给定值，即当该轴达到最大实体尺寸 $\phi10$ 时，给定的轴线的直线度公差值为 $\phi0.015$。如果被测要素偏离最大实体尺寸 $\phi10$ 时，则直线度公差值允许增大，偏离多少就增大多少。如若轴的尺寸为 $\phi9.98$，则偏离最大实体尺寸为 $\phi0.02$，那么此时轴线的直线度公差值可以达到 $\phi0.015+\phi0.02=\phi0.035$，这样就可以把尺寸公差没有用到的部分补偿给几何公差。

② 最大实体要求应用于基准要素。最大实体要求应用于基准要素时，在几何公差框格内的基准字母后标注符号Ⓜ，如图 3-47 所示。此时，几何公差值是基准处在最大实体尺寸时，被测要素的几何公差值得到补偿。如图 3-47 所示，当最大实体要求应用于基准要素，而基准要素本身又要求遵守包容要求，被测要素的同轴度公差值 $\phi0.020$ 是在该基准要素处于最大实体状态时给定的。即最大实体尺寸为 $\phi39.990$ 时，同轴度的公差是图样上给定的 $\phi0.020$，当基准要素偏离最大实体状态时，偏离多少其相应的同轴度公差值增加多少。例如，当基准要素的实际尺寸为 $\phi39.985$ 时，偏离最大实体尺寸为 $\phi0.005$，那么同轴度允许的公差值为 $\phi0.020+\phi0.005=\phi0.025$。

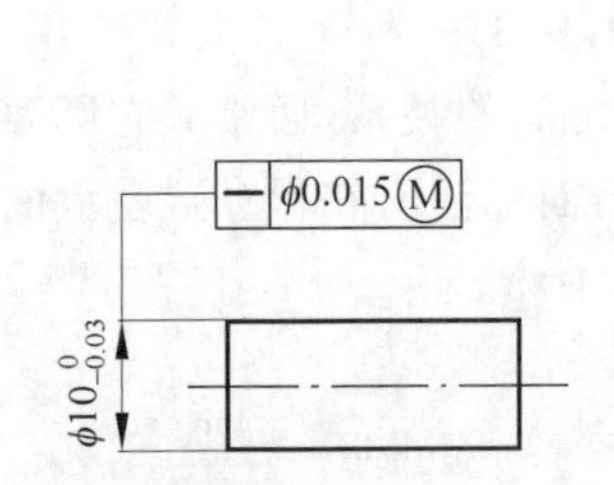

图 3-46 最大实体要求应用于被测要素

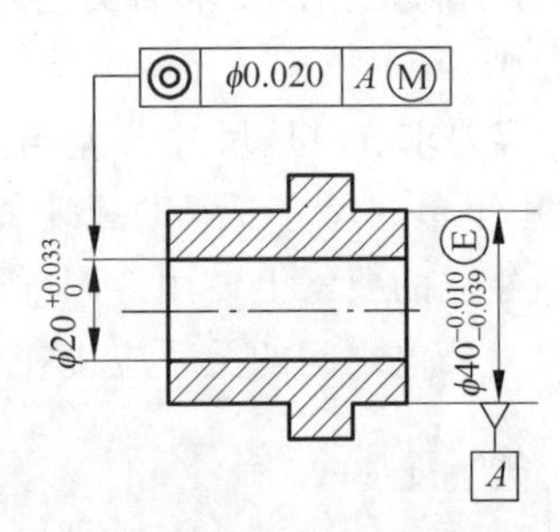

图 3-47 最大实体要求应用于基准要素

(4) 最小实体要求(LMR)：被测要素的实际轮廓应遵守其最小实体实效边界，当其实际尺寸偏离最小实体尺寸时，允许其几何误差值超出在最小实体状态下给出的公差值。即几何公差可以获得补偿值而变大，提高了零件的合格率，保证零件的强度要求。

最小实体要求的符号用Ⓛ表示。标示方法和计算方法同最大实体要求，这里不再做详细介绍。

(5) 可逆要求：可逆要求就是既允许尺寸公差补偿给几何公差，反过来也允许几何公差补偿给尺寸公差的一种要求。其标注方法是在图样上将可逆要求的符号Ⓡ置于被测要素的几何公差值符号Ⓜ或Ⓛ的后面。

现以可逆要求应用于最小实体要求为例进行说明。当被测要素实际尺寸偏离最小实体尺寸时，偏离量可补偿给几何公差；当被测要素的几何误差小于给定的公差值时，也允许实际尺寸超出尺寸公差所给出的最小实体尺寸。如图 3-48 所示，孔 $\phi8_{\ 0}^{+0.25}$ 的轴线对基准面 A 的位置度公差为 $\phi0.40$，既采用最小实体要求又同时采用可逆要求。

按照最小实体要求，孔的直径最小实体尺寸为 $\phi8.25$，位置度公差为 $\phi0.40$；当孔的实际直径为 $\phi8$ 时，其轴线的实际误差可达到 $\phi0.65$，当位置度误差为 $\phi0.30$ 时，剩余的

$\phi 0.10$ 可补偿给孔，孔实际直径可做到 $\phi 8.25+\phi 0.10=\phi 8.35$；当位置度误差为 $\phi 0.20$ 时，孔实际直径可做到 $\phi 8.45$；当位置度误差为 $\phi 0$ 时，孔实际直径可做到 $\phi 8.65$。此时孔的尺寸仍然在控制的边界内。

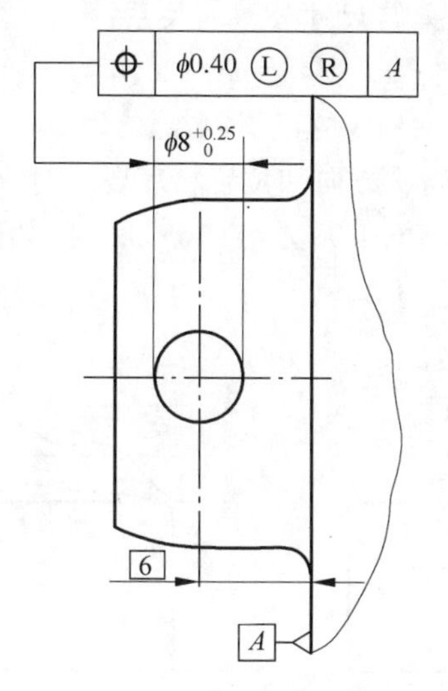

图 3-48　可逆要求应用于最小实体尺寸

三、基准的选择

在选择基准时，根据需要，可以采用单一基准、公共基准或三面基准体系。基准要素的选择主要根据零件在机器上的安装位置、作用、结构特点，力求使设计、工艺、检测基准一致。

1. 基准部位的选择

选择基准部位时，主要应根据设计和使用要求，零件的结构特征，并兼顾基准统一等原则进行。

2. 基准数量的确定

一般来说，应根据公差项目的定向、定位几何功能要求来确定基准的数量。

3. 基准顺序的安排

当选用两个或三个基准要素时，就要明确基准要素的次序，并按顺序填入公差框格中。

四、几何公差值的选择

几何公差值主要根据被测要素的功能要求和加工经济性等来选择。

公差值选择总的原则：在满足零件功能的前提下，选取最经济的公差值。几何公差值的确定方法有计算法（复杂）和类比法（常用），并且各类公差值之间应当协调。如圆柱形零件被测要素形状公差（轴线直线度除外）应小于同一要素的尺寸公差值，经验数据为 1∶3 左右；同一要素的形状公差值应小于位置公差值，经验数据为 1∶2 左右；直线度、圆度、线轮廓度、圆跳动等项目的公差值应小于相应的平面度、圆柱度、面轮廓度、全跳动等项目的公差值，一般可差1～2个公差等级。

（1）几何公差和尺寸公差的关系。一般满足关系式：

$$T_{形状}<T_{位置}<T_{尺寸}$$

（2）有配合要求时形状公差与尺寸公差的关系：

$$T_{形状}=K\times T_{尺寸}$$

在常用尺寸公差等级IT5～IT8的范围内，通常取$K=25\%\sim65\%$。

当零件上某要素同时有形状、方向和位置精度要求时，则设计中对该要素所给定的三种公差（$T_{形状}$、$T_{方向}$和$T_{位置}$）应符合：$T_{形状}<T_{方向}<T_{位置}$，如图3-49所示。

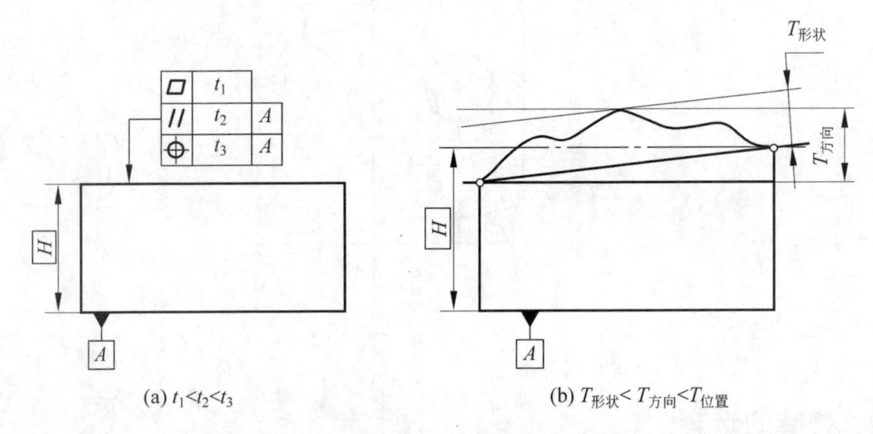

图3-49　形状、方向和位置公差标注以及误差评定的最小包容区域

（3）形状公差与表面粗糙度的关系：一般情况下，Ra值为几何公差值的20%～25%。

（4）公差值的经济性：兼顾加工可行性和经济性。加工难度大的项目可降低1～2个公差等级。

（5）有关标准已对几何公差作规定的应遵守规定。如与滚动轴承相配的轴和孔，除线轮廓度、面轮廓度以及位置度未规定公差等级外，其余11项均有规定。一般划分为12级，即1～12级，精度依次降低，仅圆度和圆柱度划分为13级，即增加了一个0级，以便适应精密零件的需要。

例3-1　如图3-50所示，分析输出轴的几何公差值。

解析：

（1）ϕ55j6圆柱面。从检测的可行性和经济性，可用径向圆跳动公差代替同轴度公差。径向圆跳动参照表3-9确定公差等级为7级，查表，其公差值为0.025mm。圆柱度参照表3-8确定公差等级为6级，查表，其公差值为0.005mm。

（2）ϕ45m6、ϕ56r6圆柱面。参照表3-9确定公差等级仍为7级，查表，其径向圆跳动公差值为0.020mm、0.025mm。

（3）轴肩。公差等级取6级，查表，其轴向圆跳动公差值为0.015mm。

（4）键槽12N9和键槽16N9。参照表3-9确定公差等级取8级，查表，其对称度公差值为0.02mm。

输出轴的几何公差标示如图3-51所示。

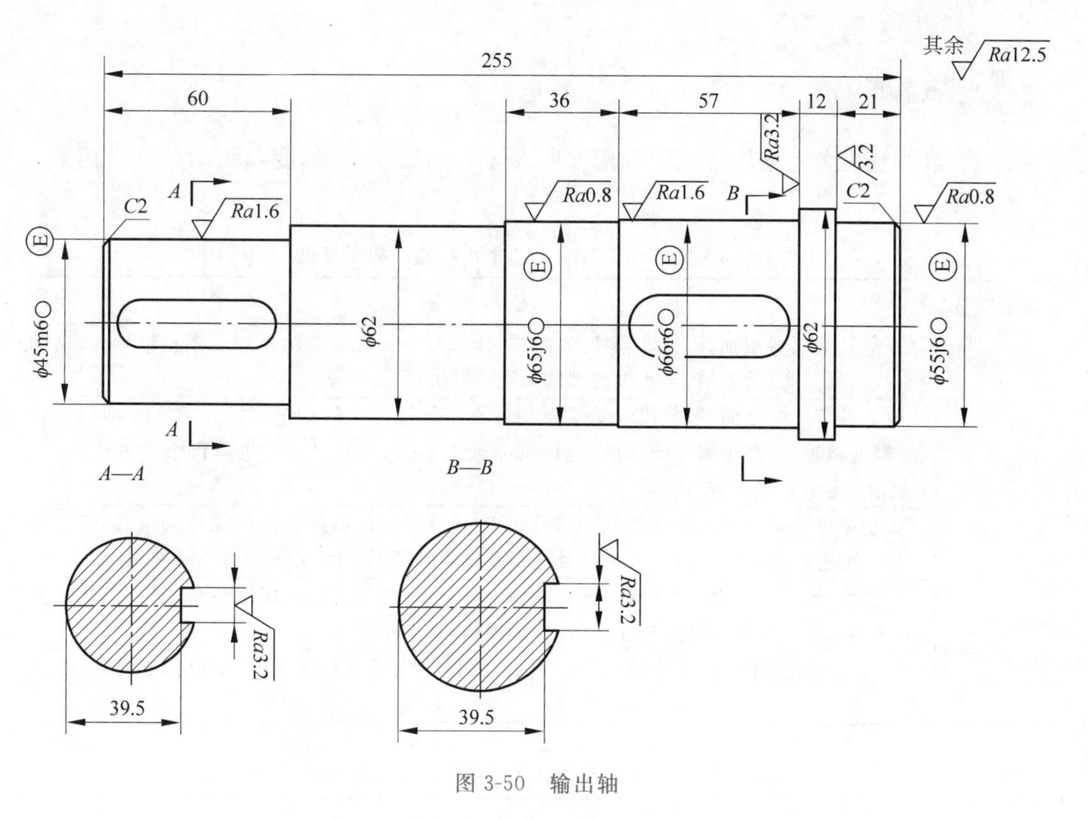

图 3-50 输出轴

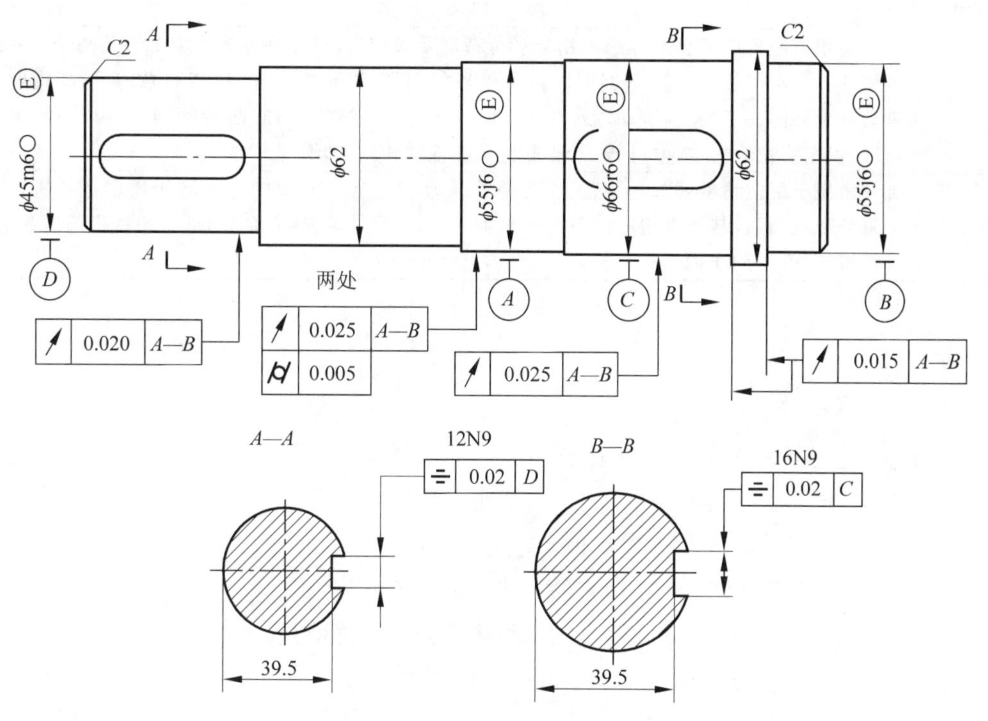

图 3-51 输出轴的几何公差标示

拓展提高

圆度和圆柱度公差常用等级的选用参照表 3-8，同轴度、对称度和跳动公差常用等级的选用参照表 3-9。

表 3-8　圆度和圆柱度公差常用等级的应用举例

公差等级	应用举例
5	一般计量仪器主轴、测杆外圆柱面，陀螺仪轴颈，一般机床主轴轴颈及主轴轴承孔，柴油机、汽油机活塞、活塞销、与 6 级滚动轴承配合的轴颈
6	仪表端盖外圆柱面，一般机床主轴及箱体孔，泵、压缩机的活塞、气缸、汽车发动机凸轮轴，减速器轴颈，高速船用柴油机、拖拉机曲轴主轴颈，与 6 级滚动轴承配合的外壳孔，与 0 级滚动轴承配合的轴颈
7	大功率低速柴油机曲轴轴颈、活塞、活塞销、连杆、气缸，高速柴油机箱体轴承孔，千斤顶或压力油缸活塞，汽车传动轴，水泵及通用减速器轴颈，与 0 级滚动轴承配合的外壳孔
8	低速发动机，减速器，大功率曲柄轴轴颈，拖拉机气缸体、活塞，印刷机传墨辊，内燃机曲轴，柴油机机体孔、凸轮轴，拖拉机、小型船用柴油机气缸套等
9	空气压缩机缸体，液压传动筒，通用机械杠杆与拉杆用套筒销子，拖拉机活塞环、套筒孔等

表 3-9　同轴度、对称度和跳动公差常用等级的应用举例

公差等级	应用举例
5,6,7	应用范围较广的公差等级。用于形位精度要求较高、尺寸公差等级为 IT8 及高于 IT8 的零件。5 级常用于机床主轴轴颈，计量仪器的测杆，汽轮机主轴，柱塞油泵转子，高精度滚动轴承外圈，一般精度滚动轴承内圈；6、7 级用于内燃机曲轴、凸轮轴轴颈、齿轮轴、水泵轴、汽车后轮输出轴，电机转子、印刷机传墨辊的轴颈、键槽等
8,9	常用于形位精度要求一般、尺寸公差等级为 IT9 至 IT11 的零件。8 级用于拖拉机发动机分配轴轴颈，与 9 级精度以下齿轮相配的轴，水泵叶轮，离心泵体，棉花精梳机前后滚子，键槽等；9 级用于内燃机气缸套配合面，自行车中轴等

思考练习

(1) 如图 3-52 所示，进行以下计算。

① 该内孔的最大实体尺寸________，最小实体尺寸________。

② 内孔直线度的公差最大允许值是________。

③ 当内孔直径为 ϕ50.012 时，它的直线度的公差允许值是________。

④ 当内孔直径为 ϕ50.020 时，它的直线度的公差允许值是________。

⑤ 当直线度的公差允许值是 ϕ0.030 时，内孔直径为________。

(2) 如图 3-53 所示，进行以下计算。

① 该轴的最大实体尺寸________，最小实体尺寸________。

② 该轴直线度的公差最大允许值是________。

③ 当轴直径为 ϕ39.80 时，它的直线度的公差允许值是________。

④ 当轴直径为 ϕ39.69 时，它的直线度的公差允许值是________。

⑤ 当直线度的公差允许值是 ϕ0.25 时，轴的直径为________。

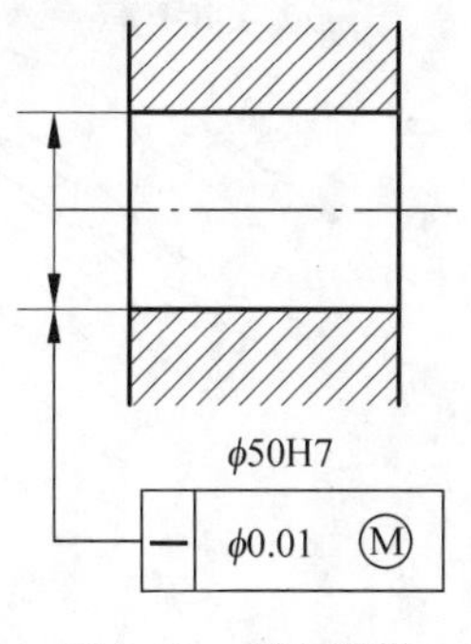

图 3-52　题 1 图样

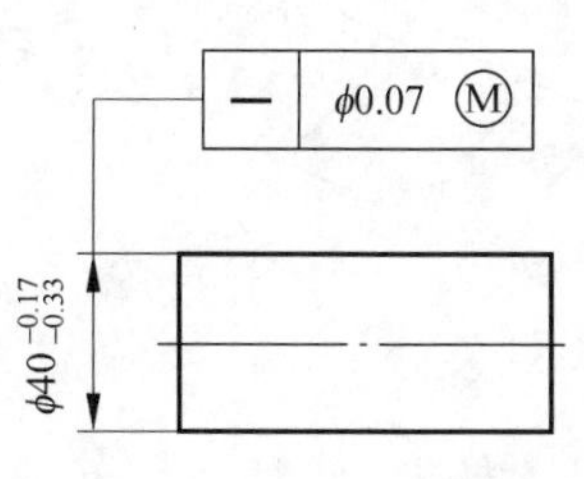

图 3-53　题 2 图样

(3) 如图 3-54 所示，完成表 3-10。

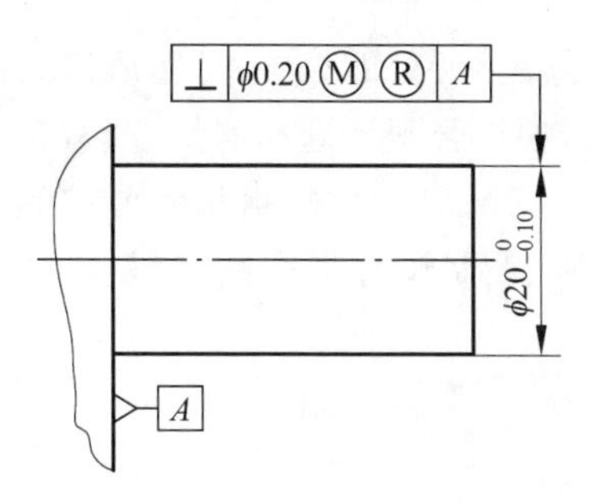

图 3-54　题 3 图样

表　3-10

实际尺寸	公差允许值	公差实际值	允许的尺寸
ϕ20		ϕ0.20	
	ϕ0.24	ϕ0.15	
	ϕ0.28		ϕ20.04
ϕ19.95			ϕ20.10
	ϕ0.30	ϕ0.10	

学习任务 5　几何公差的评定与检测

任务目标

(1) 知道几何公差的评定原则；

(2) 能够采用合适的方法检测几何公差。

学习内容

一、几何误差的评定

评定有以下两条原则。

(1) 最小条件——被测实际要素对理想要素的最大变动量为最小。它是形状误差评定的基本原则。

(2) 最小包容区域法——用两个等距的理想要素包容实际要素，并使两理想要素之间的距离为最小，如图 3-55 所示。

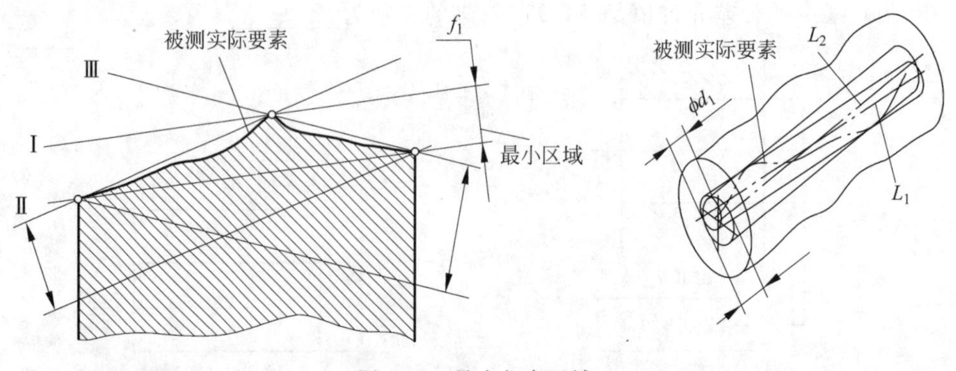

图 3-55　最小包容区域

二、几何公差的检测原则

几何公差的项目比较多，加上被测要素的形状以及在零件上所处的位置不同，所以其检测方法也是多种多样的。为了能够正确地检测形位误差，便于合理地选择测量方法，合理地选择量具和量仪，国标(GB/T 1958—2004)将各种方法归纳出一套检测几何公差的方案，概括为五种检测原则：与拟合(理想)要素比较的原则、测量坐标值原则、测量特征参数原则、测量跳动原则和控制实效边界原则。

1. 与理想要素比较原则

将被测要素与理想要素相比较，量值由直接法或间接法获得。

使用该原则测得的结果与规定的误差定义一致，是应用最为广泛的一种方法，也是检测几何误差的基本原则。理想要素可用不同的方法获得，如图 3-56 和图 3-57 所示，用刀口尺的刃口，平尺的工作面，平台和平板的工作面以及样板的轮廓面等实物体现，也可用束光、水平面(线)等体现。

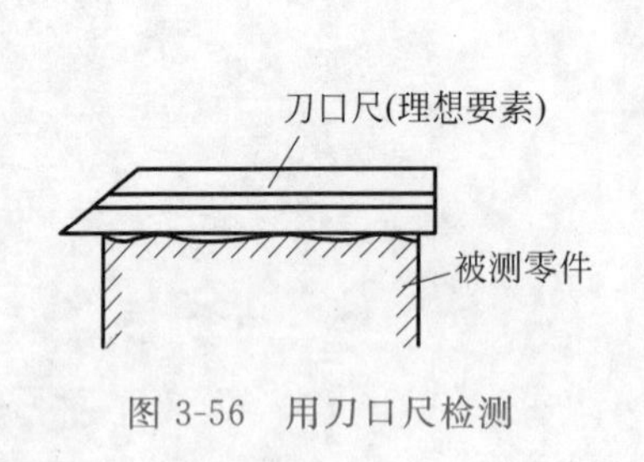

图 3-56　用刀口尺检测

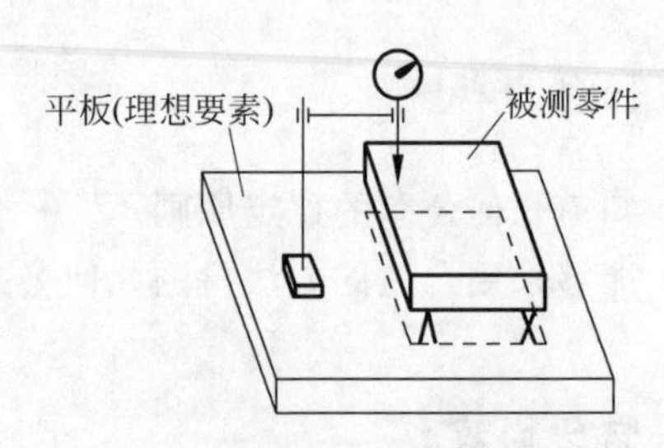

图 3-57　用平板工作面检测

2. 测量坐标值原则

测量被测实际要素的坐标值，经数据处理获得几何误差值。

几何要素的特征总是可以在坐标中反映出来，用坐标测量装置(如三坐标测量仪、工具显微镜)测得被测要素上各测点的坐标值后,经数据处理就可获得几何误差值,如图 3-58 所示。该原则适用于测量形状复杂的表面,它的数字处理工作比较复杂,适用于使用计算机进行数据处理,对轮廓度、位置度测量应用更为广泛。

3. 测量特征参数原则

测量被测实际要素具有代表性的参数表示几何误差值。其检测方法如图 3-59 所示。

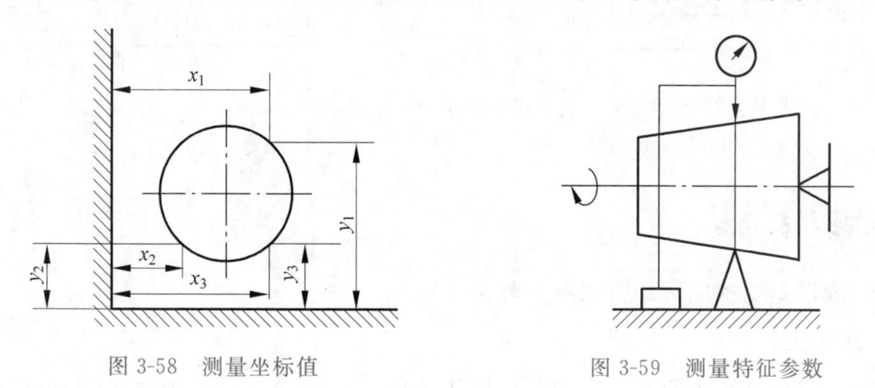

图 3-58 测量坐标值　　图 3-59 测量特征参数

用该原则得到的几何误差值与按定义确定的几何误差值相比,只是一个近似值,但应用此原则,可以简化过程和设备,也不需要复杂的数据处理,故在满足功能的前提下,可取得明显的经济效益,在实际生产中经常使用。如以平面上任意方向的最大直线度来近似表示该平面的平面度误差;用两点法测圆度误差;在一个横截面内的几个方向上测量直径,取最大、最小直径差之半作为圆柱度误差。

4. 测量跳动原则

被测实际要素绕基准轴线回转过程中,沿给定方向或线的变动量。

变动量是指示计上最大最小值的差值。该方法简单,只限于测量回转体几何误差。检测方法如图 3-60 所示。

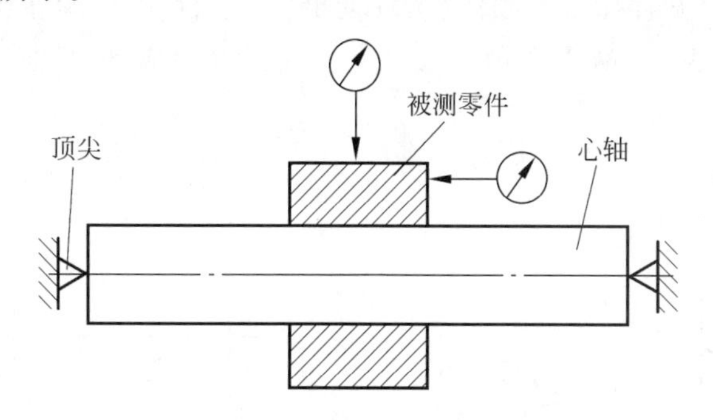

图 3-60 径向和端面圆跳动测量

5. 控制实效边界原则

检验被测实际要素是否超过实效边界,以判断被测实际要素合格与否。

一般是用综合极限量规检测提取要素是否超越实效边界。用在被测要素按最大实体要求规定所给定的几何公差。检测方法如图 3-61 所示。

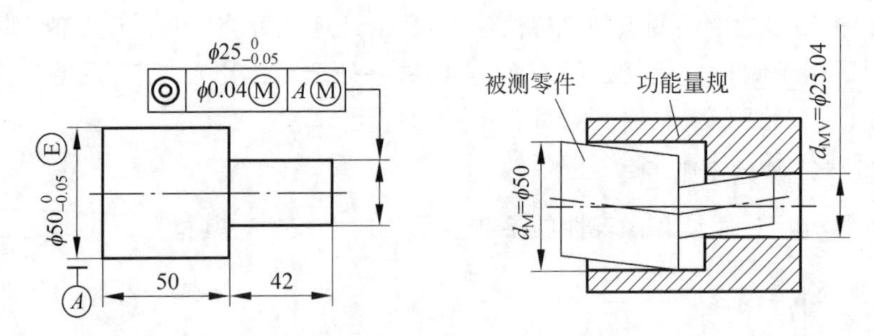

图 3-61 用功能量规检验同轴度误差

直线度误差测量的常用方法有三种。

1. 贴切法

贴切法采用将被测要素和理想要素比较的原理来测量。将理想要素(刀口尺、平尺、平板等来体现)与被测要素表面贴切,用塞规或标准光隙测出其最大间隙,见表 3-11。

表 3-11 标准光隙颜色与间隙的关系

颜 色	间隙(μm)
不透光	<0.5
蓝色	≈0.8
红色	1.25~1.75

2. 测微法

测微法用于测量圆柱体素线或轴线的直线度。记录两指示表在各自测点的读数 M_1、M_2,取各截面上的 $(M_1-M_2)/2$ 中最大值的差值作为该轴截面轴线的直线度误差,如图 3-62 所示。

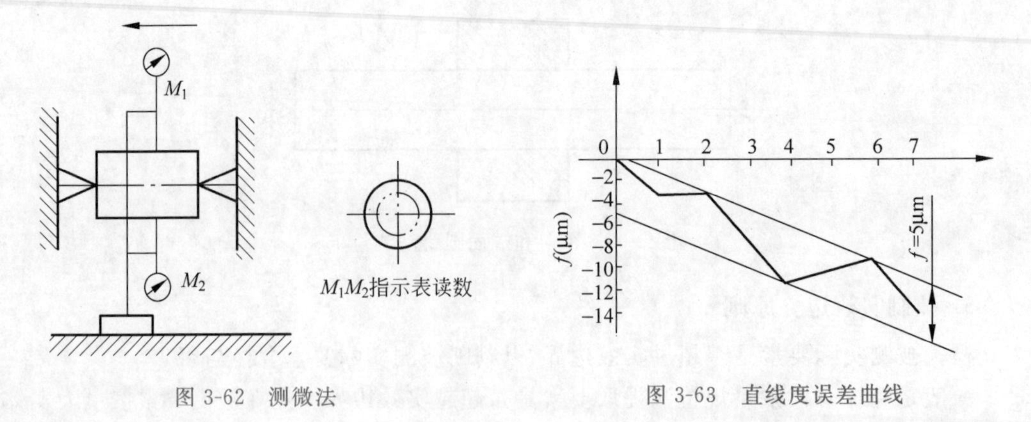

图 3-62 测微法

图 3-63 直线度误差曲线

3. 节距法

节距法适用于长零件的测量。将被测量长度分成若干小段，用仪器（如水平仪等）测出每一段的相对读数，最后通过数据处理得出直线度误差。直线度误差曲线如图 3-63 所示。

例 3-2　用合象水平仪测量一窄长平面的直线度误差，仪器的分度值为 0.01mm/m，选用的桥板节距 $L=200\text{mm}$，测量直线度记录数据见表 3-12。若被测平面直线度的公差等级为 5 级，试用作图法评定该平面的直线度误差是否合格。

表 3-12　测量直线度数据

测点序号 i		0	1	2	3	4	5	6	7	8
仪器读数 Δa_i（格）	顺测	—	298	300	290	301	302	306	299	296
	回测	—	296	298	288	299	300	306	297	296
	平均	—	297	299	289	300	301	306	298	296
相对差 $\Delta a_i=a_i-a$		0	0	+2	−8	+3	+4	+9	+1	−1

注：a 值可任意取数，但要有利于相对误差数字的简化，本例取 $a=297$。

根据表 3-12 画出误差曲线图，如图 3-64 所示。

$$f=0.01\times 200\times 11=22(\mu\text{m})$$

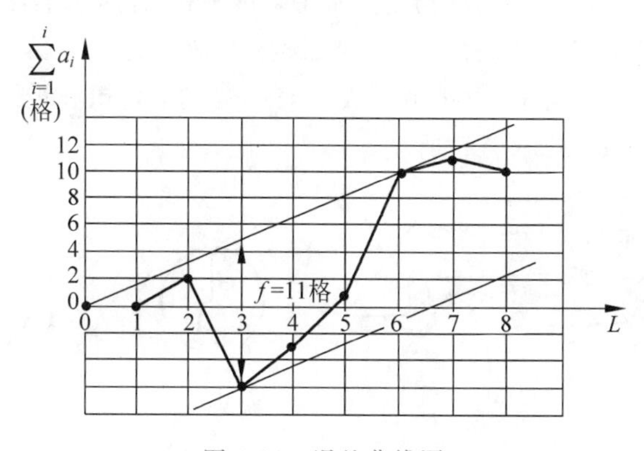

图 3-64　误差曲线图

按国家标准 GB 1184—1996，直线度 5 级公差为 25μm。误差值小于公差值，所以被测工件直线度误差合格。

实验：用合像水平仪测直线度

（1）实验目的

① 加深对直线度误差定义的理解、掌握直线度误差的评定方法。

② 学习测量数据的后期处理。

③ 掌握用合像水平仪测量直线度误差的方法。

(2) 实验内容

用合像水平仪测量直线度误差。

(3) 测量原理及计量器具说明

机床、仪器导轨或其他窄而长的平面，为了控制其直线度误差，常在给定平面(垂直平面、水平平面)内进行检测。常用的计量器具有框式水平仪、合像水平仪、电子水平仪和自准直仪等。这类器具的共同特点是可以测定微小角度变化。由于被测表面存在着直线度误差，计量器具置于不同的被测部位上，其倾斜角度就会发生相应的变化。如果节距(相邻两测点的距离)确定，这个变化的微小倾角与被测相邻两点的高低差就有确切的对应关系。通过对逐个节距的测量，得出变化的角度，用作图或计算，即可求出被测表面的直线度误差。由于合像水平仪的测量准确度高、测量范围大(±10mm/m)、测量效率高、价格便宜、携带方便等优点，故在检测工作中得到了广泛的采用，合像水平仪如图 3-65 所示。

图 3-65 合像水平仪

使用时，将合像水平仪放于桥板上相对不动，如图 3-66(a)所示，再将桥板放于被测表面上。

如果被测表面无直线度误差，并与自然水平基准平行，此时水准器的气泡则位于两棱镜的中间位置，气泡边缘通过合像棱镜 4 产生的影像，在放大镜 5 中观察将出现如图 3-66(b)所示的情况。但在实际测量中，由于被测表面安放位置不理想和被测表面本身不直，导致气泡移动，其视场情况如图 3-66(c)所示。

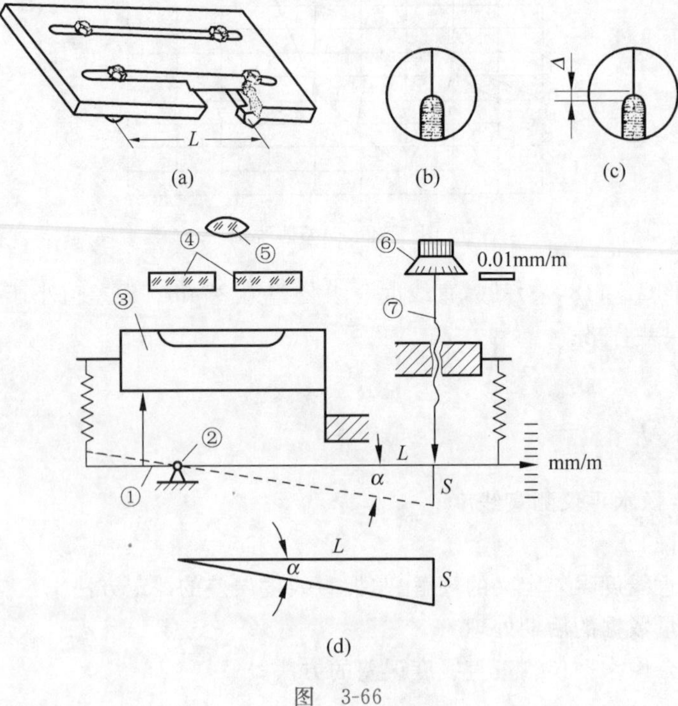

图 3-66

当气泡发生移动时，转动测微螺杆 7，使水准器转动一角度，从而使气泡返回棱镜组 4 的中间位置，则图 3-66(c)中两影像的错移量 Δ 消失而恢复成一个光滑的半圆头，如图 3-66(b)所示。水准器的转角 α(见图 3-66(d))与被测表面相邻两点的高低差 h 有确切的对应关系，即

$$h = 0.01L\alpha$$

式中，0.01——合像水平仪的分度值(mm/m)；

L——桥板节距(mm)；

α——角度读数值(用格数来计数)。

(4) 实验步骤

① 量出被测表面总长，确定相邻两点之间的距离(节距)，按节距 L 调整桥板(见图 3-66(a))的两圆柱中心距。

② 将合像水平仪放于桥板上，然后将桥板依次放在各节距的位置。每放一个节距后，要旋转微分筒 6 合像，使放大镜中出现如图 3-66(b)所示的情况，此时即可进行读数。

先读数，它反映螺杆 7 的旋转圈数；微分筒 6(标有+、-旋转方向)的读数则是螺杆 7 旋转一圈(100 格)的细分读数。如此顺测(从首点至终点)、回测(由终点至首点)各一次。

回测时桥板不能调头，各测点两次读数的平均值作为该点的测量数据。

必须注意，如某测点两次读数相差较大，说明测量情况不正常，应检查原因并加以消除后重测。

③ 为了作图的方便，最好将各测点的读数平均值同减一个数而得出相对差。

④ 根据各测点的相对差，在坐标纸上取点。作图时不要漏掉首点(零点)，同时后一测点的坐标位置是以前一点为基准，根据相邻差数确定的。然后连接各点，得出误差折线。

⑤ 用两条平行直线包容误差折线，其中一条直线必须与误差折线两个最高(最低)点相切，在两切点之间，应有一个最低(最高)点与另一条平行直线相切。这两条平行直线之间的区域才是最小包容区域。从平行于坐标方向画出这两条平行直线间的距离，此距离就是被测表面的直线度误差值(格)。

将误差值(格)按下式折算成线性值(微米)，并按国家标准 GB 1184—1980 评定被测表面直线度的公差等级。

$$f_{微米} = 0.01Lf_{格}$$

式中，$f_{微米}$——误差的线性值(μm)，可直接与国标值进行比较，以确定被测量元素是否合格；

0.01——合像水平仪的分度值(mm/m)；

L——桥板节距(mm)；

$f_{格}$——误差曲线图中误差值的格数。

单元4

表面结构要求

加工零件时，由于刀具在零件表面上留下刀痕和切削分裂时表面金属的塑性变形等影响，使零件表面存在着间距较小的轮廓峰谷。这种表面上具有较小间距的峰谷所组成的微观几何形状特性，称为表面粗糙度。机器设备对零件各个表面的要求不一样，如配合性质、耐磨性、抗腐蚀性、密封性、外观要求等，因此，对零件表面结构要求也各有不同。

零件的表面结构要求是评定机器和工业产品零件质量的重要指标之一，在工业产品零件的设计、加工生产和验收的过程中是一项必不可少的质量要求。为有效提高产品的质量，科学准确地表达表面结构要求，在《产品几何技术规范(GPS)技术产品文件中表面结构的表示法》(GB/T 131—2006)系列标准中，共定义并标准化了三组表面结构参数：轮廓参数、图形参数和支承率曲线参数，每组参数由不同的评定方法进行评定。

本单元将对表面结构的基本术语和评定参数、表面结构要求的标注、表面粗糙度轮廓的选用与检测等作简要介绍。

单元目标

(1) 理解评定表面结构要求的主要参数含义；

(2) 能够解读表面结构要求的表示方法及其含义；

(3) 能够采用适当的方法选择表面粗糙度参数值并检测。

学习任务1 表面结构的基本术语和评定参数

任务目标

(1) 理解表面结构要求的概念；

(2) 了解评定表面结构要求的主要参数的含义。

学习内容

表面结构是表面粗糙度、表面波纹度、表面缺陷、表面纹理和表面几何形状的总称。在技术图样中可采用粗糙度参数来表示表面结构要求，表面粗糙度是指零件的加工表面上具有的较小间距和峰谷所形成的微观几何形状特性。

表面粗糙度数值的大小直接影响零件的摩擦磨损、耐腐蚀、疲劳强度、接触刚度、配合精度及零件的使用寿命。此外，表面粗糙度的选择对零件的加工成本影响很大，因此，必须合理地选择和标注表面粗糙度。

一、表面粗糙度的评定参数

轮廓参数是我国机械图样中目前最常用的评定参数，采用轮廓法定义的表面结构分为R轮廓(粗糙度轮廓)、W轮廓(波纹度轮廓)和P轮廓(原始轮廓)三种。本任务仅介绍评定R轮廓(粗糙度轮廓)中的两个高度参数Ra和Rz。

轮廓算术平均偏差Ra：指在一个取样长度内轮廓上各点至基准线距离的算术平均值，如图4-1所示。

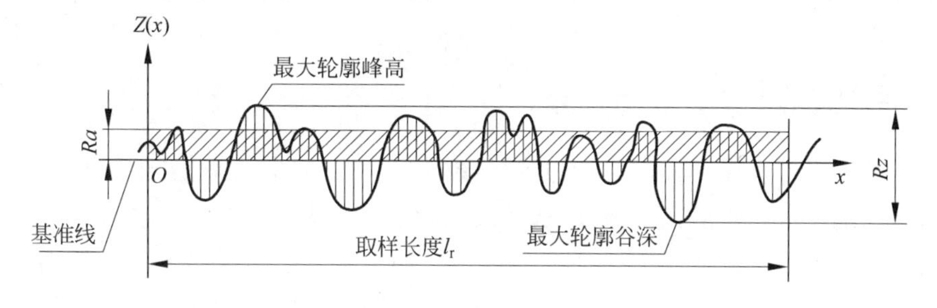

图4-1 评定轮廓的算术平均偏差Ra和轮廓的最大高度Rz

轮廓的最大高度Rz：指在同一取样长度内，最大轮廓峰高和最大轮廓谷深之和的高度，如图4-1所示。注意，Ra和Rz的单位均为微米(μm)。

二、有关检验规范的基本术语

在图样中注写参数代号及其数值要求的同时，还应明确其检验规范。有关检验规范方面的基本术语有取样长度、评定长度、滤波器和传输带以及极限值判断规则。本任务有关检验规范仅介绍取样长度与评定长度和极限值判断规则。

1. 取样长度

取样长度是测量表面粗糙度轮廓时，测量限制的一段足够短的长度，以限制或减弱波纹度，排除形状误差对表面粗糙度轮廓测量的影响。因此，在 X 轴上选取一段适当长度进行测量，这段长度称为取样长度。

2. 评定长度

通常在每一取样长度内的测得值是不等的，为取得表面粗糙度最可靠的值，一般取几个连续的取样长度进行测量，并以各取样长度内测量值的平均值作为测得的参数值。这段在 X 轴方向上用于评定轮廓的并包含着一个或几个取样长度的测量段称为评定长度。

当参数代号后未注明时，评定长度默认为 5 个取样长度，否则应注明个数。例如，*Rz*0.4、*Ra*3 0.8、*Rz*1 3.2 分别表示评定长度为 5 个(默认)、3 个、1 个取样长度。

3. 极限值判断规则

完工零件的表面按检验规范测得轮廓参数值后，需与图样上给定的极限比较，以判定其是否合格。极限值判断规则有以下两种。

(1) 16%规则

运用本规则时，当被检表面测得的全部参数值中，超过极限值的个数不多于总个数的16%时，该表面是合格的。

(2) 最大规则

运用本规则时，被检的整个表面上测得的参数值一个也不应超过给定的极限值。

16%规则是所有表面结构要求标注的默认规则。即当参数代号后未注写"max"字样时，均默认为应用 16%规则(例如 *Ra*0.8)。反之，则应用最大规则(例如，*Ra*max0.8)。

三、表面粗糙度参数的选用

Ra 反映了零件表面的加工质量，其数值越小，被加工的表面就越光滑，加工工艺也就越复杂，从而加工成本也越高。因此，选择表面粗糙度参数时，既要考虑满足零件的功能要求，又要满足加工的经济性。

在实际应用中，常用类比法确定表面粗糙度的数值。表 4-1 列出了 *Ra* 值的优先选用系列，表 4-2 列出了常用 *Ra* 值的表面特征、加工方法及应用举例，供类比时参考。

表 4-1 轮廓算术平均偏差 *Ra* 优先选用系列 单位：μm

0.012	0.025	0.05	0.1	0.2	0.4	0.8
1.6	3.2	6.3	12.5	25	50	100

表 4-2 常用 *Ra* 值的表面特征、加工方法及应用举例

Ra/μm	零件表面	表面特征	加工方法	应用举例
100	毛面	除净毛口	铸、锻、轧制等经清理的表面	如机床床身、主轴箱、溜板箱、尾座体等未加工表面
50	粗加工面	明显可见刀痕	毛坯经粗车、粗刨、粗铣等加工方法获得的表面	较少使用
25		可见刀痕		一般的钻孔表面、倒角、要求较低的非接触表面
12.5		微见刀痕		
6.3	半精加工面	可见加工痕迹	精车、精刨、精铣、刮研和粗磨	支架、箱体和盖等的非接触表面，螺栓支承面
3.2		微见加工痕迹		箱、盖、套筒要求紧贴的表面，键和键槽的工作表面
1.6		看不见加工痕迹		要求有不精确定心及配合特性的表面，如支架孔、衬套、胶带轮工作面
0.8	精加工面	可辨加工痕迹方向	金刚石车刀精车、精铰、拉刀和压刀加工、精磨、研磨、抛光	要求保证定心及配合特性的表面，如轴承配合表面、锥孔等
0.4		微辨加工痕迹方向		要求能保证规定的配合特性的公差等级为7级的孔和6级的轴
0.2		不可辨加工痕迹方向		主轴的定位锥孔，要求气密的表面和支撑面

《产品几何技术规范(GPS)技术产品文件中表面结构的表示法》(GB/T 131—2006)中涉及的表面结构参数代号"*Rz*"其含义已不是以前的"微观不平度十点高度"，而是表示"轮廓的最大高度"。即新标准中的"*Rz*"为旧标准的"*Ry*"，旧标准中的符号"*Ry*"不再使用。同时，以前的"微观不平度十点高度"这一参数已被取消。因此，按《产品几何技术规范(GPS)技术产品文件中表面结构的表示法》(GB/T 131—2006)标注表面结构参数时，*Rz* 的含义应理解为"轮廓的最大高度"，而不能再理解为"微观不平度十点高度"。

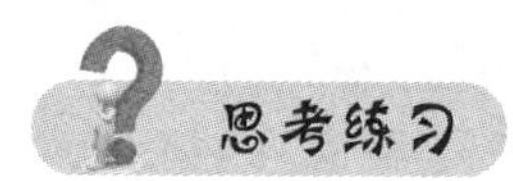

1. 填空题

(1) 轮廓参数包括________、________和________。其中，R 轮廓参数(表面粗糙度参数)的高度评定参数包括________和________。

(2) 轮廓算术平均偏差是指在________内轮廓上各点至________距离的________值。

2. 判断题

(1) 从间隙配合的稳定性或过盈配合的连接强度考虑，表面粗糙度值越小越好。

( )

(2) 如果取样长度过短将不能反映表面粗糙度的真实情况，因此取样长度越长越好。 (　　)

(3) 在高度参数中，Ra 能充分反映表面微观几何形状方面的特性。 (　　)

(4) 减小表面粗糙度，可提高零件表面的抗腐蚀性。 (　　)

3. 选择题

表面粗糙度反映的是零件被加工表面上的(　　)。

A. 微观的几何形状误差　　B. 表面波纹度

C. 宏观的几何形状误差　　D. 形状误差

学习任务2　表面结构要求的标注

(1) 会解释表面结构要求的表示方法及含义；

(2) 能够在图样上正确标注表面结构要求。

一、表面粗糙度符号及其含义

在图样中对表面结构的要求可采用不同的图形符号表示，每种符号均有特定含义，见表 4-3。

表 4-3　表面结构图形符号的含义

符号	含义及说明
	基本图形符号，没有补充说明时不能单独使用。如与补充的或辅助的说明一起使用，表示指定的表面可采用任何方法获得(去除材料或不去除材料)
	在基本符号加一短横，表示指定表面是用去除材料的方法获得。如车、铣、钻、磨、剪切、抛光、腐蚀、电火花加工、气割等
	基本符号加一小圆，表示表面是用不去除材料的方法获得。如铸、锻、冲压变形、热轧、冷轧、粉末冶金等或者是用于保持原供应状况的表面(包括保持上道工序的状况)
	在上述三个符号的长边上均可加一横线，用于标注表面结构特征的补充信息
	在上述符号上均可加一小圆，表示图样中某个视图上构成封闭轮廓的各表面具有相同的表面结构要求

表面结构图形符号的画法如图 4-2 所示，完整图形符号上边横线的长度根据标注的内容而定。

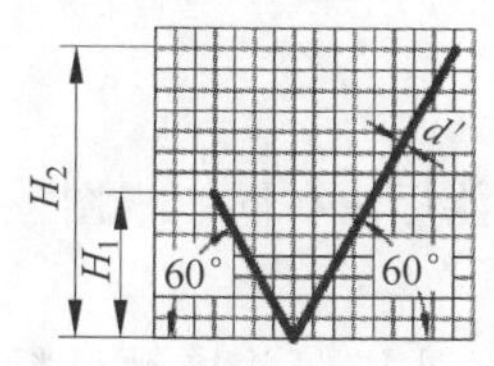

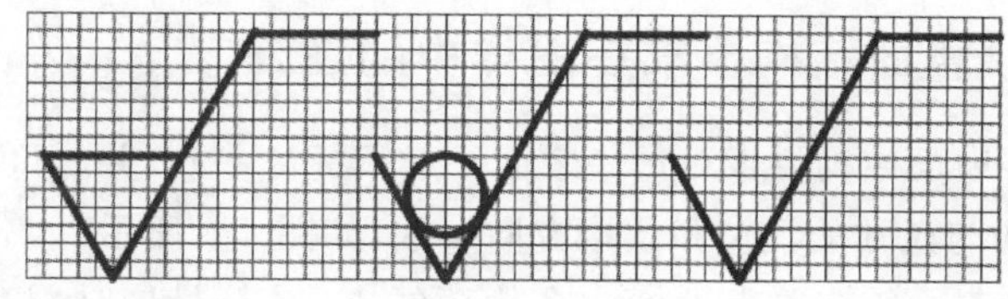

图 4-2　表面结构图形符号的画法

二、表面粗糙度代号及其含义

为了明确表面结构要求，除了标注表面结构参数和数值外，必要时应标注补充要求，补充要求包括传输带、取样长度、加工工艺、表面纹理及方向、加工余量等。表面结构要求在其图形符号上的注写位置如图 4-3 所示。

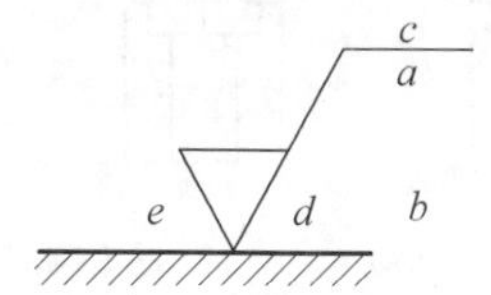

a——注写表面结构的单一要求，*a*和*b*同时存在时，*a* 注写第一表面结构要求，*b*注写第二表面结构要求；
c——注写加工方法，如“车”、“铣”、“镀”等；
d——注写表面纹理方向，如“=”、“×”、“M”等；
e——注写加工余量。

图 4-3　表面结构要求在其图形符号上的注写位置

表面结构符号中注写了具体参数代号及数值等要求后即称为表面结构代号。表面结构代号的示例及含义，见表 4-4。

表 4-4　表面结构代号示例及含义

代号示例	含　义	补 充 说 明
*Ra*0.8	表示不允许去除材料，单向上限值，轮廓算术平均偏差为 0.8μm，评定长度为 5 个取样长度(默认)，“16％规则”(默认)	参数代号与极限值之间应留空格(下同)，本例未标注传输带，应理解为默认传输带(下同)
*Rz*max0.2	表示去除材料，单向上限值，轮廓最大高度的最大值为 0.2μm，评定长度为 5 个取样长度(默认)，“最大规则”	示例中为单向上限值，则均可不加注“U”，若为单向下限值，则应加注“L”
0.008-0.8/*Ra*3.2	表示去除材料，单向上限值，轮廓算术平均偏差为 3.2μm，评定长度为 5 个取样长度(默认)，“16％规则”(默认)	传输带“0.008-0.8”中的前后数值分别为短波和长波滤波器的截止波长
–0.8/*Ra*3 3.2	表示去除材料，单向上限值，取样长度为 0.8mm，轮廓算术平均偏差为 3.2μm，评定长度为 3 个取样长度，“16％规则”(默认)	传输带仅注出一个截止波长值为 0.8，另一个截止波长值应理解成默认值
U *Ra*max3.2 L *Ra* 0.8	表示不允许去除材料，双向极限值。上限值：算术平均偏差为 3.2μm，“最大规则”；下限值：算术平均偏差为 0.8μm，评定长度为 5 个取样长度(默认)，“16％规则”(默认)	本例为双向极限要求，用“U”和“L”分别表示上限值和下限值。在不致引起歧义时，可不加注“U”、“L”

三、表面结构要求在图样中的注法

(1) 表面结构要求对每一表面一般只标注一次,并尽可能标注在同一视图上,注写和读取方向与尺寸的注写和读取方向一致,如图 4-4 所示。

(2) 表面结构要求可标注在轮廓线上,其符号应从材料外指向并接触材料表面,如图 4-4 所示。必要时,表面结构符号也可用带箭头或黑点的指引线引出标注,如图 4-5 所示。

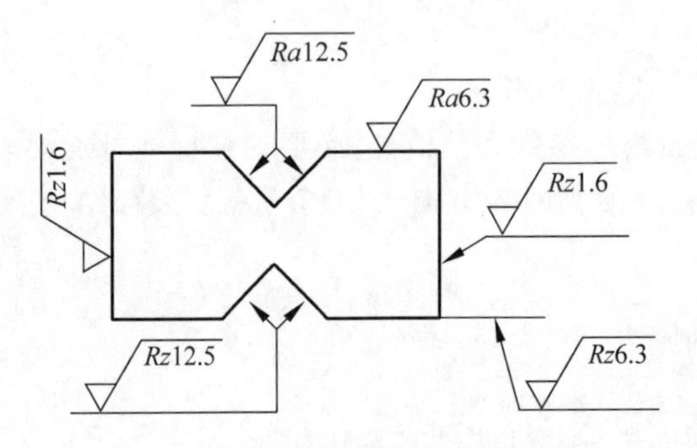

图 4-4 表面结构要求注写方向和位置

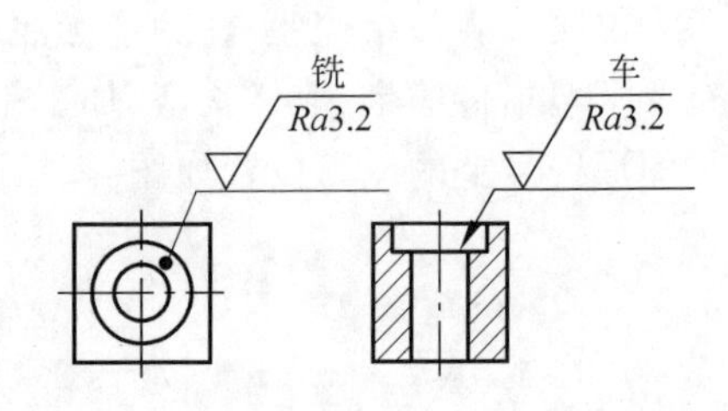

图 4-5 表面结构要求标注在轮廓线或其指引线上

(3) 表面结构要求可标注在给定的尺寸线上,如图 4-6 所示。

(4) 表面结构要求可以直接标注在延长线上,如图 4-7 所示,或用带箭头的指引线引出标注,如图 4-8 所示。

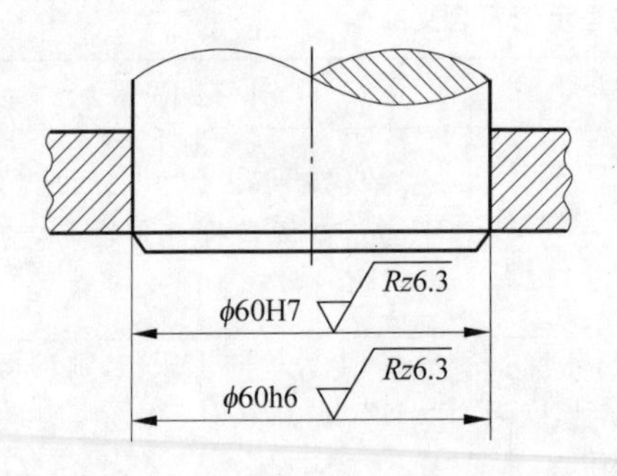

图 4-6 表面结构要求标注在给定的尺寸线上

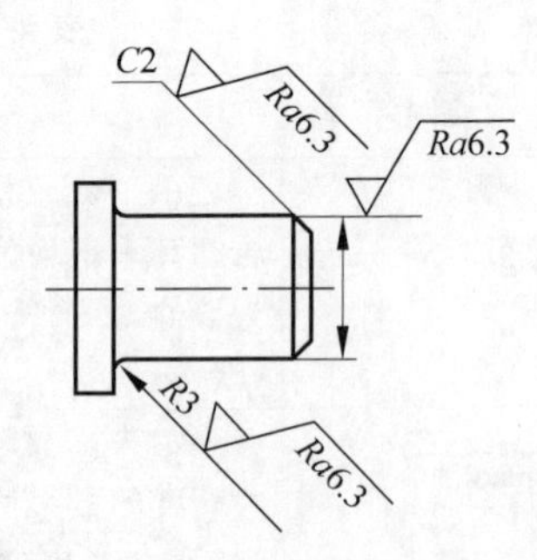

图 4-7 表面结构要求标注在延长线上

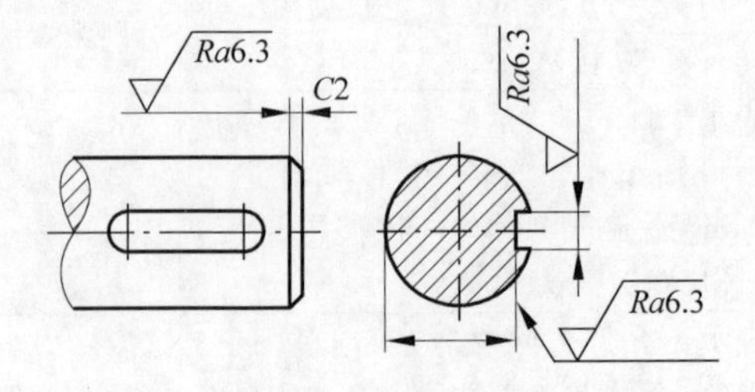

图 4-8 表面结构要求标注在带箭头的指引线上

(5) 表面结构要求可标注在形位公差框格的上方,如图 4-9 所示。

(6) 圆柱和棱柱表面的表面结构要求只标注一次,如图 4-10 所示,如果每个棱柱表

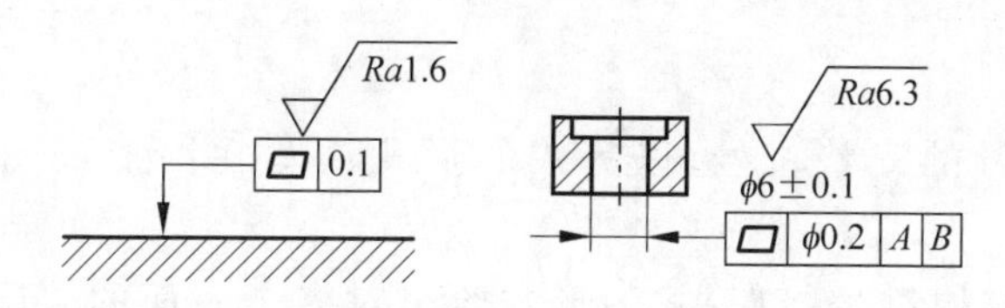

图 4-9　表面结构要求标注在形位公差框格上方

面有不同的表面要求，则应分别单独标注，如图 4-11 所示。

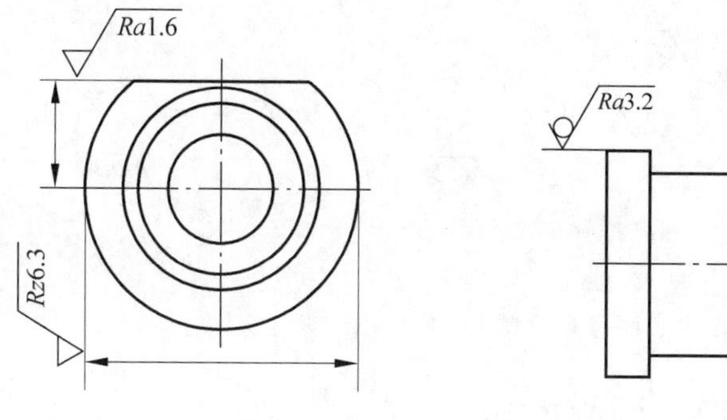

图 4-10　圆柱表面结构要求标注

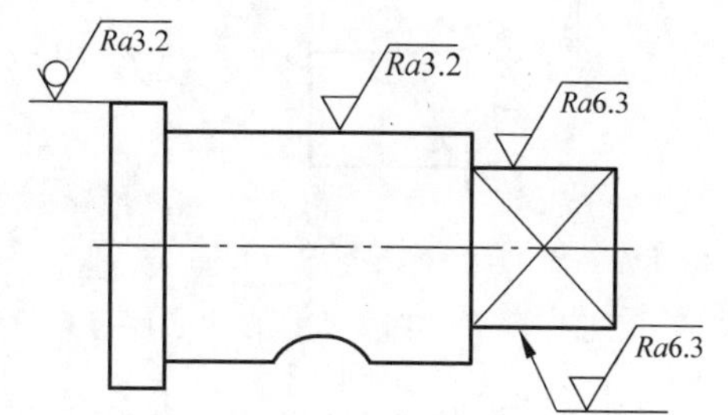

图 4-11　棱柱表面结构要求标注

四、表面结构要求的简化标注

1. 有相同表面结构要求的简化标注

当零件的多数(包括全部)表面有相同的表面结构要求时，这个表面结构要求可统一标注在图样的标题栏附近。

如全部表面有相同的表面结构要求，可按图 4-12(a)所示的形式标注；如多数(不包括全部)表面有相同的表面结构要求，表面结构要求后面要加圆括号，圆括号内的内容可为以下两种形式之一。

(1) 在圆括号内给出无任何其他标注的基本符号，如图 4-12(b)所示。

(2) 在圆括号内给出除统一标注的表面结构要求外，本零件所应用的其他表面结构要求，如图 4-12(c)所示。

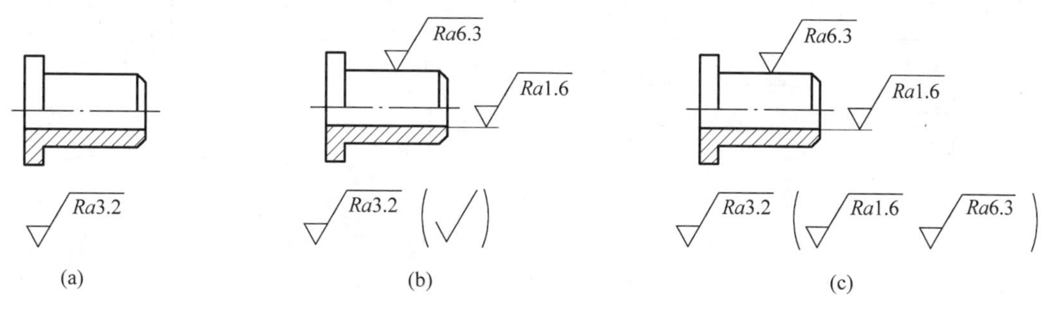

图 4-12　有相同表面结构要求的简化标注

2. 多个表面有共同表面结构要求的简化标注

当多个表面具有共同的表面结构要求或图样空间有限时，可以采用简化注法，其标注形式如下。

(1) 可用带字母的完整符号，以等式的形式注写在图形或图样标题栏附近，如图 4-13(a)所示。

(2) 可用表面结构符号，以等式的形式给出对多个表面的共同表面结构要求，如图 4-13(b)所示，图中分别给出了未指定工艺方法、要求去除材料和不允许去除材料的简化标注。

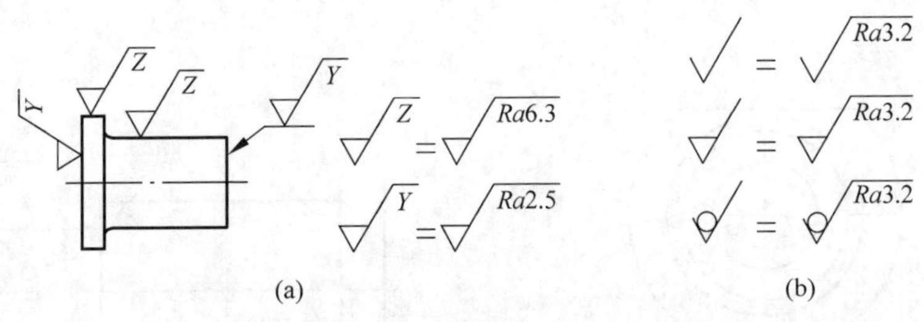

图 4-13 多个表面有共同表面结构要求的简化标注

3. 两种或多种工艺获得的同一表面的标注

由几种不同的工艺方法获得的同一表面，当需要明确每种工艺方法的表面结构要求时，可按图 4-14(a)所示进行标注(图中 Fe 表示基体材料为钢，Ep 表示加工工艺为电镀)；图 4-14(b)所示为三个连续的加工工序的表面结构、尺寸和表面处理的标注(第一道工序：单向上限值，$Rz=6.3\mu m$，“16%规则”(默认)，默认评定长度，默认传输带，表面纹理没有要求，去除材料的工艺；第二道工序：镀铬，无其他表面结构要求；第三道工序：一个单向上限值，仅对长为 50mm 的圆柱表面有效，$Rz=6.3\mu m$，“16%规则”(默认)，默认评定长度，默认传输带，表面纹理没有要求，磨削加工工艺)。

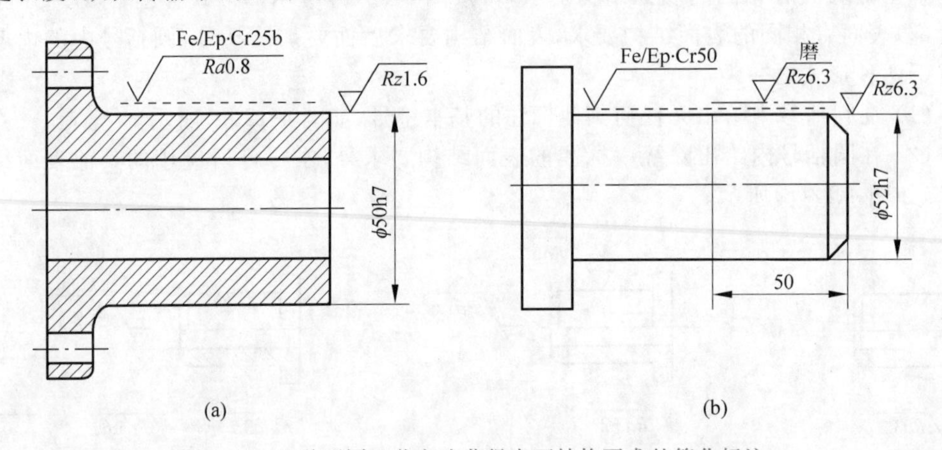

图 4-14 几种不同工艺方法获得表面结构要求的简化标注

纹理方向是指表面纹理的主要方向，通常由加工工艺决定。新标准规定的表面纹理符号与旧标准相同，仍为“=”表示平行、“⊥”表示垂直、“X”表示交叉、“M”表示多方向、

"C"表示同心圆、"R"表示放射状、"P"表示颗粒、凸起、无方向。当有表面纹理要求时，才标注相应的符号。

在图样中一般采用上述的图形法标注表面结构要求。在文本中采用图形法来表示表面结构要求较麻烦。因此，为了书写方便，新标准允许用文字的方式表达表面结构要求。新标准规定，在报告和合同的文本中可以用文字"APA"、"MRR"、"NMR"分别表示允许用任何工艺获得表面、允许用去除材料的方法获得表面以及允许用不去除材料的方法获得表面。这项规定是旧标准所没有的。例如，对允许用去除材料的方法获得表面、其评定轮廓的算术平均偏差为0.8mm这一要求，在文本中可以表示为"MRR *Ra*0.8"，见表4-5。

表4-5 文本中表达表面结构要求

代号	含 义	标注示例
APA	允许用任何工艺获得	APA*Ra*0.8
MRR	允许用去除材料的方法获得	MRR*Ra*0.8
NMR	允许用不去除材料的方法获得	NMR*Ra*0.8

思考练习

1. 填空题

(1) 当图样上标注max时，表示参数中________的实测值均不得超过规定值；当图样上未标注max时，表示参数的实测值中允许________的实测值可以超过规定值。

(2) 表面结构代(符)号可标注在________、________或________，符号应从________指向并________，其参数的注写和读取方向与尺寸数字的注写和读取方向________方向________。

2. 判断题

(1) 表面结构参数中表示单向极限值时，只标注参数代号、参数值，默认为参数的上限值。 ( )

(2) 表面结构要求可标注在几何公差框格上方。 ( )

3. 选择题

(1) 关于表面粗糙度符号、代号在图样上的标注，下列说法中错误的是( )。

A. 符号的尖端必须由材料内指向表面

B. 代号中数字的注写方向必须与尺寸数字方向一致

C. 表面粗糙度符号或代号在图样上一般注在可见轮廓线、尺寸界线、引出线或它们的延长线上

D. 当工件的大部分(包括全部)表面有相同的表面结构要求时，表面结构要求可标注在几何公差框格上方

(2) 当零件表面是用铸造的方法获得时，标注表面粗糙度时应采用(   )符号表示。

A. √ B. ∀ C. ⌀√ D. √‾‾

4. 解释表面粗糙度代号的含义

(1) ⌀√ Ra0.8 (2) ∀ Rzmax0.2 (3) ⌀√ U Ramax3.2 L Ra0.8

学习任务3 表面粗糙度轮廓的选用与检测

(1) 会选用表面粗糙度参数值；

(2) 会识别表面粗糙度的检测方法。

一、表面粗糙度参数值的选用

R 轮廓参数(表面粗糙度参数)值的选择应遵循在满足表面功能要求的前提下，尽量选用较大的粗糙度参数值的基本原则，以便简化加工工艺，降低加工成本。

轮廓参数(表面粗糙度参数)值的选择一般采用类比法，见表 4-6。

表 4-6 各种加工方式对应的粗糙度等级

等级	Ra	表面状况	加工方法	应用举例
1 级	不大于 100μm	明显可见的刀痕	粗车、镗、刨、钻	粗加工的表面，如粗车、粗刨、切断等表面，用粗镗刀和粗砂轮等加工的表面，一般很少采用
2 级	不大于 25μm、50μm	明显可见的刀痕	粗车、镗、刨、钻	粗加工后的表面，焊接前的焊缝、粗钻孔壁等
3 级	不大于 12.5μm	可见的刀痕	粗车、刨、铣、钻	一般非结合表面，如轴的端面、倒角、齿轮及皮带轮的侧面、键槽的非工作表面，减重孔表面
4 级	不大于 6.3μm	可见加工痕迹	车、镗、刨、钻、铣、锉、磨、粗铰、铣齿	不重要零件的配合表面，如支柱、支架、外壳、衬套、轴、盖等的端面。紧固件的自由表面，紧固件通孔的表面，内、外花键的非定心表面，不作为计量基准的齿轮顶圈圆表面等
5 级	不大于 3.2μm	微见加工痕迹	车、镗、刨、铣、刮、拉、磨、锉、滚压、铣齿	和其他零件连接不形成配合的表面，如箱体、外壳、端盖等零件的端面。要求有定心及配合特性的固定支承面，如定心的轴间，键和键槽的工作表面。不重要的紧固螺纹的表面。需要滚花或氧化处理的表面

续表

等级	Ra	表面状况	加工方法	应用举例
6级	不大于1.6μm	看不清加工痕迹	车、镗、刨、铣、铰、拉、磨、滚压、铣齿	安装直径超过80mm的G级轴承的外壳孔，普通精度齿轮的齿面，定位销孔，V形带轮的表面，外径定心的内花键外径，轴承盖的定中心凸肩表面
7级	不大于0.8μm	可辨加工痕迹的方向	车、镗、拉、磨、立铣、滚压	要求保证定心及配合特性的表面，如锥销与圆柱销的表面，与G级精度滚动轴承相配合的轴径和外壳孔，中速转动的轴径，直径超过80mm的E、D级滚动轴承配合的轴径及外壳孔，内、外花键的定心内径，外花键键侧及定心外径，过盈配合IT7级的孔(H7)，间隙配合IT8～IT9级的孔(H8，H9)，磨削的齿轮表面等
8级	不大于0.4μm	微辨加工痕迹的方向	铰、磨、镗、拉、滚压	要求长期保持配合性质稳定的配合表面，IT7级的轴、孔配合表面，精度较高的齿轮表面，受变应力作用的重要零件，与直径小于80mm的E、D级轴承配合的轴径表面、与橡胶密封件接触的轴的表面，尺寸大于120mm的IT13～IT16级孔和轴用量规的测量表面
9级	不大于0.2μm	不可辨加工痕迹的方向	布轮磨、磨、研磨、超级加工	工作时受变应力作用的重要零件的表面。保证零件的疲劳强度、防腐性和耐久性，并在工作时不破坏配合性质的表面，如轴径表面、要求气密的表面和支承表面，圆锥定心表面等。IT5、IT6级配合表面、高精度齿轮的表面，与G级滚动轴承配合的轴径表面，尺寸大于315mm的IT7～IT9级级孔和轴用量规，尺寸为120～315mm的IT10～IT12级孔和轴用量规的测量表面等
10级	不大于0.1μm	暗光泽面	超级加工	工作时承受较大变应力作用的重要零件的表面。保证精确定心的锥体表面。液压传动用的孔表面。汽缸套的内表面，活塞销的外表面，仪器导轨面，阀的工作面。尺寸小于120mm的IT10～IT12级孔和轴用量规测量面等
11级	不大于0.05μm	亮光泽面	超级加工	保证高度气密性的接合表面，如活塞、柱塞和汽缸内表面，摩擦离合器的摩擦表面。对同轴度有精确要求的孔和轴。滚动导轨中的钢球或滚子和高速摩擦的工作表面
12级	不大于0.025μm	镜面光泽面	超级加工	高压柱塞泵中柱塞和柱塞套的配合表面，中等精度仪器零件配合表面，尺寸大于120mm的IT6级孔用量规，小于120mm的IT7～IT9级轴用和孔用量规测量表面
13级	不大于0.012μm	雾状镜面	超级加工	仪器的测量表面和配合表面，尺寸超过100mm的块规工作面
14级	不大于0.0063μm	雾状表面	超级加工	块规的工作表面，高精度测量仪器的测量面，高精度仪器摩擦机构的支承表面

具体选择时应考虑下列因素。

(1) 在同一零件上，工作表面一般比非工作表面的粗糙度参数值要小。

(2) 摩擦表面比非摩擦表面的粗糙度参数值要小；滚动摩擦表面比滑动摩擦表面的粗糙度参数值要小；运动速度快、压力大的摩擦表面比运动速度慢、压力小的摩擦表面的粗糙度参数值要小。

(3) 承受循环载荷的表面及易引起应力集中的结构(圆角、沟槽等)，其粗糙度参数值要小。

(4) 配合精度要求高的结合表面、配合间隙小的配合表面及要求连接可靠且承受重载的过盈配合表面，均应取较小的粗糙度参数值。

(5) 配合性质相同时，在一般情况下，零件尺寸越小，则粗糙度参数值应越小；在同一精度等级时，小尺寸比大尺寸、轴比孔的粗糙度参数值要小；通常在尺寸公差、表面形状公差较小时，粗糙度参数值也较小。

(6) 防腐性、密封性要求越高，粗糙度参数值应越小。

二、表面粗糙度参数的检测

1. 比较法

将被测表面与标准粗糙度样块进行比较，用目测和手摸的感触来判断粗糙度的检测方法称为比较法。

视觉法：将被检表面与标准粗糙度样块的工作面进行比较，如图 4-15 所示。

触觉法：用手指或指甲抚摸被检验表面和标准粗糙度样块的工作面，凭感觉判断，如图 4-16 所示。

图 4-15 视觉法

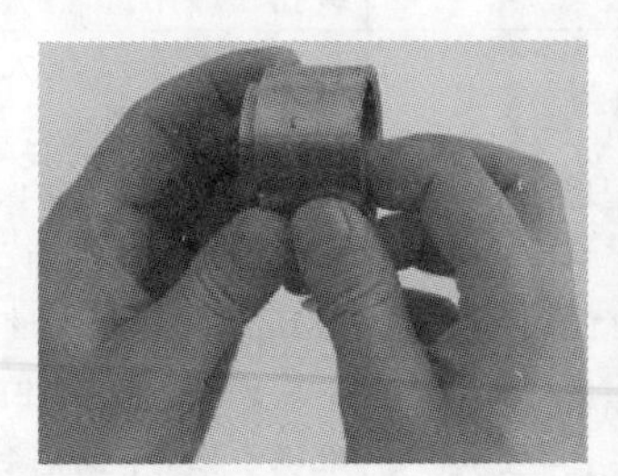

图 4-16 触觉法

2. 仪器检测法

传统的仪器检测方法有光切法、干涉法和感触法(又称针描法)。

光切法：利用“光切原理”来测量零件表面粗糙度的方法。光切显微镜(又称双管显微镜)就是应用这一原理设计而成的，如图 4-17 所示。光切法通常用于检测较规则的零件表面的表面粗糙度值，其常用测量范围为 $Rz0.5 \sim 60\mu m$。

干涉法：利用光波干涉原理测量表面粗糙度的一种方法。采用光波干涉原理制成的显微镜称为干涉显微镜，如图 4-18 所示。其常用测量范围为 $Rz0.025 \sim 0.8\mu m$。

图 4-17 光切显微镜

图 4-18 干涉显微镜

感触法：又称针描法，是一种接触测量表面粗糙度的方法。电动轮廓仪(又称表面粗糙度检查仪)就是利用针描法来测量表面粗糙度的，如图 4-19 所示。感触法常用测量范围为 $Ra0.5 \sim 5\mu m$。

图 4-19 电动轮廓仪

拓展提高

激光反射法：近几年出现的一种测量表面粗糙度的方法，其原理是将激光光束以一定的角度照射到被测表面，除了一部分激光光束被吸收外，大部分激光光束被反射和散射。反射光较为集中地形成明亮的光斑，散射光则分布于光斑周围形成较弱的光带。光洁表面的光斑较强，但光带较弱且宽度较小；粗糙表面的光斑较弱，但光带较强且宽度较大。

印模法：用可塑性材料(石蜡或低熔点合金等)将被测零件表面轮廓复制下来，通过测量复制品的粗糙度来确定被测零件的粗糙度值，属于间接测量，其适宜测量内孔、凹槽、大尺寸零件表面，可测量范围一般为 $Ra0.08 \sim 80\mu m$ 或 $Rz0.8 \sim 330\mu m$。

思考练习

1. 填空题

(1) R 轮廓参数(表面粗糙度参数)值选择的基本原则：在满足表面要求的前提下，尽量选用________的表面粗糙度数值。选择时一般采用________法。

(2) 检测表面粗糙度的方法分________和仪器检测法两大类，传统的仪器检测方法有________、________和________。

2. 判断题

(1) 比较法通常用于检测表面粗糙度要求不高的表面，这是因为此方法简便易行，但误差较大。 ( )

(2) 采用比较法检测表面粗糙度的高度参数值时，应使样块与被测表面的加工纹理方向保持一致。 ( )

3. 选择题

关于 R 轮廓参数(表面粗糙度参数)值的选择下列说法正确的是( )。

A. 同一零件上，非工作表面一般比工作表面的表面粗糙度数值要小

B. 圆角、沟槽等易引起应力集中的结构，其表面粗糙度数值要小

C. 非配合表面比配合表面的表面粗糙度数值要小

D. 配合性质相同时，零件尺寸越大，则表面粗糙度数值应越小

单元5

尺 寸 链

单元概述

机械零件设计或制造过程中，如何保证产品的质量是一个重要的问题。也就是说，设计一部机器，除了要正确选择其材料，并进行强度、刚度、运动精度的计算外，还必须进行几何精度的计算，从而合理地确定机器零件的尺寸、几何形状和相互位置公差，在满足产品设计预定技术要求的前提下，能使零件、机器获得经济地加工和顺利地装配。

因此，作为技术人员，需对产品设计图样上要素与要素之间，零件与零件之间有相互尺寸、位置关系要求，将能构成首尾衔接、形成封闭形式的尺寸组加以分析，研究它们之间的变化；计算各个尺寸的极限偏差及公差，以便选择保证其达到产品规定公差要求的设计方案与经济的工艺方法。

本单元将对尺寸链的组成和建立、解尺寸链等作简要介绍。

单元目标

（1）会绘制并分析尺寸链组成及其类型；

（2）能够解决简单的尺寸链计算问题。

学习任务1　尺寸链的组成和建立

任务目标

（1）能够理解尺寸链的定义；

（2）能够了解尺寸链的组成及其类型。

学习内容

在机械产品设计过程中，设计人员根据某一零部件总的使用性能要求，规定了必要的装配精度，而这些装配精度，在零件制造和装配过程中是如何得到经济可靠的保证，装配精度和零件精度有何关系，零件的尺寸公差和几何公差又是怎样制定出来的。所有这些问题都需要借助于与尺寸链相关联的知识来解决。

因此，对产品设计人员来说，尺寸链是必须掌握的重要工艺理论之一。下面将对尺寸链的定义、组成、类型加以说明。

一、尺寸链的定义

在机器装配或零件加工过程中，由若干相互有联系的尺寸按一定顺序首尾相接形成封闭的尺寸组，该尺寸组称为尺寸链。

在零件加工过程中，由同一零件有关工序尺寸形成的尺寸链，称为工艺尺寸链，如图 5-1 所示。在机器设计和装配过程中，由有关零件设计尺寸形成的尺寸链，称为装配尺寸链，如图 5-2 所示。

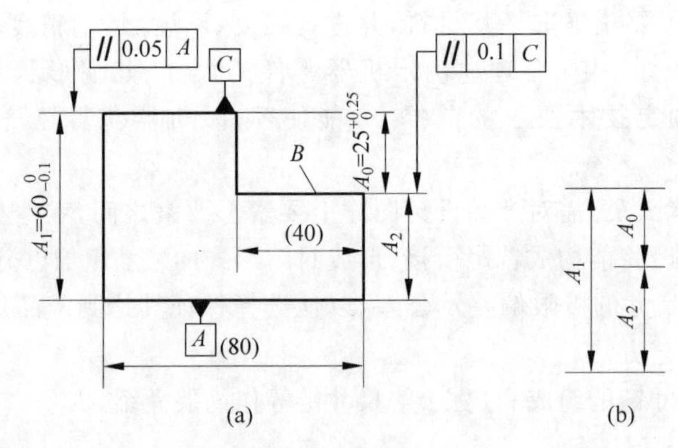

图 5-1 工艺尺寸链

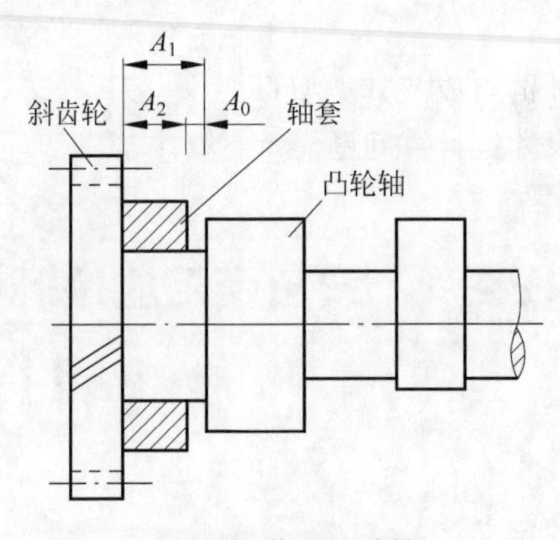

图 5-2 装配尺寸链

在图 5-1 中，工件上尺寸 A_1 已加工好，现以底面 A 定位，用调整法加工台阶面 B，直接保证尺寸 A_2。显然，尺寸 A_1 和 A_2 确定以后，在加工中未予直接保证的尺寸 A_0 也就随之确定。尺寸 A_0、A_1 和 A_2 构成了一个尺寸封闭图形，即工艺尺寸链图，如图 5-1(b)所示。

由上述可知，尺寸链具有以下三个特征。

(1) 尺寸封闭性，尺寸链必是一组有关尺寸首尾相接形成的尺寸封闭图。其中应包含一个间接保证的尺寸和若干个对此有影响的直接获得的尺寸。

(2) 尺寸关联性，尺寸链中间接保证的尺寸受精度直接保证的尺寸精度支配，且间接保证的尺寸精度必然低于直接获得的尺寸精度。

(3) 尺寸链至少由三个尺寸(或角度量)构成。

在分析和计算尺寸链时，为简便起见，可以不画零件或装配单元的具体结构。依次绘出各个尺寸，即将在装配单元或零件上确定的尺寸链独立出来，如图 5-1(b)所示，这就是尺寸链图。在尺寸链图中，各个尺寸不必严格按比例绘制，但应保持各尺寸原有的连接关系。

二、尺寸链的组成

组成尺寸链的每一个尺寸，称为尺寸链的尺寸环。如图 5-1 所示中的 A_0、A_1 和 A_2，都是环。各尺寸环按其形成的顺序和特点，可分为封闭环和组成环。

1. 封闭环

凡在零件加工过程中或机器装配过程中最终形成的环(或间接得到的环)称为封闭环，如图 5-1 所示的尺寸 A_0。

2. 组成环

尺寸链中除封闭环以外的各环，称为组成环，如图 5-1 所示的尺寸 A_1 和 A_2。对于工艺尺寸链来说，组成环的尺寸一般是由加工直接得到的。

组成环按其对封闭环的影响又可分为增环和减环。

(1) 增环

若尺寸链中其余各环保持不变，该环变动(增大或减小)引起封闭环同向变动(增大或减小)的环称为增环。如图 5-1 所示，A_1 为增环，一般记为$\overrightarrow{A}_1$。

(2) 减环

若尺寸链中其余各环保持不变，该环变动(增大或减小)引起封闭环反向变动(减小或增大)的环称为减环。如图 5-1 所示，A_2 为减环，一般记为$\overleftarrow{A}_2$。

判别增、减环多采用回路法。回路法是根据尺寸链的封闭性和尺寸的顺序性判别增、减环的。在尺寸链图上，用首尾相接的单向箭头顺序表示各尺寸环，首先对封闭环尺寸标单向箭头，方向任意选定；然后沿箭头方向环绕尺寸链回路画箭头。凡是与封闭环箭头方向相同的尺寸为减环，与封闭环箭头方向相反为增环。如图 5-3 和图 5-4 所示，$A_{主轴}$ 为减环，$A_{垫}$ 和 $A_{尾座}$ 为增环。

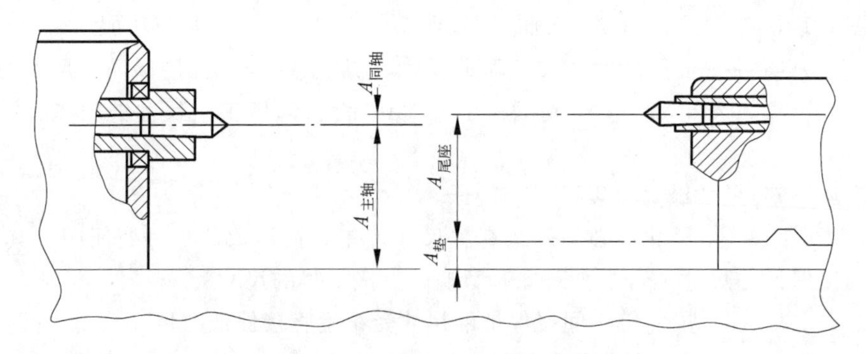

图 5-3 车床主轴与尾座等高尺寸链

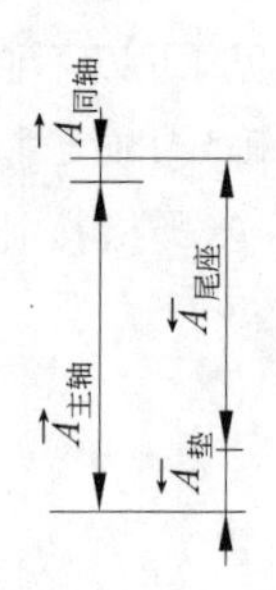

图 5-4 增环、减环的回路判别法

三、尺寸链的类型

1. 按照应用范围划分

(1) 工艺尺寸链：全部组成环为同一零件工艺尺寸所形成的尺寸链，在零件加工工序中，由有关工序尺寸、设计尺寸或加工余量等所组成的尺寸链。

(2) 零件尺寸链：全部组成环为同一零件设计尺寸所形成的尺寸链。

(3) 装配尺寸链：全部组成环为不同零件设计尺寸所形成的尺寸链，在机器设计和装配中，由机器或部件内若干个相关零件构成互相有联系的封闭尺寸链。它包含零件尺寸、间隙、几何公差等。

2. 按尺寸环的几何特征和所处的空间位置划分

按尺寸链各尺寸环的几何特征和所处的空间位置，尺寸链可分为直线尺寸链、角度尺寸链、平面尺寸链和空间尺寸链。

(1) 直线尺寸链

直线尺寸链的尺寸环都位于同一平面的若干平行线上，如图 5-1(b)所示的尺寸链。这种尺寸链在机械制造中用得最多，是尺寸链最基本的形式。

(2) 角度尺寸链

各尺寸环均为角度尺寸的尺寸链称为角度尺寸链。如图 5-5 所示为角度尺寸链两种常见的形式，其中图 5-5(a)为具有公共顶角的封闭角度图形，图 5-5(b)是由角度尺寸构成的封闭角度多边形。

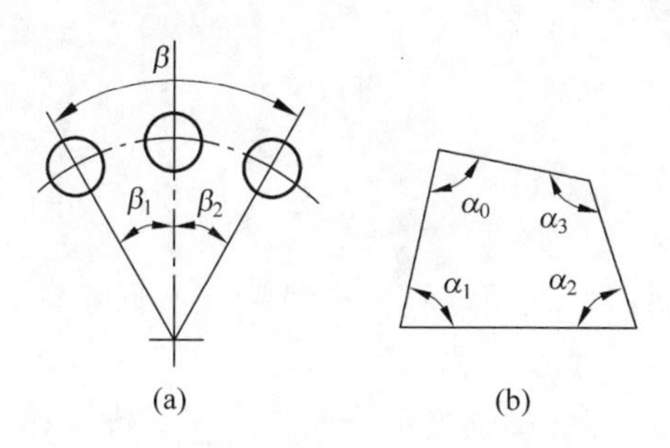

图 5-5 角度尺寸链

另一类角度尺寸链是由平行度、垂直度等位置关系构成的尺寸链。例如，图 5-1(a)所示工件，C 面对 A 面的平行度(用 α_1 表示)已经确定。加工 B 面时，不仅得到尺寸 A_2，同时也得到了 B 面对 A 面的平行度 α_2。α_1、α_2 以及 B 面对 C 面的平行度 α_0 构成了一个角度尺寸链。

(3) 平面尺寸链

平面尺寸链由直线尺寸和角度尺寸组成，且各尺寸均处于同一个或几个相互平行的平面内，如图 5-6 所示。

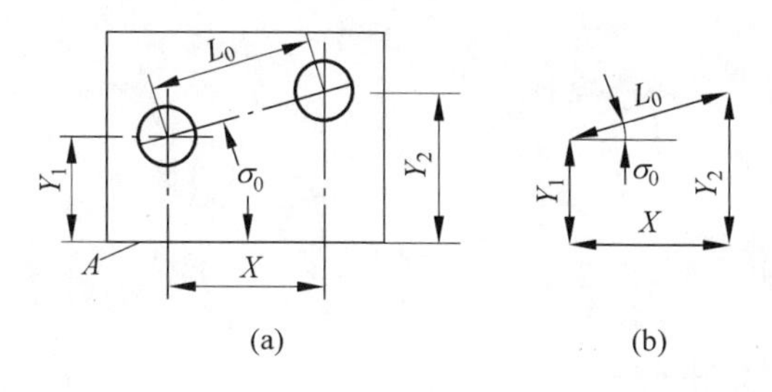

图 5-6 平面尺寸链

(4) 空间尺寸链

组成环位于几个不平行平面内的尺寸链，称为空间尺寸链。空间尺寸链在空间机构运动分析和精度分析中，以及具有空间角度关系的零部件设计和加工中会遇到。

几何公差作为尺寸链组成环的条件，由于零件功能要求的不同，所采用的公差原则也不同。根据零件尺寸及几何公差采用的公差原则，在建立尺寸链的过程中，对其处理方法也有所不同。

采用包容要求的尺寸要素，应在其尺寸极限偏差或公差代号后加注符号“E”。包容要求的实质就是用零件的尺寸公差控制其几何公差，因此，几何公差不会对封闭环产生影响，在尺寸链的建立过程中，只需计入零件的尺寸及公差，而相应的几何公差不应计入尺寸链。

对于按独立原则设计的零件要素，在建立尺寸链时，除了将零件的尺寸公差计入尺寸链外，还应将相应的几何公差作为尺寸链的组成环计入。

1. 填空题

(1) 在机器装配或零件加工过程中,由若干相互有联系的尺寸按一定顺序________形成________的尺寸组,该尺寸组称为尺寸链。

(2) 组成环按其对封闭环的影响又可分为________和________。

2. 判断题

若尺寸链中其余各环保持不变,该环变动(增大或减小)引起封闭环反向变动(减小或增大)的环是增环。 ( )

学习任务2 解尺寸链

能够解决简单的尺寸链计算问题。

一、解尺寸链的计算步骤

1. 确定尺寸链

(1) 确定封闭环。一个尺寸链只有一个封闭环。装配尺寸链的封闭环是装配后形成的尺寸;工艺尺寸链的封闭环是加工后形成的尺寸;零件尺寸链的封闭环一般是零件中要求最低的环(尺寸),通常不标注。

(2) 查找组成环。查找与封闭环有直接影响的尺寸,环数应最少。

2. 画尺寸链图,确定增环或减环

(1) 将链中尺寸依次画出,形成封闭图形即可;不需画出零件的具体结构,也不需按比例画出,只是画出示意图,能方便判断即可。

(2) 确定增环或减环,采用回路法判别。如图 5-5 所示。

3. 计算尺寸链

(1) 类型

正计算(校核计算):已知组成环,求封闭环,一般用于校核封闭环公差和极限偏差的情况。校核计算时,封闭环的计算结果是唯一确定的。

中间计算(设计计算):已知封闭环和部分组成环的极限尺寸,求某一组成环极限尺寸，一般用于设计、工艺计算等场合。

反计算（设计计算）：已知封闭环极限尺寸和组成环基本尺寸，求组成环极限偏差，一般用于产品设计、加工和装配工艺计算等方面。在计算中，需要将封闭环公差正确合理地分配到各组成环上。各组成环公差的大小不是唯一确定的，分配的公差大小需要优化。

（2）方法

① 完全互换法：按极限状态进行设计或计算。

② 大数互换法：极限状态出现的概率较小，按平均值进行设计或计算。

③ 分组法：适用于大批量生产中高精度、零件简单易测、环数少的尺寸链，通常是一对一配合的问题。分组数不能超过5组，一般为2～4组，以免增加分组工作量。

④ 修配法：适用于单件小批量生产中环数多且封闭环的精度要求较高的情况。补偿环不具有互换性，增加了修配工作量和费用，不适合专业化、大批量生产。

⑤ 调整法：高装配精度，低制造精度，且无须修配；降低了结构刚性。调整法可分为两种，即固定调整法和可动调整法。

a. 固定调整法：选择一组成环为固定调整环，固定调整环根据需要做好若干尺寸组，装配时选用合适的调整环，保证封闭环装配要求。

b. 可动调整法：通过调整某一组成环的位置，达到改变组成环尺寸或公差的目标，从而满足装配要求。

二、完全互换法（极值法）解尺寸链

完全互换法（极值法）是按各环的极限值进行尺寸链计算的方法。这种方法的特点是从保证完全互换着眼，由各组成环的极限尺寸计算封闭环的极限尺寸，从而求得封闭环公差。

（1）封闭环的公称尺寸等于所有增环的公称尺寸 A_i 之和减去所有减环的公称尺寸 A_j 之和。用如下公式表示（式中 n 表示为增环环数；m 表示为减环环数）为

$$A_0 = \sum_{i=1}^{n} A_i - \sum_{j=n+1}^{m} A_j \tag{5-1}$$

即

封闭环的公称尺寸＝所有增环的公称尺寸－所有减环的公称尺寸

（2）封闭环的上极限尺寸 $A_{0\max}$ 等于所有增环的上极限尺寸之和减去所有减环的下极限尺寸之和。用如下公式表示为

$$A_{0\max} = \sum_{i=1}^{n} A_{i\max} - \sum_{j=n+1}^{m} A_{j\min} \tag{5-2}$$

即

封闭环的上极限尺寸＝所有增环的上极限尺寸－所有减环的下极限尺寸

（3）封闭环的下极限尺寸 $A_{0\min}$ 等于所有增环的下极限尺寸之和减去所有减环的上极限尺寸之和。用如下公式表示为

$$A_{0\min} = \sum_{i=1}^{n} A_{i\min} - \sum_{j=n+1}^{m} A_{j\max} \tag{5-3}$$

即

封闭环的下极限尺寸＝所有增环的下极限尺寸－所有减环的上极限尺寸

(4) 封闭环的上极限偏差 ES_0 等于所有增环的上极限偏差之和减去所有减环的下极限偏差之和，可表示为

$$ES_0 = \sum_{i=1}^{n} ES_i - \sum_{j=n+1}^{m} EI_j \tag{5-4}$$

即

封闭环的上极限偏差＝所有增环的上极限偏差－所有减环的下极限偏差

(5) 封闭环的下极限偏差 EI_0 等于所有增环的下极限偏差之和减去所有减环的上极限偏差之和，可表示为

$$EI_0 = \sum_{i=1}^{n} EI_i - \sum_{j=n+1}^{m} ES_j \tag{5-5}$$

即

封闭环的下极限偏差＝所有增环的下极限偏差－所有减环的上极限偏差

(6) 封闭环公差 T_0 等于所有组成环公差之和，表示为

$$T_0 = \sum_{i=1}^{m} T_i \tag{5-6}$$

由式(5-6)可得出以下几点结论。

① $T_0 > T_i$，即封闭环公差最大，精度最低。因此在零件尺寸链中应尽可能选取最不重要的尺寸作为封闭环。在装配尺寸链中，封闭环往往是装配后应达到的要求，不能随意选定。

② T_0 一定时，组成环数越多，则各组成环公差必然越小，经济性越差。因此，设计中应遵守“最短尺寸链”的原则，即使组成环数尽可能少。

例 5-1 在图 5-7(a)所示齿轮部件中，轴是固定的，齿轮在轴上回转，设计要求齿轮左右端面与挡环之间有间隙，现将此间隙集中在齿轮右端面与右挡环左端面之间，按工作条件，要求 $A_0 = 0.10 \sim 0.45\text{mm}$，已知：$A_1 = 43^{+0.20}_{+0.10}$，$A_2 = A_5 = 5^{\ 0}_{-0.05}$，$A_3 = 30^{\ 0}_{-0.10}$，$A_4 = 3^{\ 0}_{-0.05}$。试问所规定的零件公差及极限偏差能否保证齿轮部件装配后的技术要求？

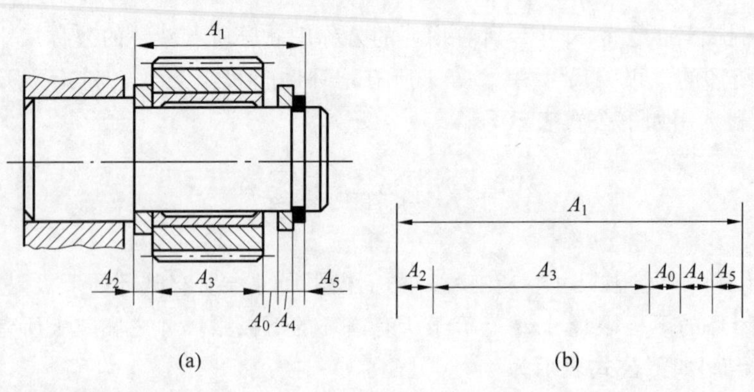

图 5-7 校核计算示例

解：(1) 确定尺寸链：齿轮部件的间隙 A_0 是装配过程最后形成的，是尺寸链的封闭环，A_1～A_5 是 5 个组成环。

(2) 画尺寸链图，确定增环、减环：如图 5-7(b)所示，其中 A_1 是增环，A_2、A_3、A_4、A_5 是减环。

(3) 计算封闭环的公称尺寸，代入式(5-1)，可得：

$$A_0 = A_1 - (A_2 + A_3 + A_4 + A_5) = 43 - (5 + 30 + 3 + 5) = 0$$

校核封闭环的极限尺寸，代入式(5-2)和式(5-3)为

$$\begin{aligned} A_{0\max} &= A_{1\max} - (A_{2\min} + A_{3\min} + A_{4\min} + A_{5\min}) \\ &= 43.20 - (4.95 + 29.90 + 2.95 + 4.95) \\ &= 0.45(\text{mm}) \end{aligned}$$

$$\begin{aligned} A_{0\min} &= A_{1\min} - (A_{2\max} + A_{3\max} + A_{4\max} + A_{5\max}) \\ &= 43.10 - (5 + 30 + 3 + 5) \\ &= 0.10(\text{mm}) \end{aligned}$$

校核封闭环的公差，代入式(5-6)，可得

$$\begin{aligned} T_0 &= T_1 + T_2 + T_3 + T_4 + T_5 \\ &= 0.10 + 0.05 + 0.10 + 0.05 + 0.05 \\ &= 0.35(\text{mm}) \end{aligned}$$

计算结果表明，所规定的零件公差及极限偏差恰好保证齿轮部件装配的技术要求。

由上述可知，使用完全互换法(极值法)解算尺寸链的特点是简便、可靠，但当封闭环公差较小，组成环数目较多时，分摊到各组成环的公差可能过小，从而造成加工困难，制造成本增加。

三、大数互换法(概率法)解尺寸链

在生产实践中的成批生产和大量生产中，零件实际尺寸的分布是随机的，多数情况下可考虑成正态分布或偏态分布。换句话说，如果加工或工艺调整中心接近公差带中心时，大多数零件的尺寸分布于公差带中心附近，靠近极限尺寸的零件数目极少。因此，可利用这一规律，将组成环公差放大，这样不但使零件易于加工，同时又能满足封闭环的技术要求，从而获得更大的经济效益。当然，此时封闭环超出技术要求的情况是存在的，但概率很小，所以这种方法又称大数互换法(概率法)。

用概率法解尺寸链，封闭环公称尺寸与极值法相同。

在大批量生产中，一个尺寸链中的各组成环尺寸的获得，彼此并无关系，因此可将它们看成是相互独立的随机变量。从概率的概念来看，有两个特征数：算术平均值，表示尺寸分布的集中位置。均方根偏差 σ，说明实际尺寸分布相对算术平均值的离散程度。

1. 将极限尺寸换算成平均尺寸

平均尺寸表示尺寸分布的集中位置，在平均尺寸附近出现的概率最大，可表示为

$$A_{\Delta} = \frac{A_{\max} + A_{\min}}{2} \tag{5-7}$$

式中，A_{Δ}——平均尺寸(mm)；

A_{max}——上极限尺寸(mm)；

A_{min}——下极限尺寸(mm)。

2. 将极限偏差换算为中间偏差

$$\Delta = \frac{ES + EI}{2} \tag{5-8}$$

式中，Δ——中间偏差；

ES——上极限偏差；

EI——下极限偏差。

3. 封闭环的中间偏差的平方等于各组成环中间偏差平方和

由概率论可知，当组成环的尺寸分布规律符合正态分布时，封闭环的尺寸分布规律也符合正态分布，可表示为

$$T_{0Q} = \sqrt{\sum_{i=1}^{n-1} T_i^2} \tag{5-9}$$

式中，T_{0Q}——封闭环的平方公差。

例 5-2 如图 5-8 所示的尺寸链，已知 $A_1 = 15 \pm 0.09$mm、$A_2 = 10_{-0.15}^{0}$ mm、$A_3 = 35_{-0.25}^{0}$ mm。

求封闭环 A_0 的大小和偏差。

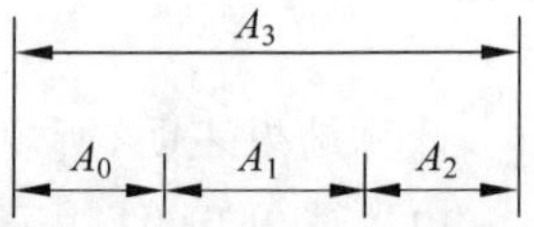

图 5-8 尺寸链计算

解法一：极值法

公称尺寸：$A_0 = A_3 - (A_1 + A_2) = 35 - (15 + 10)$

$= 10$(mm)

上极限偏差：$ES_0 = ES_3 - (EI_1 + EI_2) = 0 - (-0.09 - 0.15) = +0.24$(mm)

下极限偏差：$EI_0 = EI_3 - (ES_1 + ES_2) = -0.25 - (0.09 + 0) = -0.34$(mm)

所以有：$A_0 = 10_{-0.34}^{+0.24}$ mm

解法二：概率法

(1) 将已知各尺寸改写成双向对称偏差形式为

$A_1 = 15 \pm 0.09$mm， $A_2 = 9.925 \pm 0.075$mm， $A_3 = 34.875 \pm 0.125$mm

(2) 求出封闭环的平均尺寸为

$$A_{0M} = A_{3M} - (A_{1M} + A_{2M}) = 34.875 - 9.925 - 15 = 9.95(\text{mm})$$

(3) 求封闭环公差。假定各组成环均接近正态分布：

$$T_0 = \sqrt{0.18^2 + 0.15^2 + 0.25^2} \approx 0.34(\text{mm})$$

所以有

$$A_0 = (9.95 \pm 0.17) = 10_{-0.22}^{+0.12}(\text{mm})$$

相比较可以得出，用概率法计算尺寸链，可以在不改变技术要求所规定的封闭环公差的情况下，组成环公差放大约 60%，而实际上出现不合格件的可能性却很小(仅有 0.27%)，这会给生产带来显著的经济效益。

拓展提高

确定组成环公差大小的误差分配方法。

1. 等公差原则

按等公差值分配的方法来分配封闭环的公差时，各组成环的公差值取相同的平均公差值 T_{av}。这种方法计算比较简单，但没有考虑到各组成环加工的难易、尺寸的大小，显然是不够合理的。

2. 按等精度原则

按等公差级分配的方法来分配封闭环的公差时，各组成环的公差取相同的公差等级，公差值的大小根据基本尺寸的大小，由标准公差数值表中查得。

3. 按实际可行性分配原则

按具体情况来分配封闭环的公差时，第一步先按等公差值或等公差级的分配原则求出各组成环所能分配到的公差，第二步再从加工的难易程度和设计要求等具体情况调整各组成环的公差。

思考练习

如图 5-9 所示，在外圆、端面、内孔加工后，钻 $\phi10$ 孔。试计算以 B 面定位钻 $\phi10$ 孔的工序尺寸 L 及其偏差。

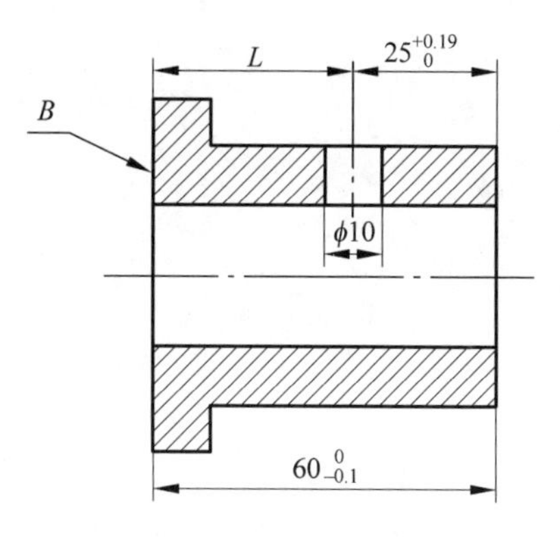

图 5-9　尺寸链计算

1. 根据图 5-10 所示尺寸链，可以确定封闭环和增、减环，(　　)。

   A. $25^{+0.19}_{0}$ 为封闭环，$60^{0}_{-0.1}$ 为增环，L 为减环

   B. $60^{0}_{-0.1}$ 为封闭环，$25^{+0.19}_{0}$ 为增环，L 为减环

   C. L 为封闭环，$60^{0}_{-0.1}$ 为增环，$25^{+0.19}_{0}$ 为减环

   D. $25^{+0.19}_{0}$ 为封闭环，L 为增环，$60^{0}_{-0.1}$ 为减环

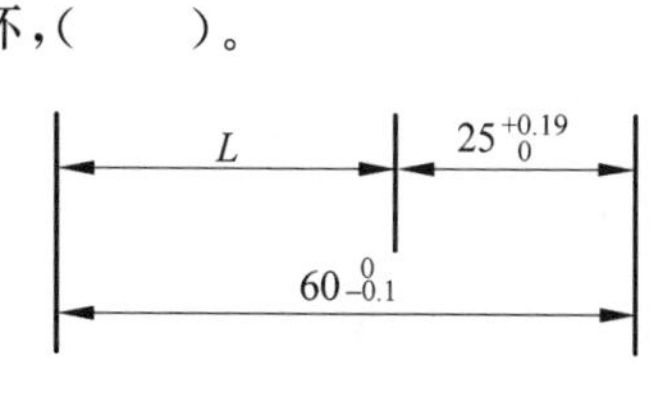

图 5-10　尺寸链

2. 根据封闭环的公称尺寸公式，可以求得 L 的公称尺寸为（　　）。

A. $L=60+25=85(\text{mm})$　　B. $L=60-25=35(\text{mm})$

3. 根据上极限偏差的计算公式，可以求得 L 的上极限偏差为（　　）。

A. $ES_L=-0.10-0=-0.10(\text{mm})$

B. $ES_L=+0.19+0=+0.19(\text{mm})$

C. $ES_L=+0.19-(-0.1)=+0.29(\text{mm})$

D. $ES_L=0-(-0.1)=+0.1(\text{mm})$

4. 根据下极限偏差的计算公式，可以求得 L 的下极限偏差为（　　）。

A. $EI_L=-0.10-0=-0.10(\text{mm})$

B. $EI_L=-0.1-(-0.19)=0.09(\text{mm})$

C. $EI_L=0-(-0.1)=+0.1(\text{mm})$

D. $EI_L=0-0.19=-0.19(\text{mm})$

5. 根据上面求得值，可以确定工序尺寸 L 及其极限偏差为（　　）。

A. $L=85_{-0.19}^{-0.10}\text{mm}$　　B. $L=35_{+0.1}^{+0.19}\text{mm}$

C. $L=35_{-0.19}^{-0.10}\text{mm}$　　D. $L=35_{-0.19}^{+0.1}\text{mm}$

单元6

常见零件的公差与配合

机器由动力部分、传动部分、执行部分和控制部分四部分组成，不管机器的形状、种类及用途如何不同，它们都是由一些常用的零件(如轴承、螺纹、键和齿轮等)和专用零件组成。这些常见的零件满足互换性原则，均已标准化，它们在安装时也必须遵守一定的原则，才能保证机器正常的运转。在本单元，我们将学习轴承、螺纹和键这些常见零件的公差与配合。

(1) 了解滚动轴承内、外径公差带及其特点，配合件公差的选用，及与一般圆柱体公差配合的区别，能够初步确定轴承配合。

(2) 能够选择和查阅合适的平键公差，表面粗糙度值；会标记内外花键和花键副，知道花键的检验方法。

(3) 了解普通螺纹互换性的特点及其公差标准的应用，知道普通螺纹主要几何误差对互换性的影响，知道普通螺纹公差与配合的特点及螺纹精度的选择方法。

学习任务1　滚动轴承的公差与配合

(1) 掌握滚动轴承公差等级的划分，了解各个公差等级的滚动轴承的应用；

(2) 能够初步选用合适的滚动轴承与轴颈及外壳孔的配合；

(3) 了解与滚动轴承配合的轴颈及外壳孔的常用公差带。

滚动轴承是机器上广泛应用的一种作为传动支承的标准化部件，由专业工厂生产。作为一种传动支承部件，它既可用于支承旋转的轴，又可减少轴与支承部件之间的摩擦。

滚动轴承由内圈、外圈、滚动体和保持架(隔离圈)组成。滚动轴承的内径 d 和外径 D 是配合的公称尺寸。

滚动轴承内圈 d 与轴颈配合(基孔制)，外圈 D 与外壳体孔径配合(基轴制)，采用完全互换；而滚动体与滚道直径之间，因装配精度高，加工困难，常用分组装配法，为不完全互换，其工作性能取决于轴承本身的制造精度，与轴颈及壳体孔配合性质及其尺寸精度、形位公差和表面粗糙度等因素无关。

一、滚动轴承的公差等级

1. 滚动轴承的公差等级

滚动轴承按其内外圈基本尺寸的尺寸公差和旋转精度分为五级，其名称和代号由低到高分别为：普通级/P0、高级/P6(6x)、精密级/P5、超精密级/P4 及最精密级/P2(GB/T 307.3—2005)，即 0、6、5、4、2 五级(圆锥滚子轴承公差等级分为 0、6x、5、4、2 五级；推力轴承的公差等级分为 0、6、5、4 四级)。凡属普通级的轴承，一般在轴承型号上不标注公差等级代号。

2. 滚动轴承精度等级的选择

0 级用于旋转精度要求不高的一般机构中；6、5、4 级用于旋转精度要求较高或转速较高的机构中。2 级用于高精度、高转速的特别精密部件上；另外，由于与轴承配合的旋转轴或孔可能随轴承的跳动而跳动，势必造成旋转的不平稳，产生振动和噪声。因此，转速较高时，应选用精度较高的轴承。具体的应用详见表 6-1。

表 6-1 各公差等级轴承的应用

公差	应用范围
0	通常称为普通级，在各种机器上的应用最广。它用于对旋转精度和运转平稳性要求不高的一般旋转机构中，例如，减速器的旋转机构，普通机床的变速、进给机构，汽车、拖拉机的变速机构，普通电机、水泵、压缩机的旋转机构等
6,5	应用在旋转精度和运转平稳性要求较高或转速较高的旋转机构中。其中 6 级、5 级轴承多用于比较精密的机床和机器中，例如普通车床主轴的前轴采用 5 级轴承、后轴承多采用 6 级轴承
4,2	4 级轴承多用于转速很高或旋转精度要求很高的机床和机器的旋转机构中，例如高精度磨床和车床、精密螺旋车床和磨齿机等的主轴轴承多采用 4 级轴承。2 级轴承应用在精密机械的旋转机构中，例如精密坐标镗床的主轴轴承、高精度齿轮磨床以及数控机床的主轴轴承多采用 2 级轴承

二、滚动轴承内径与外径的公差带及其特点

为保证轴承的制造精度和轴承与结合件的配合性质，国标 GB/T 4199—2003《滚动轴承公差定义》对滚动轴承的尺寸精度和旋转精度提出了要求，特别是对尺寸精度规定了两种尺寸公差和两种几何公差，目的是控制轴承的变形程度以及轴承与轴和壳体孔配合的尺寸精度。

两种尺寸公差指的是单一平面平均内径偏差 Δd_{mp} 和单一平面平均外径偏差 ΔD_{mp}。

单一平面平均内径偏差 Δd_{mp} 指单一平面平均内径与公称直径(用 d 表示)的差，其中，单一平面平均内径是指在轴承内圈任一横截面内测得的内圈内径的最大与最小直径的平均值，用 d_{mp} 表示。

单一平面平均外径偏差 ΔD_{mp} 指单一平面平均外径与公称直径(用 D 表示)的差，其中，单一平面平均外径是指在轴承外圈任一横截面内测得的外圈外径的最大与最小直径的平均值，用 D_{mp} 表示。

轴承的极限偏差往往用单一平面平均内径偏差 Δd_{mp} 和单一平面平均外径偏差 ΔD_{mp} 表示，部分向心轴承 Δd_{mp} 和 ΔD_{mp} 的极限值见表 6-2。

表 6-2　部分向心轴承 Δd_{mp} 和 ΔD_{mp} 的极限值

公差等级			0		6		5		4		2	
公称尺寸			极限偏差(μm)									
	大于	到	上偏差	下偏差	上偏差	下偏差	上偏差	下偏差	上偏差	下偏差	上偏差	下偏差
内圈 Δd_{mp}	18	30	0	−10	0	−8	0	−6	0	−5	0	−2.5
	30	50	0	−12	0	−10	0	−8	0	−6	0	−2.5
外圈 ΔD_{mp}	50	80	0	−13	0	−11	0	−9	0	−7	0	−4
	80	120	0	−15	0	−13	0	−10	0	−8	0	−5

滚动轴承外圈与孔座按基轴制进行过盈配合，通常两者之间不要求太紧，故与一般圆柱体基轴制相同，上偏差为 0，下偏差为负。由于轴承精度要求很高，其公差值相对略小一些。

滚动轴承的公差带如图 6-1 所示。

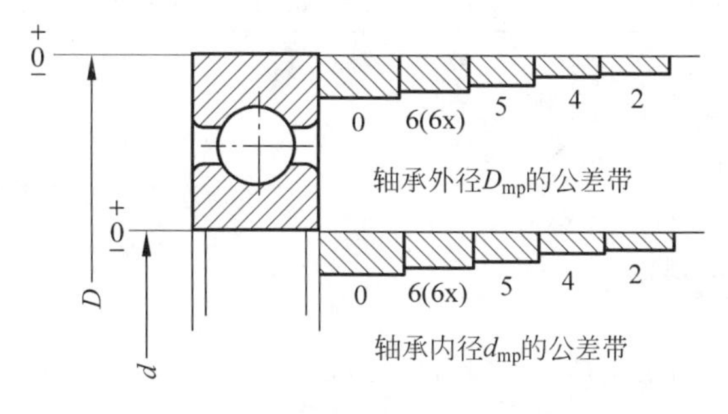

图 6-1　滚动轴承的公差带

滚动轴承内圈与轴同步运转，为承受此外力矩，并防止两者之间发生相对运动而导致结合面磨损，二者应为过盈配合，但内圈为薄壁件，易弹性变形，过盈量不宜过大(随时装换)。标准规定：内圈与轴按基孔制进行过盈配合，但其公差带位置与一般圆柱基孔制相反，上偏差为0，下偏差为负。

如图6-2(a)所示，已知轴承的公称尺寸，根据实际工况采用/P6级(相当于E级)向心轴承，则查表6-2可知轴承公差尺寸如图6-2(b)所示。

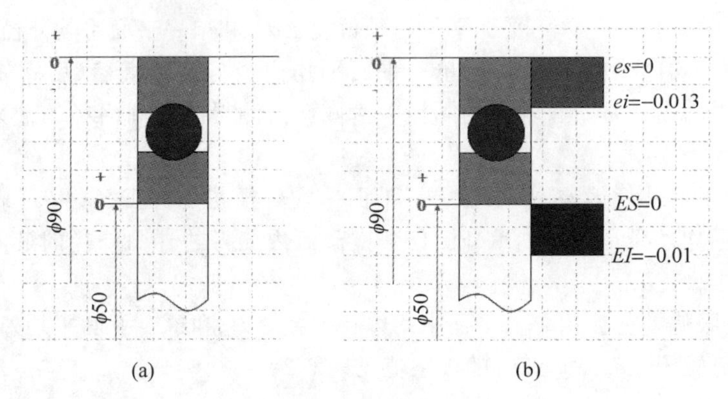

图6-2 轴承的公称尺寸

三、滚动轴承与轴和壳体孔的配合及其选择

1. 轴和壳体孔的尺寸公差带

与内圈相配的轴以及与外圈相配的孔的公差带可根据实际松紧程度的不同，从《极限与配合 尺寸至500mm孔、轴公差带与配合》(GB 1801—1999)中选取。

内圈为基孔制，但由于其内径 d_{mp} 公差带在零线以下，而国家标准中基孔制孔公差带在0线之上，所以同一轴公差带(如K5)与内圈形成配合比一般基孔制同名配合要紧得多(如H6/K5)，一些过渡配合已变成过盈配合，间隙配合已变成过渡配合。

外圈与壳体孔应为基轴制，但 d_{mp} 公差值是特殊规定的，所以同一孔公差带(如K7)与外圈形成配合与国标一般基轴制同名配合(如K7/h6)也不完全相同。

与滚动轴承各级精度相配合的轴和外壳孔公差带见表6-3，配合性质如图6-3所示。

表6-3 与滚动轴承各级精度相配合的轴和外壳孔公差带

轴承公差等级	轴 公 差 带	外壳孔公差带
0级	h8 h7,r7 g6,h6,j6,js6,k6,m6,n6,p6,r6 g5,h5,j5,k5,m5	H8 G7,H7,J7,JS7,K7,M7,N7,P7 H6,J6,JS6,K6,M6,N6,P6
6级	r7 g6,h6,j6,js6,k6,m6,n6,p6,r6 g5,h5,j5,k5,m5	H8 G7,H7,J7,JS7,K7,M7,N7,P7 H6,J6,JS6,K6,M6,N6,P6

续表

轴承公差等级	轴 公 差 带	外壳孔公差带
5 级	k6,m6 h5,j5,js5,k5,m5	G6,H6,JS6,K6,M6 JS5,K5,M5
4 级	h5,js5,k5,m5 h4,js4,k4	K6 H5,JS5,K5,M5
2 级	h3,js3	H4,JS4,K4 H3,JS3

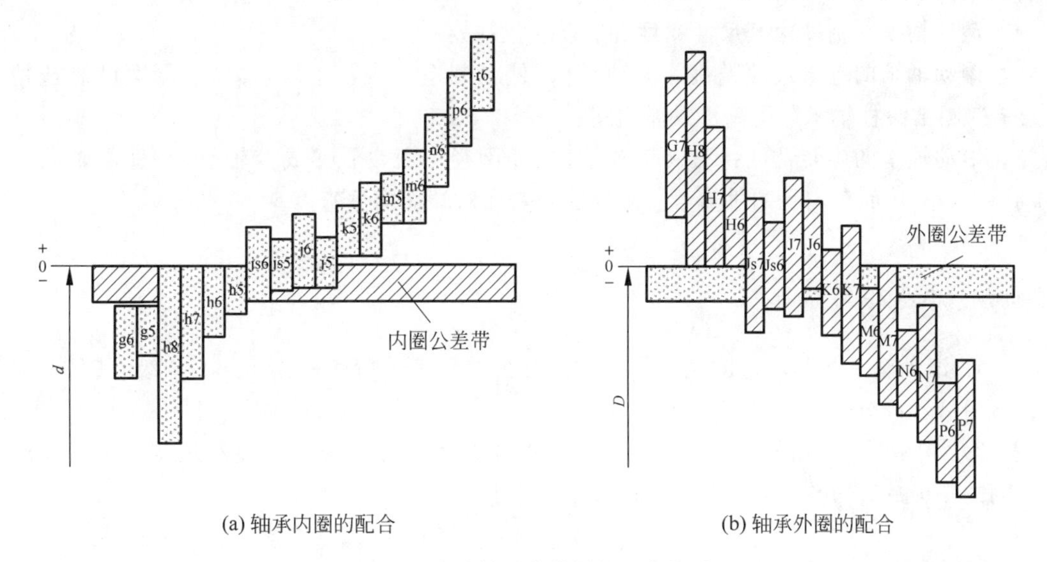

图 6-3　滚动轴承内外圈的配合性质

2. 滚动轴承与轴和外壳孔的配合表面的粗糙度

轴和外壳孔的配合表面的粗糙度见表 6-4。

表 6-4　轴和外壳孔的配合表面的粗糙度

轴或轴承座直径(mm)		轴或外壳配合表面直径公差等级								
		IT7			IT6			IT5		
		表面粗糙度(μm)								
大于	至	Rz	Ra		Rz	Ra		Rz	Ra	
			磨	车		磨	车		磨	车
0	80	10	1.6	3.2	6.3	0.8	1.6	4	0.4	0.8
80	500	16	1.6	3.2	10	1.6	3.2	6.3	0.8	1.6
端面		25	3.2	6.3	25	3.2	6.3	10	1.6	3.2

3. 轴承配合的选择

轴承配合性质的选择即是确定与轴承相配合的轴颈和轴承座的基本偏差代号。选择轴承配合性质的依据：轴承内外圈所受的负载类型、轴承所受负载的大小、轴承的工作条件、与轴承相配合的孔和轴的材料和装卸要求等。具体选择参见相关手册和相应标准。

拓展提高

滚动轴承的国家标准不仅规定了滚动轴承本身的尺寸公差、旋转精度(跳动公差等)、测量方法(GB/T 307.1,307.2—2005),还规定可与滚动轴承相配的箱体孔和轴颈的尺寸公差、形位公差和表面粗糙度(GB /T 275—1993)。2005 年颁布了滚动轴承的公差与配合的新的国家标准 GB/T 307—2005。

滚动轴承的精度由其尺寸精度和旋转精度决定。

滚动轴承的基本尺寸精度：①轴承内、外径制造精度；②轴承内、外圈宽度制造精度；③圆锥滚柱轴承装配高度的精度等。

滚动轴承的旋转精度：①成套轴承内、外圈径向跳动；②成套轴承内、外圈轴向跳动；③内圈端面对内孔的垂直度；④外圈外表面对端面的垂直度。

思考练习

1. 滚动轴承按其内外圈基本尺寸的尺寸公差和旋转精度分为________级,其名称和代号由低到高分别为________、________、________、________、________。

2. 如图 6-2(a)所示,已知轴承的基本尺寸,若其用于对旋转精度和运转平稳性要求不高的一般旋转机构中,则试标出轴承公差尺寸。

学习任务2　键与花键连接的公差配合及测量

任务目标

(1) 能够正确标注和选择平键各项公差;

(2) 能够正确标注和选择矩形花键各项公差;

(3) 会标记内外花键和花键副,并知道其含义;

(4) 初步了解矩形花键的检测。

学习内容

键连接与花连接结用于轴与齿轮、链轮、皮带轮或联轴器之间,在机械传动中应用十分广泛。用以传递扭矩,有时也用于轴上传动件的导向。

键又称单键,可分为平键、半圆键和楔形键等几种。其中平键又可分为普通平键和导向平键两种;花键分为矩形花键和渐开线花键两种。为了正确确定平键连接和花键连接的公差与配合并且保证互换性,我国颁布了一系列的国家标准。

一、平键

平键连接的剖面尺寸均已标准化，在《普通平键键槽的剖面尺寸及公差》(GB/T 1096—2003)中作了规定。

平键是通过键的两侧面与轴键槽及轮毂键槽的两侧面相互接触来传递转矩的，故键与键槽的宽度 b 是配合尺寸，应规定较严的公差；而键的高度 h 和长度 L 与键槽的深度和长度皆是非配合尺寸，应给予较松的公差。具体尺寸可查表，详见表 6-5。

表 6-5　平键、键和键槽的剖面尺寸及公差(摘自 GB/T 1096—2003)　单位：mm

轴	键	键槽											
公称直径 d	公称尺寸 $b\times h$	宽度 b						深度				半径 r	
		宽度 b	轴槽宽与毂槽宽的极限偏差					周槽深 t		毂槽深 t_1			
			较松连接		一般连接		较紧连接						
			轴 H9	毂 D10	轴 N9	毂 JS9	轴和毂 P9	公称	偏差	公称	偏差	最大	最小
自 6～8	2×2	2	+0.025	+0.060	−0.004	±0.0125	−0.006	1.2	+0.10	1	+0.10		
>8～10	3×3	3		+0.020	−0.029		−0.031	1.8		1.4			
>10～12	4×4	4	+0.030	+0.078 +0.030	0 −0.030	±0.015	−0.012 −0.042	2.5		1.8			
>12～17	5×5	5						3.0		2.3			
>17～22	6×6	6						3.5		2.8			
>22～30	8×7	8	+0.036	+0.098	0	±0.018	−0.015	4.0	+0.20	3.3	+0.20	0.16	0.25
>30～38	10×8	10		+0.040	−0.036		−0.051	5.0		3.3			
>38～44	12×8	12	+0.043	+0.120 +0.050	0 −0.043	±0.0215	−0.018 −0.061	5.0		3.3		0.25	0.40
>44～50	14×9	14						5.5		3.8			
>50～58	16×10	16						6.0		4.3			
>58～65	18×11	18						7.0		4.4			
>65～75	20×12	20	+0.052	+0.149	0	±0.026	−0.022	7.5		4.9		0.40	0.60
>75～85	22×14	22		+0.065	−0.052		−0.074	9.0		5.4			

注：$(d-t)$和$(d+t_1)$两组合尺寸的极限偏差按相应的 t 和 t_1 的极限偏差选取，但$(d-t)$的极限偏差应取负号。

键连接中，键是标准件，因此，键与键槽宽度的配合应该采用基轴制。公差带则从《极限与配合　公差带与配合选择》(GB/T 1801—1999)中选取，对键的宽度规定一种公差带 h9，对轴和轮毂键槽的宽度各规定三种公差带，以满足各种用途的需要，应用场合见表 6-6。

为保证键侧与键槽侧面之间有足够的接触面积，避免装配困难，应规定对称度公差。包括键槽对轴的轴线的对称度以及轮毂键槽对孔的轴线的对称度。一般取 7～9 级。

键长 L /键宽 $b\geqslant 8$ 时，对键宽 b 的两工作侧面在长度方向上规定平行度公差。$b\leqslant$ 6mm 时，平行度公差选 7 级；$b\geqslant$7～36mm 时，平行度公差选 6 级；$b\geqslant$37mm 时，平行度公差选 5 级。

轴槽和轮毂槽两侧面的粗糙度参数 Ra 值推荐为 1.6～3.2μm，有时也可以到 6.3μm，非配合表面取 12.5μm。

表 6-6 平键连接的三种配合及应用

配合种类	尺寸 b 的公差			应用
	键	轴键槽	轮毂键槽	
较松连接	h9	H9	D10	用于导向平键，轮毂可在轴上移动
一般连接		N9	JS9	键在轴键槽中和轮毂键槽中均固定，用于载荷不大的场合
较紧连接		P9	P9	键在轴键槽中和轮毂键槽中均牢固地固定，用于载荷较大，有冲击和双向扭矩的场合

尺寸和公差标注示例如图 6-4 所示。

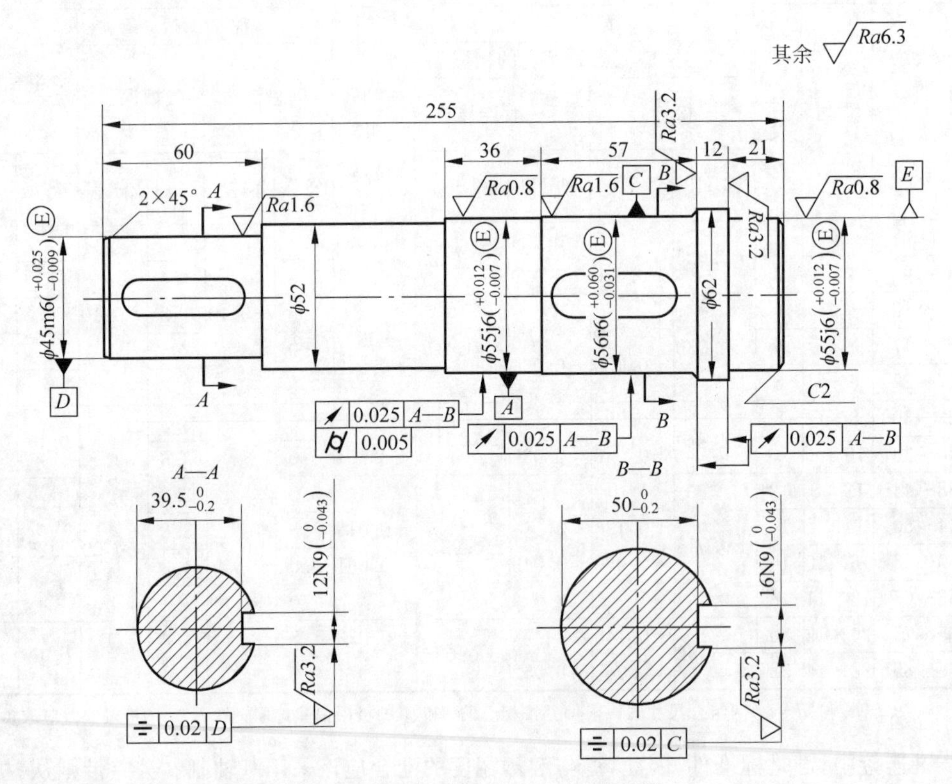

图 6-4 轴上键槽的尺寸和公差标注示例

单件、小批生产时，键槽宽度和深度一般用游标卡尺、千分尺等通用测量工具来测量；成批大量生产时，用量块或极限量规来检测。

二、矩形花键

1. 矩形花键的参数

花键有内花键和外花键，可用作固定连接，也可作滑动连接。其主要优点是定心和导向精度高，承载能力强。按照截面形状，花键分为矩形花键和渐开线花键等，下面主要介绍矩形花键。

国家标准 GB/T 1144—2001 规定了矩形花键的基本尺寸：大径 D、小径 d、键宽和键槽宽 B。键数规定为偶数，有 6、8、10 三种。矩形花键的主要参数如图 6-5 所示。

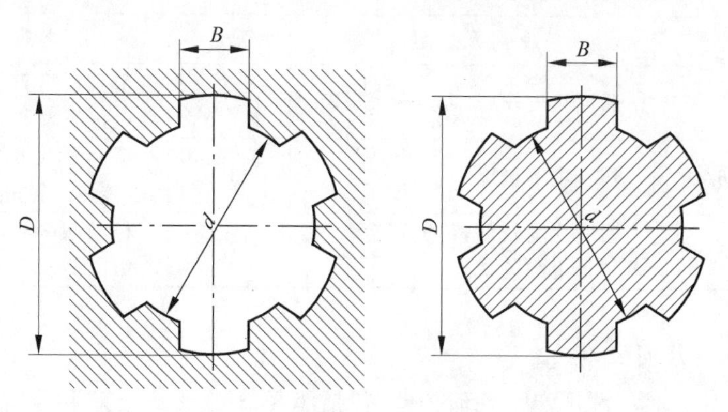

图 6-5　矩形花键的主要参数

按承载能力，矩形花键分为轻系列、中系列两个系列，详见表 6-7。

表 6-7　矩形花键基本尺寸系列(摘自 GB/T 1144—2001)　　单位：mm

d	轻系列				中系列			
	标记	N	D	B	标记	N	D	B
23	6×23×26	6	26	6	6×23×28	6	28	6
26	6×26×30	6	30	6	6×26×32	6	32	6
28	6×28×32	6	32	7	6×28×34	6	34	7
32	8×32×36	8	36	6	8×32×38	8	38	6
36	8×36×40	8	40	7	8×36×42	8	42	7
42	8×42×46	8	46	8	8×42×48	8	48	8
46	8×46×50	8	50	9	8×46×54	8	54	9
52	8×52×58	8	58	10	8×52×60	8	60	10
56	8×56×62	8	62	10	8×56×65	8	65	10
62	8×62×68	8	68	12	8×62×72	8	72	12
72	10×72×78	10	78	12	10×72×82	10	82	12

结合面有大径结合面、小径结合面以及键侧结合面，选择其中一个结合面作为主结合面，对其尺寸规定较高的精度，作为主要配合尺寸，以确定内、外花键的配合性质，并起定心作用。

GB/T 1144—2001 中规定矩形花键以小径的结合面为定心表面，即小径定心。小径定心精度高，定心稳定性好，而且使用寿命长，更有利于产品质量的提高。

2. 矩形花键结合的尺寸公差与配合

为减少专用刀具和量具的数量(如拉刀和量规)，花键连接采用基孔制配合，花键尺寸公差带选用的一般原则：定心精度要求高或传递扭矩大时，应选用精密传动用的尺寸公差带；反之，可选用一般用的尺寸公差带。详见表 6-8。

表 6-8 矩形花键配合应用的推荐

应用	固定连接		滑动连接	
	配合	特征及应用	配合	特征及应用
精密传动	H5/h5	紧固程度较高,可传递大扭矩	H5/g5	滑动程度较低,定心精度高,传递扭矩大
	H6/h6	传递中等扭矩	H6/f6	滑动程度中等,定心精度较高,传递中等扭矩
一般	H7/h7	紧固程度较低,传递扭矩较小,可经常拆卸	H7/f7	移动频率高,移动长度大,定心精度要求不高

3. 矩形花键几何公差

国家标准对矩形花键规定了几何公差,包括小径 d 的形状公差和花键的位置度公差等。当花键较长时,还可根据产品性能自行规定键侧对轴线的平行度公差。小径 d 是花键连接中的定心尺寸,要保证花键的配合性能,其定心表面的形状公差和尺寸公差的关系遵守包容要求。

(1) 花键的位置度公差综合控制花键各键之间的角位移、各键对轴线的对称度误差以及各键对轴线的平行度误差等,因此,位置度公差遵守最大实体要求。矩形花键位置度公差见表 6-9。在大批量生产条件下,一般用花键综合量规检验。

表 6-9 矩形花键位置度公差(摘自 GB/T 1144—2001) 单位:mm

键槽宽或键宽 B			3	3.5~6	7~10	12~18
t_1	键槽宽		0.010	0.015	0.020	0.025
	键宽	滑动、固定	0.010	0.015	0.020	0.025
		紧滑动	0.006	0.010	0.013	0.016

(2) 键与键槽的对称度公差遵守独立原则。在单件、少量生产条件下,或当产品试制时,没有综合量规,这时,为了控制花键几何误差,一般在图样上规定花键的对称度公差。对称度的选择见表 6-10,标注如图 6-6 所示。

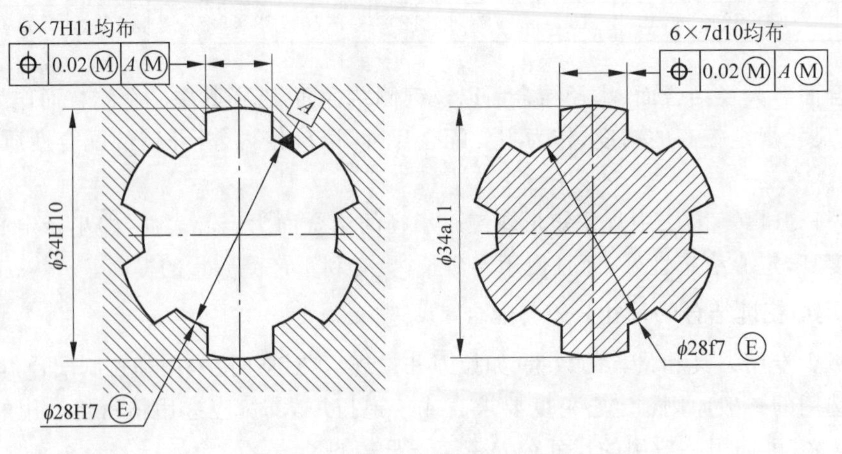

图 6-6 花键几何公差标注示例

表 6-10　矩形花键的对称度公差(摘自 GB/T 1144—2001)　　单位：mm

键槽宽或键宽 B	3	3.5～6	7～10	12～18
一般	0.010	0.015	0.020	0.025
精密传动	0.010	0.015	0.020	0.025

4. 矩形花键表面粗糙度

矩形花键表面粗糙度推荐值见表 6-11。

表 6-11　矩形花键表面粗糙度推荐值　　单位：μm

加工表面	内花键	外花键
	$Ra\leqslant$	
小径	1.6	0.8
大径	6.3	3.2
键侧	6.3	1.6

5. 矩形花键的标注

国家标准规定，图样上矩形花键的配合代号和尺寸公差带代号应按花键规格所规定的次序标注：件数 $N\times$小径 $d\times$大径 $D\times$键宽 B 以及基本尺寸的公差带代号。

例 6-1　矩形花键数 N 为 10，小径 d 为 72H7/f7，大径 D 为 78H10/a11，键宽 B 为 12H11/d10 的标记如下。

花键规格：$N\times d\times D\times B$　　10×72×78×12

花键副：10×72×78×12　　GB/T 1144—2001

内花键：10×72H7×78H10×12H11　　GB/T 1144—2001

外花键：10×72f7×78a11×12d10　　GB/T 1144—2001

矩形花键的测量

花键的测量分为单项测量和综合检验。即对定心小径、键宽、大径的三个参数检验，每个参数都有尺寸、位置、表面粗糙度的检验。

对于单件小批生产，采用单项测量。测量时，花键的尺寸和位置误差使用千分尺、游标卡尺、指示表等常用计量器具分别测量。

对于大批量生产，先用花键位置量规(塞规或环规)同时检验花键的小径、大径、键宽及大、小径的同轴度误差、各键(键槽)的位置度误差等，如图 6-7 所示。若位置量规能自由通过，说明花键是合格的。

用位置量规检验合格后，再用单项止端塞规或普通计量器具检验其小径、大径及键槽宽的实际尺寸是否超越其最小实体尺寸。

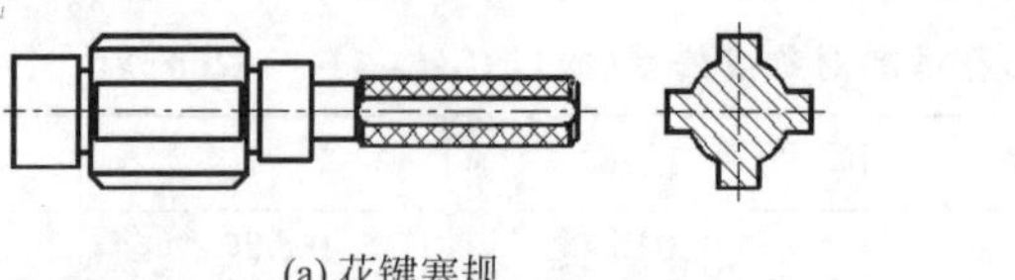

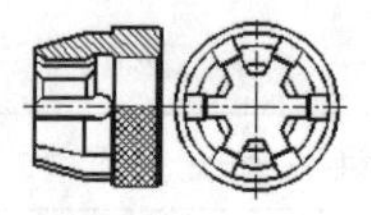

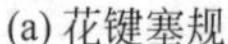

(a) 花键塞规　　(b) 花键环规

图 6-7　花键塞规、环规

思考练习

1. 矩形花键键数 N 为 6，小径 d 的配合为 23H7/f7，大径 D 的配合为 28H10/a11，键宽 B 的配合为 6H11/d10，试写出花键规格和花键副的标记，同时写出内外花键的标记。

2. 已知矩形花键的花键副标记为 8×28×34×7，试写出花键规格标记及内外花键的标记。

学习任务3　普通螺纹结合的公差配合及测量

任务目标

(1) 知道螺纹各参数的含义；

(2) 了解螺纹几何参数对螺纹互换性的影响；

(3) 知道普通螺纹公差的结构及公差带特点；

(4) 会查阅螺纹公差表格。

学习内容

在机械制造中，螺纹连接和传动的应用有很多，占有很重要的地位。连接螺纹通常为公制普通三角螺纹；传动螺纹多为矩形螺纹和梯形螺纹。

一、普通螺纹的主要几何参数

(1) 大径(D、d)：与外螺纹的牙顶或内螺纹的牙底相切的假想圆柱的直径。内螺纹的大径 D 又称“底径”，外螺纹的大径 d 又称“顶径”。相结合的内、外螺纹的大径基本尺寸相等，即 $D=d$。国标规定普通螺纹的大径为螺纹的公称直径。

(2) 小径(D_1、d_1)：与外螺纹的牙底或内螺纹的牙顶相切的假想圆柱的直径。内螺纹的小径 D_1 又称“顶径”，外螺纹的小径 d_1 又称“底径”。

(3) 中径(D_2、d_2)：一假想圆柱的直径，该圆柱的母线通过螺纹牙型上的沟槽和凸起宽度相等的地方，此假想圆柱称为中径圆柱。

(4) 单一中径(D_{2a}、d_{2a})：单一中径是指一个假想圆柱的直径，该圆柱的母线通过牙型上沟槽宽度等于螺距基本尺寸一半地方的直径。没有螺距误差时，单一中径与中径数值相等；有螺距误差时，单一中径与中径数值不相等。单一中径常用以表示螺纹中径的实际尺寸。

普通螺纹的大径、中径和小径如图 6-8 所示。

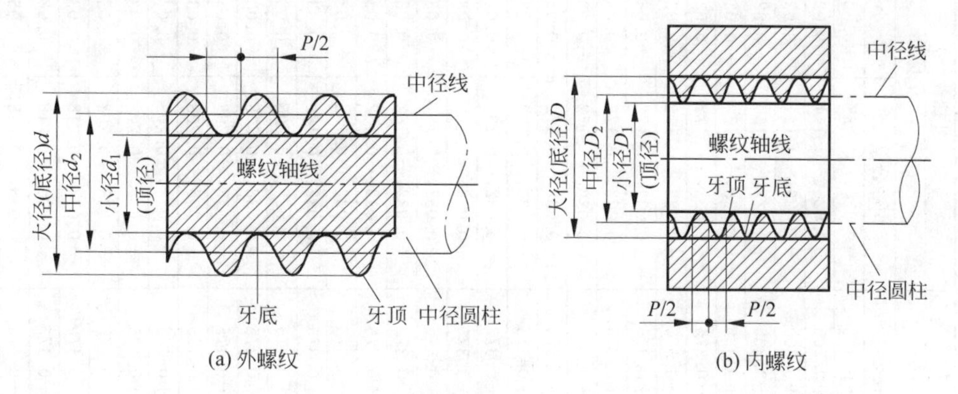

图 6-8 普通螺纹的大径、中径和小径

(5) 螺距(P)和导程(P_h)：螺距(P)是指相邻两牙中径线上对应点间的轴向距离；导程(P_h)指同一螺旋线上相邻两牙中径线上对应点间的轴向距离。对于单线螺纹，导程等于螺距，即 $P_h=P$；对于多线螺纹，导程等于螺距与螺纹线数的乘积，即 $P_h=nP$

(6) 牙型角(α)和牙型半角($\alpha/2$)：螺纹牙型上相邻两牙侧间的夹角称为牙型角(α)；牙型半角($\alpha/2$)是指在螺纹牙型上牙侧与螺纹轴线的垂直线间的夹角。普通螺纹的牙型角为 60°，牙型半角为 30°。

(7) 螺纹旋合长度 L_e：螺纹旋合长度是指内外螺纹旋合时螺旋面接触部分的轴向长度。

二、普通螺纹各参数对互换性的影响

螺纹连接要实现其互换性，必须保证良好的旋合性和一定的连接强度。影响螺纹互换性的主要几何参数有 5 个：大径、小径、中径、螺距和牙型半角。这几个参数在加工过程中不可避免地会产生一定的加工误差，不仅会影响螺纹的旋合性、接触高度、配合松紧、还会影响连接的可靠性，从而影响螺纹的互换性。

由于螺纹旋合后主要依靠螺牙侧面工作，如果内外螺纹的牙侧接触不均匀，就会造成负荷分布不均，势必降低螺纹的配合均匀性和连接强度。因此对螺纹互换性影响较大的参数是中径、螺距和牙型半角。

1. 中径偏差的影响

中径偏差是指中径的实际尺寸(以单一中径体现)与基本尺寸的代数差。内、外螺纹相互作用集中在牙型侧面，内、外螺纹中径的差异直接影响牙型侧面的接触状态。所以，中径是决定螺纹配合性质的主要参数。若外螺纹的中径小于内螺纹的中径，就能保证内、外螺纹的旋合性，若外螺纹的中径大于内螺纹的中径，就会产生干涉，而难以旋合。但是，如果外螺纹的中径过小，内螺纹中径过大，则会削弱其连接强度。为此，加工螺纹牙型时，应当控制实际中径对其基本尺寸的偏差。螺纹的中径公差可查表，见表 6-12。

表 6-12　公制螺纹公差

	基本直径			内螺纹公差等级				外螺纹公差	
				6H		7H		6G	
	大径	中径	小径	中径公差	小径公差	中径公差	小径公差	中径公差	小径公差
M10×1	10	9.35	8.917	0,+0.150	0,+0.236	0,+0.190	0,+0.300	−0.026,−0.138	−0.026,0.206
M12×1	12	11.35	10.917	0,+0.160	0,+0.236	0,+0.200	0,+0.300	−0.026,−0.144	−0.026,0.206
M14×1	14	13.35	122.917	0,+0.160	0,+0.236	0,+0.200	0,+0.300	−0.026,−0.144	−0.026,0.206
M12×1.25	12	11.188	10.647	0,+0.180	0,+0.265	0,+0.224	0,+0.335	−0.028,−0.160	−0.028,−0.240
M14×1.25	14	13.188	12.647	0,+0.180	0,+0.265	0,+0.224	0,+0.335	−0.028,−0.160	−0.028,−0.240
M12×1.5	12	11.026	10.376	0,+0.190	0,+0.300	0,+0.236	0,+0.375	−0.032,−0.172	−0.032,−0.268
M14×1.5	14	13.026	12.376	0,+0.190	0,+0.300	0,+0.236	0,+0.375	−0.032,−0.172	−0.032,−0.268
M16×1.5	16	15.026	14.376	0,+0.190	0,+0.300	0,+0.236	0,+0.375	−0.032,−0.172	−0.032,−0.268
M18×1.5	18	17.026	16.376	0,+0.190	0,+0.300	0,+0.236	0,+0.375	−0.032,−0.172	−0.032,−0.268
M20×1.5	20	19.026	18.376	0,+0.190	0,+0.300	0,+0.236	0,+0.375	−0.032,−0.172	−0.032,−0.268
M22×1.5	22	21.026	20.376	0,+0.190	0,+0.300	0,+0.236	0,+0.375	−0.032,−0.172	−0.032,−0.268
M24×1.5	24	23.026	22.376	0,+0.200	0,+0.300	0,+0.250	0,+0.375	−0.032,−0.182	−0.032,−0.268
M26×1.5	26	25.026	24.376	0,+0.200	0,+0.300	0,+0.250	0,+0.375	−0.032,−0.182	−0.032,−0.268
M27×1.5	27	26.026	25.376	0,+0.200	0,+0.300	0,+0.250	0,+0.375	−0.032,−0.182	−0.032,−0.268
M30×1.5	30	29.026	28.376	0,+0.200	0,+0.300	0,+0.250	0,+0.375	−0.032,−0.182	−0.032,−0.268
M33×1.5	33	32.026	31.376	0,+0.200	0,+0.300	0,+0.250	0,+0.375	−0.032,−0.182	−0.032,−0.268
M36×1.5	36	35.026	34.376	0,+0.200	0,+0.300	0,+0.250	0,+0.375	−0.032,−0.182	−0.032,−0.268
M39×1.5	39	38.026	37.376	0,+0.200	0,+0.300	0,+0.250	0,+0.375	−0.032,−0.182	−0.032,−0.268
M42×1.5	42	41.026	40.376	0,+0.200	0,+0.300	0,+0.250	0,+0.375	−0.032,−0.182	−0.032,−0.268
M27×2	27	25.701	24.835	0,+0.224	0,+0.375	0,+0.280	0,+0.475	−0.038,−0.208	−0.038,−0.318
M30×2	30	28.701	27.835	0,+0.224	0,+0.375	0,+0.280	0,+0.475	−0.038,−0.208	−0.038,−0.318
M33×2	33	31.701	30.835	0,+0.224	0,+0.375	0,+0.280	0,+0.475	−0.038,−0.208	−0.038,−0.318
M36×2	36	34.701	33.835	0,+0.224	0,+0.375	0,+0.280	0,+0.475	−0.038,−0.208	−0.038,−0.318
M39×2	39	37.701	36.835	0,+0.224	0,+0.375	0,+0.280	0,+0.475	−0.038,−0.208	−0.038,−0.318
M42×2	42	40.701	39.835	0,+0.224	0,+0.375	0,+0.280	0,+0.475	−0.038,−0.208	−0.038,−0.318
M45×2	45	43.701	42.835	0,+0.224	0,+0.375	0,+0.280	0,+0.475	−0.038,−0.208	−0.038,−0.318
M52×2	52	50.701	49.835	0,+0.236	0,+0.375	0,+0.300	0,+0.475	−0.038,−0.218	−0.038,−0.318
M60×2	60	58.701	57.835	0,+0.236	0,+0.375	0,+0.300	0,+0.475	−0.038,−0.218	−0.038,−0.318
M64×2	64	62.701	61.835	0,+0.236	0,+0.375	0,+0.300	0,+0.475	−0.038,−0.218	−0.038,−0.318
M72×2	72	70.701	69.835	0,+0.236	0,+0.375	0,+0.300	0,+0.475	−0.038,−0.218	−0.038,−0.318

2. 螺距偏差的影响

螺距偏差可分为单个螺距偏差和螺距累积偏差两种。单个螺距偏差是指单个螺距的实际值与其基本值的代数差,它与旋合长度无关。螺距累积偏差是指在规定的螺纹长度内,任意两同名牙侧与中径线交点间的实际轴向距离与其基本值的最大差值,它与旋合长度有关。螺距累积偏差对互换性的影响更为明显。

如图 6-9 所示,假设内螺纹具有基本牙型,仅与存在螺距偏差的外螺纹结合。外螺纹 N 个螺距的累积误差为 ΔP_{Σ}。内、外螺纹牙侧产生干涉而不能旋合。为防止干涉,使具有 ΔP_{Σ} 的外螺纹旋入理想的内螺纹,就必须使外螺纹的中径减小一个数值 f_{p}。

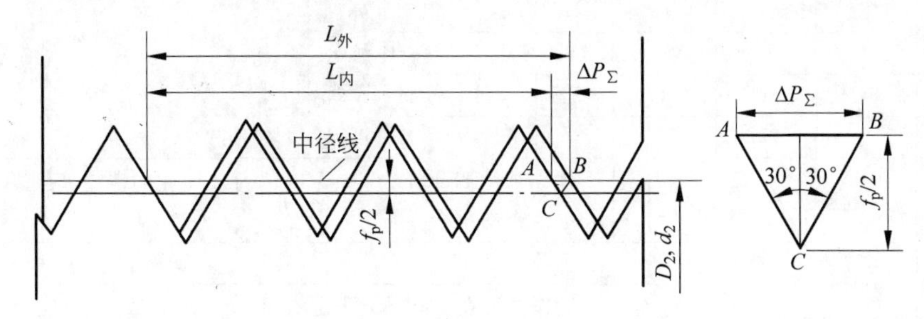

图 6-9 标准内螺纹与存在螺距偏差的外螺纹结合

同理,假设外螺纹具有基本牙型,与仅存在螺距偏差的内螺纹结合。设在 N 个螺牙的旋合长度内,内螺纹存在 ΔP_{Σ}。为保证旋合性,就必须将内螺纹中径增大一个数值 f_{p}。f_{p} 就是为补偿螺距累积误差而折算到中径上的数值,称为螺距误差的中径当量。两种情况下的当量计算公式为

$$f_{\mathrm{p}}=1.732|\Delta P_{\Sigma}|$$

3. 牙型半角偏差的影响

牙型半角偏差是指牙型半角的实际值对公称值的代数差,是螺纹牙侧相对于螺纹轴线的位置误差。对螺纹的旋合性和连接强度均有影响。

三、普通螺纹公差与配合

螺纹公差带是牙型公差带,以基本牙型的轮廓为零线,沿着螺纹牙型的牙侧、牙顶和牙底分布,并在垂直于螺纹轴线方向来计量大、中、小径的偏差和公差。公差带由其相对于基本牙型的位置要素和大小因素两部分组成。普通螺纹公差与配合见表 6-13。

1. 公差带的位置和基本偏差

内、外螺纹的公差带位置是指公差带相对于零线的距离,它由基本偏差确定。螺纹基本偏差的概念与《公差与配合》中的概念是一致的。规定内螺纹的下偏差(EI)和外螺纹的上偏差(es)为基本偏差。对内螺纹规定代号为 H 和 G 两种基本偏差,外螺纹规定代号为 e、f、g、h 四种基本偏差。其中 H、h 的基本偏差为零,G 为正值,e、f、g 为负值。

2. 螺纹公差等级与旋合长度

螺纹结合的精度不仅与螺纹公差带大小有关,还与螺纹的旋合长度有关。旋合长度越长,螺距的累积误差越大,较难旋合,且加工长螺纹比短螺纹难以保证精度。国标中规

定了不同直径和螺距所对应的旋合长度，分为短(S)、中(N)、长(L)三种旋合长度。

表 6-13 普通螺纹公差与配合(GB/T 1977—1981)

	精度	公差带位置 e			公差带位置 f			公差带位置 g			公差带位置 h		
		S	N	L	S	N	L	S	N	L	S	N	L
外螺纹	精密										(3h4h)	①4h	(5h6h)
	中等		①6e			①6f		(5g6g)	①6g	(7g6g)	(5h6h)	①6h	(7h6h)
	粗糙								8g			(8h)	

	精度	公差带位置 G			公差带位置 H			内、外螺纹公差带位置
		S	N	L	S	N	L	
内螺纹	精密				4H	4H5H	5H6H	
	中等	(5G)	(6G)	(7G)	①5H	①6H	①7H	
	粗糙		(7G)			7H		

普通螺纹的配合选择	一般连接螺纹	优先采用 H/h、H/g 或 G/h；小于 M1.4 的螺纹，应选用 5H/6h 或更精密的配合
	经常装拆的螺纹	推荐采用 H/g
	高温工作下的螺纹	工作温度在 450℃以下，选用 H/g；高于 450℃时应选用 H/e、G/h 或 G/g
	需要涂镀的螺纹	薄镀层螺纹件选用 H/g；中等腐蚀件条件、中等镀层厚度的螺纹件选用 H/f；严重腐蚀条件、较厚镀层的螺纹件选用 H/e 或 G/e

标记示例	粗牙螺纹	直径 10mm，螺距 1.5mm，中径顶径公差带均为 6H 的内螺纹：M10×1.5—6H	顶径指外螺纹大径和内螺纹小径
	细牙螺纹	直径 10mm，螺距 1mm，中径顶径公差带均为 6g 的外螺纹：M10×1—6g	
	螺纹副	M20×2LH—6H/5g6g—S	

① 为优先选用的公差带，括号内的公差带尽可能不用。

注：①大量生产的精制紧固件螺纹，推荐采用带方框的公差带。②精密精度为用于精密螺纹，当要求配合性质变动较小时采用；中等精度为一般用途；粗糙精度为对精度不高或制造比较困难时采用。③S 为短旋合长度；N 为中等旋合长度；L 为长等旋合长度。

3. 螺纹精度等级

螺纹的精度等级是由螺纹公差带和螺纹的旋合长度两个因素决定的。标准将螺纹的精度等级分为精密级(用于精密连接螺纹)、中等级(用于一般用途连接)和粗糙级(用于要求不高及制造困难的螺纹)三种，代表不同的加工难度。一般以中等旋合长度下的 6 级公差等级作为中等精度，精密和粗糙都是相比较而言。需要注意的是螺纹的精度与公差等级在概念上是不同的。同一公差等级的螺纹，若它们的旋合长度不同，则螺纹的精度不同。

因为螺纹的精度反映螺纹加工的难易程度，在同一螺纹精度下，对不同旋合长度的螺纹应采用不同的公差等级。一般情况下，S组应比N组高一个公差等级；L组应比N组低一个公差等级。因为S组的旋合长度短，螺纹的扣数少，螺距累积误差小，所以公差等级应比同精度的N组高一级。

4. 螺纹的公差带及其选用

用螺纹公差等级和基本偏差可以组成各种不同的公差带，如7H和6g等。内、外螺纹的各种公差带可以组成各种不同的配合，如6H/6g等。在生产中，为了减少螺纹刀具和螺纹量具的规格和数量，规定了内、外螺纹的选用公差带，见表6-13。

表6-13中列出了11种内螺纹公差带和13种外螺纹公差带，按照配合组成的规律，它们可以任意组合成各种配合。为了保证连接强度、接触高度和装拆方便，国标推荐优先采用H/g、H/h或G/h的配合。

对于大批量生产的螺纹，为了装拆方便，应选用H/g或G/h组成配合。对单件小批生产的螺纹，可用H/h组成配合，以适应手工拧紧和装配速度不高等使用特性。在高温状态下工作的螺纹，为防止因高温形成金属氧化皮或介质沉积使螺纹卡死，可采用能保证间隙的配合。当温度在450℃以下时，可用H/g组成配合；温度在450℃以上时，可选用H/e配合，如火花塞螺纹就是选用的这种配合。对于需要镀涂的外螺纹，当镀层厚度为10μm、20μm、30μm时，可分别选用e、f、g与H组成配合。当内、外螺纹均需电镀时，则可由G/e或G/f组成配合。

一般情况下，选用中等精度、中等旋合长度的公差带，即内螺纹公差带常选6H、外螺纹公差带6h、6g应用较广。

拓展提高

螺纹的标记

完整的螺纹标记由螺纹代号(含螺纹公称直径、螺距)、螺纹公差等级代号(按中径、顶径顺序)和螺纹旋合长度组成，中间用“—”隔开。

如，外螺纹：M20—5g6g—S

内螺纹：M20×1.5左—6H

内外螺纹配合时：M20×2—6H/5g6g—S

注意：粗牙螺纹允许不标注螺距，细牙必须标注螺距；多线螺纹要标注导程与线数；右旋螺纹省略标注旋向，左旋时则标注LH；旋合长度为中等时，“N”可省略。

思考练习

1. 说明螺纹中径、单一中径的含义，二者在什么情况下相等？什么情况下不相等？
2. 简要说明螺距误差和牙侧角误差对螺纹互换性的影响。

附　　录

附表 1　轴的基本偏差数值

公称尺寸(mm)		基本偏差数值																
		上极限偏差 $es(\mu m)$												下极限偏差 $ei(\mu m)$				
大于	至	所有标准公差等级												IT5 和 IT6	IT7	IT8	IT4 至 IT7	≤IT3 >IT7
		a	b	c	cd	d	e	ef	f	fg	g	h	js	j			k	
—	3	−270	−140	−60	−34	−20	−14	−10	−6	−4	−2	0	偏差=±$IT_n/2$，式中 IT_n 是 IT 的数值	−2	−4	−6	0	0
3	6	−270	−140	−70	−46	−30	−20	−14	−10	−6	−4	0		−2	−4		+1	0
6	10	−280	−150	−80	−56	−40	−25	−18	−13	−8	−5	0		−2	−5		+1	0
10	14	−290	−150	−95		−50	−32		−16		−6	0		−3	−6		+1	0
14	18																	
18	24	−300	−160	−110		−65	−40		−20		−7	0		−4	−8		+2	0
24	30																	
30	40	−310	−170	−120		−80	−50		−25		−9	0		−5	−10		+2	0
40	50	−320	−180	−130														
50	65	−340	−190	−140		−100	−60		−30		−10	0		−7	−12		+2	0
65	80	−360	−200	−150														
80	100	−380	−220	−170		−120	−72		−36		−12	0		−9	−15		+3	0
100	120	−410	−240	−180														
120	140	−460	−260	−200		−145	−85		−43		−14	0		−11	−18		+3	0
140	160	−520	−280	−210														
160	180	−580	−310	−230														
180	200	−660	−340	−240		−170	−100		−50		15	0		−13	−21		+4	0
200	225	−740	−380	−260														
225	250	−820	−420	−280														
250	280	−920	−480	−300		−190	−110		−56		−17	0		−16	−26		+4	0
280	315	−1050	−540	−330														
315	355	−1200	−600	−360		−210	−125		−62		−18	0		−18	−28		+4	0
355	400	−1350	−680	−400														
400	450	−1500	−760	−440		−230	−135		−68		−20	0		−20	−32		+5	0
450	500	−1650	−840	−480														

续表

公称尺寸(mm)		基本偏差数值													
		下极限偏差 ei(μm)													
大于	至	所有标准公差等级													
		m	*n*	*p*	*r*	*s*	*t*	*u*	*v*	*x*	*y*	*z*	*za*	*zb*	*zc*
—	3	+2	+4	+6	+10	+14		+18		+20		+26	+32	+40	+60
3	6	+4	+8	+12	+15	+19		+23		+28		+35	+42	+50	+80
6	10	+6	+10	+15	+19	+23		+28		+34		+42	+52	+67	+97
10	14	+7	+12	+18	+23	+28		+33		+40		+50	+64	+90	+130
14	18								+39	+45		+60	+77	+108	+150
18	24	+8	+15	+22	+28	+35		+41	+47	+54	+63	+73	+98	+136	+188
24	30						+41	+48	+55	+64	+75	+88	+118	+160	+218
30	40	+9	+17	+26	+34	+43	+48	+60	+68	+80	+94	+112	+148	+200	+274
40	50						+54	+70	+81	+97	+114	+136	+180	+242	+325
50	65	+11	+20	+32	+41	+53	+66	+87	+102	+122	+144	+172	+226	+300	+405
65	80				+43	+59	+75	+102	+120	+446	+174	+210	+274	+360	+480
80	100	+13	+23	+37	+51	+71	+91	+124	+146	+178	+214	+258	+335	+445	+585
100	120				+54	+79	+104	+144	+172	+210	+254	+310	+400	+525	+690
120	140	+15	+27	+43	+63	+92	+122	+170	+202	+248	+300	+365	+470	+620	+800
140	160				+65	+100	+134	+190	+228	+280	+340	+415	+535	+700	+900
160	180				+68	+108	+146	+210	+252	+310	+380	+465	+600	+780	+1000
180	200	+17	+31	+50	+77	+122	+166	+236	+284	+350	+425	+520	+670	+880	+1150
200	225				+80	+130	+180	+258	+310	+385	+470	+575	+740	+960	+1250
225	250				+84	+140	+196	+284	+340	+425	+520	+610	+820	+1050	+1350
250	280	+20	+34	+56	+94	+158	+218	+315	+385	+475	+580	+710	+920	+1200	+1550
280	315				+98	+170	+240	+350	+425	+525	+650	+790	+1000	+1300	+1700
315	355	+21	+37	+62	+108	+190	+268	+390	+475	+590	+730	+900	+1150	+1500	+1900
355	400				+114	+208	+294	+435	+530	+660	+820	+1000	+1300	+1650	+2100
400	450	+23	+40	+68	+126	+232	+330	+490	+595	+740	+920	+1100	+1450	+1850	+2400
450	500				+132	+252	+360	+540	+660	+820	+1000	+1250	+1600	+2100	+2600

注：1. 公差带 js7 到 js11，若 IT_n 值是奇数时，则取偏差 $=\pm\frac{IT_n-1}{2}$。

2. 公称尺寸小于或等于 1mm 时，基本偏差 a 和 b 均不采用。

3. 公称尺寸大于 500mm 的表中未列出。

附表 2 孔的基本偏差数值

公称尺寸(mm)		基本偏差数值																					
		下极限偏差 EI(μm)												上极限偏差 ES(μm)									
		所有标准公差等级												IT6	IT7	IT8	≤IT8	>IT8	≤IT8	>IT8	≤IT8	>IT8
大于	至	*A*	*B*	*C*	*CD*	*D*	*E*	*EF*	*F*	*FG*	*G*	*H*	*JS*	*J*			*K*		*M*		*N*	
—	3	+270	+140	+60	+34	+20	+14	+10	+6	+4	+2	0	偏差＝±$IT_{n/2}$，式中 IT_n 是 IT 的数值	+2	+4	+6	0	0	−2	−2	−4	−4
3	6	+270	+140	+70	+46	+30	+20	+14	+10	+6	+4	0		+5	+6	+10	−1+Δ		−4+Δ	−4	−8+Δ	0
6	10	+280	+150	+80	+56	+40	+25	+18	+13	+8	+5	0		+5	+8	+12	−1+Δ		−6+Δ	−6	−10+Δ	0
10	14	+290	+150	+95		+50	+32		+16		+6	0		+6	+10	+15	−1+Δ		−7+Δ	−7	−12+Δ	0
14	18																					
18	24	+300	+160	+110		+65	+40		+20		+7	0		+8	+12	+20	−2+Δ		−8+Δ	−8	−15+Δ	0
24	30																					
30	40	+310	+170	+120		+80	+50		+25		+9	0		+10	+14	+24	−2+Δ		−9+Δ	−9	−17+Δ	0
40	50	+320	+180	+130																		
50	65	+340	+190	+140		+100	+60		+30		+10	0		+13	+18	+28	−2+Δ		−11+Δ	−11	−20+Δ	0
65	80	+360	+200	+150																		
80	100	+380	+220	+170		+120	+72		+36		+12	0		+16	+22	+34	−3+Δ		−13+Δ	−13	−23+Δ	0
100	120	+410	+240	+180																		
120	140	+460	+260	+200		+145	+85		+43		+14	0		+18	+26	+41	−3+Δ		−15+Δ	−15	−27+Δ	0
140	160	+520	+280	+210																		
160	180	+580	+310	+230																		
180	200	+660	+340	+240		+170	+100		+50		+15	0		+22	+30	+47	−4+Δ		−17+Δ	−17	−31+Δ	0
200	225	+740	+380	+260																		
225	250	+820	+420	+280																		
250	280	+920	+480	+300		+190	+110		+56		+17	0		+25	+36	+55	−4+Δ		−20+Δ	−20	−34+Δ	0
280	315	+1050	+540	+330																		
315	355	+1200	+600	+360		+210	+125		+62		+18	0		+29	+39	+60	−4+Δ		−21+Δ	−21	−37+Δ	0
355	400	+1350	+680	+400																		
400	450	+1500	+760	+440		+230	+135		+68		+20	0		+33	+43	+66	−5+Δ		−23+Δ	−23	−40+Δ	0
450	500	+1650	+840	+480																		

续表

公称尺寸(mm)		基本偏差数值												Δ值(μm)					
		上极限偏差 ES(μm)																	
		≤IT7	标准公差等级大于 IT7											标准公差等级					
大于	至	P 至 ZC	P	R	S	T	U	V	X	Y	Z	ZA	ZB	ZC	IT3	IT4	IT5	IT6	IT7	IT8
—	3	在大于 IT7 相应数值上增加一个 Δ 值	-6	-10	-14		-18		-20		-26	-32	-40	-60	0	0	0	0	0	0
3	6		-12	-15	-19		-23		-28		-35	-42	-50	-80	1	1.5	1	3	4	6
6	10		-15	-19	-23		-28		-34		-42	-52	-67	-97	1	1.5	2	3	6	7
10	14		-18	-23	-28		-33		-40		-50	-64	-90	-130	1	2	3	3	7	9
14	18							-39	-45		-60	-77	-108	-150						
18	24		-22	-28	-35		-41	-47	-54	-63	-73	-98	-136	-188	1.5	2	3	4	8	12
24	30					-41	-48	-55	-64	-75	-88	-118	-160	-218						
30	40		-26	-34	-43	-48	-60	-68	-80	-94	-112	-148	-200	-274	1.5	3	4	5	9	14
40	50					-54	-70	-81	-97	-114	-136	-180	-242	-325						
50	65		-32	-41	-53	-66	-87	-102	-122	-144	-172	-226	-300	-405	2	3	5	6	11	16
65	80			-43	-59	-75	-102	-120	-146	-174	-210	-274	-360	-480						
80	100		-37	-51	-71	-91	-124	-146	-178	-214	-258	-335	-445	-585	2	4	5	7	13	19
100	120			-54	-79	-104	-144	-172	-210	-254	-310	-400	-525	-690						
120	140		-43	-63	-92	-122	-170	-202	-248	-300	-365	-470	-620	-800	3	4	6	7	15	23
140	160			-65	-100	-134	-190	-228	-280	-340	-415	-535	-700	-900						
160	180			-68	-108	-146	-210	-252	-310	-380	-465	-600	-780	-1000						
180	200		-50	-77	-122	-166	-236	-284	-350	-425	-520	-670	-880	-1150	3	4	6	9	17	26
200	225			-80	-130	-180	-258	-310	-385	-470	-575	-740	-960	-1250						
225	250			-84	-140	-196	-284	-340	-425	-520	-640	-820	-1050	-1350						
250	280		-56	-94	-158	-218	-315	-385	-475	-580	-710	-920	-1200	-1550	4	4	7	9	20	29
280	315			-98	-170	-240	-350	-425	-525	-650	-790	-1000	-1300	-1700						
315	355		-62	-108	-190	-268	-390	-475	-590	-730	-900	-1150	-1500	-1900	4	5	7	11	21	32
355	400			-114	-208	-294	-435	-530	-660	-820	-1000	-1300	-1650	-2100						
400	450		-68	-126	-232	-330	-490	-595	-740	-920	-1100	-1450	-1850	-2400	5	5	7	13	23	34
450	500			-132	-252	-360	-540	-660	-820	-1000	-1250	-1600	-2100	-2600						

注：1. 公差带 JS7 到 JS11，若 IT_n 值是奇数时，则取偏差＝$\pm\frac{IT_n-1}{2}$。

2. 公称尺寸小于或等于 1mm 时，基本偏差 A 和 B 及大于 IT8 的 N 均不采用。

3. 公称尺寸大于 500mm 的表中未列出。

4. 对小于或等于 IT8 的 K、M、N 和小于或等于 IT7 的 P 至 ZC，所需 Δ 值从表内右侧选取。例如，18 至 30mm 段的 K7 中 $\Delta=8\mu m$，由表得 $ES=-2+\Delta=(-2+8)\mu m=6\mu m$。

附表 3　轴的极限偏差数值

公称尺寸(mm)		公差带(μm)														
		a					*b*					*c*				
大于	至	9	10	11	12	13	9	10	11	12	13	8	9	10	11	12
—	3	−270	−270	−270	−270	−270	−140	−140	−140	−140	−140	−60	−60	−60	−60	−60
		−295	−310	−330	−370	−410	−165	−180	−200	−240	−280	−74	−85	−100	−120	−160
3	6	−270	−270	−270	−270	−270	−140	−140	−140	−140	−140	−70	−70	−70	−70	−70
		−300	−318	−345	−390	−450	−170	−188	−215	−260	−320	−88	−100	−118	−145	−190
6	10	−280	−280	−280	−280	−280	−150	−150	−150	−150	−150	−80	−80	−80	−80	−80
		−316	−338	−370	−430	−500	−186	−208	−240	−300	−370	−102	−116	−138	−170	−220
10	14	−290	−290	−290	−290	−290	−150	−150	−150	−150	−150	−95	−95	−95	−95	−95
14	18	−333	−360	−400	−470	−560	−193	−220	−260	−330	−420	−122	−138	−165	−205	−275
18	24	−300	−300	−300	−300	−300	−160	−160	−160	−160	−160	−110	−110	−110	−110	−110
24	30	−352	−384	−430	−510	−630	−212	−244	−290	−370	−490	−143	−162	−194	−240	−320
30	40	−310	−310	−310	−310	−310	−170	−170	−170	−170	−170	−120	−120	−120	−120	−120
		−372	−410	−470	−560	−700	−232	−270	−330	−420	−560	−159	−182	−220	−280	−370
40	50	−320	−320	−320	−320	−320	−180	−180	−180	−180	−180	−130	−130	−130	−130	−130
		−382	−420	−480	−570	−710	−242	−280	−340	−430	−570	−169	−192	−230	−290	−380
50	65	−340	−340	−340	−340	−340	−190	−190	−190	−190	−190	−140	−140	−140	−140	−140
		−414	−460	−530	−640	−800	−264	−310	−380	−490	−650	−186	−214	−260	−330	−440
65	80	−360	−360	−360	−360	−360	−200	−200	−200	−200	−200	−150	−150	−150	−150	−150
		−434	−480	−550	−660	−820	−274	−320	−390	−500	−660	−196	−224	−270	−340	−450
80	100	−380	−380	−380	−380	−380	−220	−220	−220	−220	−220	−170	−170	−170	−170	−170
		−467	−520	−600	−730	−920	−307	−360	−440	−570	−760	−224	−257	−310	−390	−520
100	120	−410	−410	−410	−410	−410	−240	−240	−240	−240	−240	−180	−180	−180	−180	−180
		−497	−550	−630	−760	−950	−327	−380	−460	−590	−780	−234	−267	−320	−400	−530
120	140	−460	−460	−460	−460	−460	−260	−260	−260	−260	−260	−200	−200	−200	−200	−200
		−560	−620	−710	−860	−1090	−360	−420	−510	−660	−890	−263	−300	−360	−450	−600
140	160	−520	−520	−520	−520	−520	−280	−280	−280	−280	−280	−210	−210	−210	−210	−210
		−620	−680	−770	−920	−1150	−380	−440	−530	−680	−910	−273	−310	−370	−460	−610
160	180	−580	−580	−580	−580	−580	−310	−310	−310	−310	−310	−230	−230	−230	−230	−230
		−680	−740	−830	−980	−1210	−410	−470	−560	−710	−940	−293	−330	−390	−480	−630
180	200	−660	−660	−660	−660	−660	−340	−340	−340	−340	−340	−240	−240	−240	−240	−240
		−775	−845	−950	−1120	−1380	−455	−525	−630	−800	−1060	−312	−355	−425	−530	−700
200	225	−740	−740	−740	−740	−740	−380	−380	−380	−380	−380	−260	−260	−260	−260	−260
		−855	−925	−1030	−1200	−1460	−495	−565	−670	−840	−1100	−332	−375	−445	−550	−720
225	250	−820	−820	−820	−820	−820	−420	−420	−420	−420	−420	−280	−280	−280	−280	−280
		−935	−1005	−1110	−1280	−1540	−535	−605	−710	−880	−1140	−352	−395	−465	−570	−740
250	280	−920	−920	−920	−920	−920	−480	−480	−480	−480	−480	−300	−300	−300	−300	−300
		−1050	−1130	−1240	−1440	−1730	−610	−690	−800	−1000	−1290	−381	−430	−510	−620	−820
280	315	−1050	−1050	−1050	−1050	−1050	−540	−540	−540	−540	−540	−330	−330	−330	−330	−330
		−1180	−1260	−1370	−1570	−1860	−670	−750	−860	−1060	−1350	−411	−460	−540	−650	−850
315	355	−1200	−1200	−1200	−1200	−1200	−600	−600	−600	−600	−600	−360	−360	−360	−360	−360
		−1340	−1430	−1560	−1770	−2090	−740	−830	−960	−1170	−1490	−449	−500	−590	−720	−930
355	400	−1350	−1350	−1350	−1350	−1350	−680	−680	−680	−680	−680	−400	−400	−400	−400	−400
		−1490	−1580	−1710	−1920	−2240	−820	−910	−1040	−1250	−1570	−489	−540	−630	−760	−970
400	450	−1500	−1500	−1500	−1500	−1500	−760	−760	−760	−760	−760	−440	−440	−440	−440	−440
		−1655	−1750	−1900	−2130	−2470	−915	−1010	−1160	−1390	−1730	−537	−595	−690	−840	−1070
450	500	−1650	−1650	−1650	−1650	−1650	−840	−840	−840	−840	−840	−480	−480	−480	−480	−480
		−1805	−1900	−2050	−2280	−2620	−995	−1090	−1240	−1470	−1810	−577	−635	−730	−880	−1110

续表

公称尺寸(mm)		公差带(μm)													
		c	*d*					*e*					*f*		
大于	至	13	7	8	9	10	11	6	7	8	9	10	5	6	7
—	3	−60 −200	−20 −30	−20 −34	−20 −45	−20 −60	−20 −80	−14 −20	−14 −24	−14 −28	−14 −39	−14 −54	−6 −10	−6 −12	−6 −16
3	6	−70 −250	−30 −42	−30 −48	−30 −60	−30 −78	−30 −105	−20 −28	−20 −32	−20 −38	−20 −50	−20 −68	−10 −15	−10 −18	−10 −22
6	10	−80 −300	−40 −55	−40 −62	−40 −76	−40 −98	−40 −130	−25 −34	−25 −40	−25 −47	−25 −61	−25 −83	−13 −19	−13 −22	−13 −28
10	14	−95 −365	−50 −68	−50 −77	−50 −93	−50 −120	−50 −160	−32 −43	−32 −50	−32 −59	−32 −75	−32 −102	−16 −24	−16 −27	−16 −34
14	18														
18	24	−110 −440	−65 −86	−65 −98	−65 −117	−65 −149	−65 −195	−40 −53	−40 −61	−40 −73	−40 −92	−40 −124	−20 −29	−20 −33	−20 −41
24	30														
30	40	−120 −510	−80 −105	−80 −119	−80 −142	−80 −180	−80 −240	−50 −66	−50 −75	−50 −89	−50 −112	−50 −150	−25 −36	−25 −41	−25 −50
40	50	−130 −520													
50	65	−140 −600	−100 −130	−100 −146	−100 −174	−100 −220	−100 −290	−60 −79	−60 −90	−60 −106	−60 −134	−60 −180	−30 −43	−30 −49	−30 −60
65	80	−150 −610													
80	100	−170 −710	−120 −155	−120 −174	−120 −207	−120 −260	−120 −340	−72 −94	−72 −107	−72 −126	−72 −159	−72 −212	−36 −51	−36 −58	−36 −71
100	120	−180 −720													
120	140	−200 −830	−145 −185	−145 −208	−145 −245	−145 −305	−145 −395	−85 −110	−85 −125	−85 −148	−85 −185	−85 −245	−43 −61	−43 −68	−43 −83
140	160	−210 −840													
160	180	−230 −860													
180	200	−240 −960	−170 −216	−170 −242	−170 −285	−170 −355	−170 −460	−100 −129	−100 −146	−100 −172	−100 −215	−100 −285	−50 −70	−50 −79	−50 −96
200	225	−260 −980													
225	250	−280 −1000													
250	280	−300 −1110	−190 −242	−190 −271	−190 −320	−190 −400	−190 −510	−110 −142	−110 −162	−110 −191	−110 −240	−110 −320	−56 −79	−56 −88	−56 −108
280	315	−330 −1140													
315	355	−360 −1250	−210 −267	−210 −299	−210 −350	−210 −440	−210 −570	−125 −161	−125 −182	−125 −214	−125 −265	−125 −355	−62 −87	−62 −98	−62 −119
355	400	−400 −1290													
400	450	−440 −1410	−230 −293	−230 −327	−230 −385	−230 −480	−230 −630	−135 −175	−135 −198	−135 −232	−135 −290	−135 −385	−68 −95	−68 −108	−68 −131
450	500	−480 −1450													

续表

公称尺寸(mm)		公差带(μm)												
		f		*g*					*h*					
大于	至	8	9	4	5	6	7	8	1	2	3	4	5	6
—	3	−6 −20	−6 −31	−2 −5	−2 −6	−2 −8	−2 −12	−2 −16	0 −0.8	0 −1.2	0 −2	0 −3	0 −4	0 −6
3	6	−10 −28	−10 −40	−4 −8	−4 −9	−4 −12	−4 −16	−4 −22	0 −1	0 −1.5	0 −2.5	0 −3	0 −5	0 −8
6	10	−13 −35	−13 −49	−5 −9	−5 −11	−5 −14	−5 −20	−5 −27	0 −1	0 −1.5	0 −2.5	0 −4	0 −6	0 −9
10	14	−16 −43	−16 −59	−6 −11	−6 −14	−6 −17	−6 −24	−6 −33	0 −1.2	0 −2	0 −3	0 −5	0 −8	0 −11
14	18													
18	24	−20 −53	−20 −72	−7 −13	−7 −16	−7 −20	−7 −28	−7 −40	0 −1.5	0 −2.5	0 −4	0 −6	0 −9	0 −13
24	30													
30	40	−25 −64	−25 −87	−9 −16	−9 −20	−9 −25	−9 −34	−9 −48	0 −1.5	0 −2.5	0 −4	0 −7	0 −11	0 −16
40	50													
50	65	−30 −76	−30 −104	−10 −18	−10 −23	−10 −29	−10 −40	−10 −50	0 −2	0 −3	0 −5	0 −8	0 −13	0 −19
65	80													
80	100	−36 −90	−36 −123	−12 −22	−12 −27	−12 −34	−12 −47	−12 −66	0 −2.5	0 −4	0 −6	0 −10	0 −15	0 −22
100	120													
120	140													
140	160	−43 −106	−43 −143	−14 −26	−14 −32	−14 −39	−14 −54	−14 −77	0 −3.5	0 −5	0 −8	0 −12	0 −18	0 −25
160	180													
180	200													
200	225	−50 −122	−50 −165	−15 −29	−15 −35	−15 −41	−15 −61	−15 −87	0 −4.5	0 −7	0 −10	0 −14	0 −20	0 −29
225	250													
250	280	−56 −137	−56 −186	−17 −33	−17 −40	−17 −49	−17 −69	−17 −98	0 −6	0 −8	0 −12	0 −16	0 −23	0 −32
280	315													
315	355	−62 −151	−62 −202	−18 −36	−18 −43	−18 −54	−18 −75	−18 −107	0 −7	0 −9	0 −13	0 −18	0 −25	0 −36
355	400													
400	450	−68 −165	−68 −223	−20 −40	−20 −47	−20 −60	−20 −83	−20 −117	0 −8	0 −10	0 −15	0 −20	0 −27	0 −40
450	500													

续表

公称尺寸(mm)		公差带(μm)												
		h							*j*			*js*		
大于	至	7	8	9	10	11	12	13	5	6	7	1	2	3
—	3	0 −10	0 −14	0 −25	0 −40	0 −60	0 −100	0 −140	—	+4 −2	+6 −4	±0.4	±0.6	±1
3	6	0 −12	0 −18	0 −30	0 −48	0 −75	0 −120	0 −180	+3 −2	+6 −2	+8 −4	±0.5	±0.75	±1.25
6	10	0 −15	0 −22	0 −30	0 −58	0 −90	0 −150	0 −220	+4 −2	+7 −2	+10 −5	±0.5	±0.75	±1.25
10	14	0 −18	0 −27	0 −43	0 −70	0 −110	0 −180	0 −270	+5 −3	+8 −3	+12 −6	±0.6	±1	±1.5
14	18													
18	24	0 −21	0 −33	0 −52	0 −84	0 −130	0 −210	0 −330	+5 −4	+9 −4	+13 −8	±0.75	±1.25	±2
24	30													
30	40	0 −25	0 −39	0 −62	0 −100	0 −160	0 −250	0 −390	+6 −5	+11 −5	+15 −10	±0.75	±1.25	±2
40	50													
50	65	0 −30	0 −46	0 −74	0 −120	0 −190	0 −300	0 −460	+6 −7	+12 −7	+18 −12	±1	±1.5	±2.5
65	80													
80	100	0 −35	0 −54	0 −87	0 −140	0 −220	0 −350	0 −540	+6 −9	+13 −9	+20 −15	±1.25	±2	±3
100	120													
120	140	0 −40	0 −63	0 −100	0 −160	0 −250	0 −400	0 −630	+7 −11	+14 −11	+22 −18	±1.75	±2.5	±4
140	160													
160	180													
180	200	0 −46	0 −72	0 −115	0 −185	0 −290	0 −460	0 −720	+7 −13	+16 −13	+25 −21	±2.25	±3.5	±5
200	225													
225	250													
250	280	0 −52	0 −81	0 −130	0 −210	0 −320	0 −520	0 −810	+7 −16	—	—	±3	±4	±6
280	315													
315	355	0 −57	0 −89	0 −140	0 −230	0 −360	0 −570	0 −890	+7 −18	—	+29 −28	±3.5	±4.5	±6.5
355	400													
400	450	0 −63	0 −97	0 −155	0 −250	0 −400	0 −630	0 −970	+7 −20	—	+31 −32	±4	±5	±7.5
450	500													

续表

公称尺寸(mm)		公差带(μm)											
		js										*k*	
大于	至	4	5	6	7	8	9	10	11	12	13	4	5
—	3	±1.5	±2	±3	±5	±7	±12	±20	±30	±50	±70	+3 0	+4 0
3	6	±2	±2.5	±4	±6	±9	±15	±24	±37	±60	±90	+5 +1	+6 +1
6	10	±2	±3	±4.5	±7	±11	±18	±29	±45	±75	±110	+5 +1	+7 +1
10	14	±2.5	±4	±5.5	±9	±13	±21	±35	±55	±90	±135	+6 +1	+9 +1
14	18												
18	24	±3	±4.5	±6.5	±10	±16	±26	±42	±65	±105	±165	+8 +2	+11 +2
24	30												
30	40	±3.5	±5.5	±8	±12	±19	±31	±50	±80	±125	±195	+9 +2	+13 +2
40	50												
50	65	±4	±6.5	±9.5	±15	±23	±37	±60	±95	±150	±230	+10 +2	+15 +2
65	80												
80	100	±5	±7.5	±11	±17	±27	±43	±70	±110	±175	±270	+13 +3	+18 +3
100	120												
120	140	±6	±9	±12.5	±20	±31	±50	±80	±125	±200	±315	+15 +3	+21 +3
140	160												
160	180												
180	200	±7	±10	±14.5	±23	±36	±57	±92	±145	±230	±360	+18 +4	+24 +4
200	225												
225	250												
250	280	±8	±11.5	±16	±26	±40	±65	±105	±160	±200	±405	+20 +4	+27 +4
280	315												
315	355	±9	±12.5	±18	±28	±44	±70	±115	±180	±285	±445	+22 +4	+29 +4
355	400												
400	450	±10	±13.5	±20	±31	±48	±77	±125	±200	±315	±485	+25 +5	+32 +5
450	500												

续表

公称尺寸(mm)		公差带(μm)												
		k			*m*					*n*				
大于	至	6	7	8	4	5	6	7	8	4	5	6	7	8
—	3	+6 0	+10 0	+14 0	+5 +2	+6 +2	+8 +2	+12 +2	+16 +2	+7 +4	+8 +4	+10 +4	+14 +4	+18 +4
3	6	+9 +1	+13 +1	+18 0	+8 +4	+9 +4	+12 +4	+16 +4	+22 +4	+12 +8	+13 +8	+16 +8	+20 +8	+26 +8
6	10	+10 +1	+16 +1	+22 0	+10 +6	+12 +6	+15 +6	+21 +6	+28 +6	+14 +10	+16 +10	+19 +10	+25 +10	+32 +10
10	14	+12 +1	+19 +1	+27 0	+12 +7	+15 +7	+18 +7	+25 +7	+34 +7	+17 +12	+20 +12	+23 +12	+30 +12	+39 +12
14	18													
18	24	+15 +2	+23 +2	+33 0	+14 +8	+17 +8	+21 +8	+29 +8	+41 +8	+21 +15	+24 +15	+28 +15	+36 +15	+48 +15
24	30													
30	40	+18 +2	+27 +2	+39 0	+16 +9	+20 +9	+25 +9	+34 +9	+48 +9	+24 +17	+28 +17	+33 +17	+42 +17	+56 +17
40	50													
50	65	+21 +2	+32 +2	+46 0	+19 +11	+24 +11	+30 +11	+41 +11	+57 +11	+28 +20	+33 +20	+39 +20	+50 +20	+66 +20
65	80													
80	100	+25 +3	+38 +3	+54 0	+23 +13	+28 +13	+35 +13	+48 +13	+67 +13	+33 +13	+38 +23	+45 +23	+58 +23	+77 +23
100	120													
120	140	+28 +3	+43 +3	+63 0	+27 +15	+33 +15	+40 +15	+55 +15	+78 +15	+39 +27	+45 +27	+52 +27	+67 +27	+90 +27
140	160													
160	180													
180	200	+33 +4	+50 +4	+72 0	+31 +17	+37 +17	+46 +17	+63 +17	+89 +17	+45 +31	+51 +31	+60 +31	+77 +31	+103 +31
200	225													
225	250													
250	280	+36 +4	+56 +4	+81 0	+36 +20	+43 +20	+52 +20	+72 +20	+101 +20	+50 +34	+57 +34	+66 +34	+86 +34	+115 +34
280	315													
315	355	+40 +4	+61 +4	+89 0	+39 +21	+46 +21	+57 +21	+78 +21	+110 +21	+55 +37	+62 +37	+73 +37	+94 +37	+126 +37
355	400													
400	450	+45 +5	+68 +5	+97 0	+43 +23	+50 +23	+63 +23	+86 +23	+120 +23	+60 +40	+67 +40	+80 +40	+103 +40	+137 +40
450	500													

续表

<table>
<tr><th colspan="2">公称尺寸(mm)</th><th colspan="13">公差带(μm)</th></tr>
<tr><th colspan="2"></th><th colspan="5">p</th><th colspan="5">r</th><th colspan="3">s</th></tr>
<tr><th>大于</th><th>至</th><th>4</th><th>5</th><th>6</th><th>7</th><th>8</th><th>4</th><th>5</th><th>6</th><th>7</th><th>8</th><th>4</th><th>5</th><th>6</th></tr>
<tr><td>—</td><td>3</td><td>+9
+6</td><td>+10
+6</td><td>+12
+6</td><td>+16
+6</td><td>+20
+6</td><td>+13
+10</td><td>+14
+10</td><td>+16
+10</td><td>+20
+10</td><td>+24
+10</td><td>+17
+14</td><td>+18
+14</td><td>+20
+14</td></tr>
<tr><td>3</td><td>6</td><td>+16
+12</td><td>+17
+12</td><td>+20
+12</td><td>+24
+12</td><td>+30
+12</td><td>+19
+15</td><td>+20
+15</td><td>+23
+15</td><td>+27
+15</td><td>+33
+15</td><td>+23
+19</td><td>+24
+19</td><td>+27
+19</td></tr>
<tr><td>6</td><td>10</td><td>+19
+15</td><td>+21
+15</td><td>+24
+15</td><td>+30
+15</td><td>+37
+15</td><td>+23
+19</td><td>+25
+19</td><td>+28
+19</td><td>+34
+19</td><td>+41
+19</td><td>+27
+23</td><td>+29
+23</td><td>+32
+23</td></tr>
<tr><td>10</td><td>14</td><td rowspan="2">+23
+18</td><td rowspan="2">+26
+18</td><td rowspan="2">+29
+18</td><td rowspan="2">+36
+18</td><td rowspan="2">+45
+18</td><td rowspan="2">+28
+23</td><td rowspan="2">+31
+23</td><td rowspan="2">+34
+23</td><td rowspan="2">+41
+23</td><td rowspan="2">+50
+23</td><td rowspan="2">+33
+28</td><td rowspan="2">+36
+28</td><td rowspan="2">+39
+28</td></tr>
<tr><td>14</td><td>18</td></tr>
<tr><td>18</td><td>24</td><td rowspan="2">+28
+22</td><td rowspan="2">+31
+22</td><td rowspan="2">+35
+22</td><td rowspan="2">+43
+22</td><td rowspan="2">+55
+22</td><td rowspan="2">+34
+28</td><td rowspan="2">+37
+28</td><td rowspan="2">+41
+28</td><td rowspan="2">+49
+28</td><td rowspan="2">+61
+28</td><td rowspan="2">+41
+35</td><td rowspan="2">+44
+35</td><td rowspan="2">+48
+35</td></tr>
<tr><td>24</td><td>30</td></tr>
<tr><td>30</td><td>40</td><td rowspan="2">+33
+26</td><td rowspan="2">+37
+26</td><td rowspan="2">+42
+26</td><td rowspan="2">+51
+26</td><td rowspan="2">+65
+26</td><td rowspan="2">+41
+34</td><td rowspan="2">+45
+34</td><td rowspan="2">+50
+34</td><td rowspan="2">+59
+34</td><td rowspan="2">+73
+34</td><td rowspan="2">+50
+43</td><td rowspan="2">+54
+43</td><td rowspan="2">+59
+43</td></tr>
<tr><td>40</td><td>50</td></tr>
<tr><td>50</td><td>65</td><td rowspan="2">+40
+32</td><td rowspan="2">+45
+32</td><td rowspan="2">+51
+32</td><td rowspan="2">+62
+32</td><td rowspan="2">+78
+32</td><td>+49
+41</td><td>+54
+41</td><td>+60
+41</td><td>+71
+41</td><td>+87
+41</td><td>+61
+53</td><td>+66
+53</td><td>+72
+53</td></tr>
<tr><td>65</td><td>80</td><td>+51
+43</td><td>+56
+43</td><td>+62
+43</td><td>+73
+43</td><td>+89
+43</td><td>+67
+59</td><td>+72
+59</td><td>+78
+59</td></tr>
<tr><td>80</td><td>100</td><td rowspan="2">+47
+37</td><td rowspan="2">+52
+37</td><td rowspan="2">+59
+37</td><td rowspan="2">+72
+37</td><td rowspan="2">+91
+37</td><td>+61
+51</td><td>+66
+51</td><td>+73
+51</td><td>+86
+51</td><td>+105
+51</td><td>+81
+71</td><td>+86
+71</td><td>+93
+71</td></tr>
<tr><td>100</td><td>120</td><td>+64
+54</td><td>+69
+54</td><td>+76
+54</td><td>+89
+54</td><td>+108
+54</td><td>+89
+79</td><td>+94
+79</td><td>+101
+79</td></tr>
<tr><td>120</td><td>140</td><td rowspan="3">+55
+43</td><td rowspan="3">+61
+43</td><td rowspan="3">+68
+43</td><td rowspan="3">+73
+43</td><td rowspan="3">+100
+43</td><td>+75
+63</td><td>+81
+63</td><td>+88
+63</td><td>+103
+63</td><td>+126
+63</td><td>+104
+92</td><td>+110
+92</td><td>+117
+92</td></tr>
<tr><td>140</td><td>160</td><td>+77
+65</td><td>+83
+65</td><td>+90
+65</td><td>+105
+65</td><td>+128
+65</td><td>+112
+100</td><td>+118
+100</td><td>+125
+100</td></tr>
<tr><td>160</td><td>180</td><td>+80
+68</td><td>+86
+68</td><td>+93
+68</td><td>+108
+68</td><td>+131
+68</td><td>+120
+108</td><td>+126
+108</td><td>+133
+108</td></tr>
<tr><td>180</td><td>200</td><td rowspan="3">+64
+50</td><td rowspan="3">+70
+50</td><td rowspan="3">+79
+50</td><td rowspan="3">+96
+50</td><td rowspan="3">+122
+50</td><td>+91
+77</td><td>+97
+77</td><td>+106
+77</td><td>+123
+77</td><td>+149
+77</td><td>+136
+122</td><td>+142
+122</td><td>+151
+122</td></tr>
<tr><td>200</td><td>225</td><td>+94
+80</td><td>+100
+80</td><td>+109
+80</td><td>+126
+80</td><td>+152
+80</td><td>+144
+130</td><td>+150
+130</td><td>+159
+130</td></tr>
<tr><td>225</td><td>250</td><td>+98
+84</td><td>+104
+84</td><td>+113
+84</td><td>+130
+84</td><td>+156
+84</td><td>+154
+140</td><td>+160
+140</td><td>+169
+140</td></tr>
<tr><td>250</td><td>280</td><td rowspan="2">+72
+56</td><td rowspan="2">+79
+56</td><td rowspan="2">+88
+56</td><td rowspan="2">+108
+56</td><td rowspan="2">+137
+56</td><td>+110
+94</td><td>+117
+94</td><td>+126
+94</td><td>+146
+94</td><td>+175
+94</td><td>+174
+158</td><td>+181
+158</td><td>+190
+158</td></tr>
<tr><td>280</td><td>315</td><td>+114
+98</td><td>+121
+98</td><td>+130
+98</td><td>+150
+98</td><td>+179
+98</td><td>+186
+170</td><td>+193
+170</td><td>+202
+170</td></tr>
<tr><td>315</td><td>355</td><td rowspan="2">+80
+62</td><td rowspan="2">+87
+62</td><td rowspan="2">+98
+62</td><td rowspan="2">+119
+62</td><td rowspan="2">+151
+62</td><td>+126
+108</td><td>+133
+108</td><td>+144
+108</td><td>+165
+108</td><td>+197
+108</td><td>+208
+190</td><td>+215
+190</td><td>+226
+190</td></tr>
<tr><td>355</td><td>400</td><td>+132
+114</td><td>+139
+114</td><td>+150
+114</td><td>+171
+114</td><td>+203
+114</td><td>+226
+208</td><td>+233
+208</td><td>+244
+208</td></tr>
<tr><td>400</td><td>450</td><td rowspan="2">+88
+68</td><td rowspan="2">+95
+68</td><td rowspan="2">+108
+68</td><td rowspan="2">+131
+68</td><td rowspan="2">+165
+68</td><td>+146
+126</td><td>+153
+126</td><td>+166
+126</td><td>+189
+126</td><td>+223
+126</td><td>+252
+232</td><td>+259
+232</td><td>+272
+232</td></tr>
<tr><td>450</td><td>500</td><td>+152
+132</td><td>+159
+132</td><td>+172
+132</td><td>+195
+132</td><td>+229
+132</td><td>+272
+252</td><td>+279
+252</td><td>+292
+252</td></tr>
</table>

续表

公称尺寸(mm)		公差带(μm)												
		s		*t*				*u*				*v*		
大于	至	7	8	5	6	7	8	5	6	7	8	5	6	7
—	3	+24 +14	+28 +14	—	—	—	—	+22 +18	+24 +18	+28 +18	+32 +18	—	—	—
3	6	+31 +19	+37 +19	—	—	—	—	+28 +23	+31 +23	+35 +23	+41 +23	—	—	—
6	10	+38 +23	+45 +23	—	—	—	—	+34 +28	+37 +28	+43 +28	+50 +28	—	—	—
10	14	+46 +28	+55 +28	—	—	—	—	+41 +33	+44 +33	+51 +33	+60 +33	—	—	—
14	18			—	—	—	—					+47 +39	+50 +39	+57 +39
18	24	+56 +35	+68 +35	—	—	—	—	+50 +41	+54 +41	+62 +41	+74 +41	+56 +47	+60 +47	+68 +47
24	30			+50 +41	+54 +41	+62 +41	+74 +41	+57 +48	+61 +48	+69 +48	+81 +48	+64 +55	+68 +55	+76 +55
30	40	+68 +43	+82 +43	+59 +48	+64 +48	+73 +48	+87 +48	+71 +60	+76 +60	+85 +60	+99 +60	+79 +68	+84 +68	+93 +68
40	50			+65 +54	+70 +54	+79 +54	+93 +54	+81 +70	+86 +70	+95 +70	+109 +70	+92 +81	+97 +81	+106 +81
50	65	+83 +53	+90 +53	+79 +66	+85 +66	+96 +66	+112 +66	+100 +87	+106 +87	+117 +87	+133 +87	+115 +102	+121 +102	+132 +102
65	80	+89 +59	+105 +59	+88 +75	+94 +75	+105 +75	+121 +75	+115 +102	+121 +102	+132 +102	+148 +102	+133 +120	+139 +120	+150 +120
80	100	+106 +71	+125 +71	+106 +91	+113 +91	+126 +91	+145 +91	+139 +124	+146 +124	+159 +124	+178 +124	+161 +146	+168 +146	+181 +146
100	120	+114 +79	+133 +79	+119 +104	+126 +104	+139 +104	+158 +104	+159 +144	+166 +144	+179 +144	+198 +144	+187 +172	+194 +172	+207 +172
120	140	+132 +92	+155 +92	+140 +122	+147 +122	+162 +122	+185 +122	+188 +170	+195 +170	+210 +170	+233 +170	+220 +202	+227 +202	+242 +202
140	160	+140 +100	+163 +100	+152 +134	+159 +134	+174 +134	+197 +134	+208 +190	+215 +190	+230 +190	+253 +190	+246 +228	+253 +228	+268 +228
160	180	+148 +108	+171 +108	+164 +146	+171 +146	+186 +146	+209 +146	+228 +210	+235 +210	+250 +210	+273 +210	+270 +252	+277 +252	+292 +252
180	200	+168 +122	+194 +122	+186 +166	+195 +166	+212 +166	+238 +166	+256 +236	+265 +236	+282 +236	+308 +236	+304 +284	+313 +284	+330 +284
200	225	+176 +130	+202 +130	+200 +180	+209 +180	+226 +180	+252 +180	+278 +258	+287 +258	+304 +258	+330 +258	+330 +310	+339 +310	+356 +310
225	250	+186 +140	+212 +140	+216 +196	+225 +196	+242 +196	+268 +196	+304 +284	+313 +284	+330 +284	+356 +284	+360 +340	+369 +340	+386 +340
250	280	+210 +158	+239 +158	+241 +218	+250 +218	+270 +218	+299 +218	+338 +315	+347 +315	+367 +315	+396 +315	+408 +385	+417 +385	+437 +385
280	315	+222 +170	+251 +170	+263 +240	+272 +240	+292 +240	+321 +240	+373 +350	+382 +350	+402 +350	+431 +350	+448 +425	+457 +425	+477 +425
315	355	+247 +190	+279 +190	+293 +268	+304 +268	+325 +268	+357 +268	+415 +390	+426 +390	+447 +390	+479 +390	+500 +475	+511 +475	+532 +475
355	400	+265 +208	+297 +208	+319 +294	+330 +294	+351 +294	+383 +294	+460 +435	+471 +435	+492 +435	+524 +435	+555 +530	+566 +530	+587 +530
400	450	+295 +232	+329 +232	+357 +330	+370 +330	+393 +330	+427 +330	+517 +490	+530 +490	+553 +490	+587 +490	+622 +595	+635 +595	+658 +595
450	500	+315 +252	+349 +252	+387 +360	+400 +360	+423 +360	+457 +360	+567 +540	+580 +540	+603 +540	+637 +540	+687 +660	+700 +660	+723 +660

续表

公称尺寸(mm)		公差带(μm)												
		v	x				y				z			
大于	至	8	5	6	7	8	5	6	7	8	5	6	7	8
—	3	—	+24 +20	+26 +20	+30 +20	+34 +20	—	—	—	—	+30 +26	+32 +26	+36 +26	+40 +26
3	6	—	+33 +28	+36 +28	+40 +28	+46 +28	—	—	—	—	+40 +35	+43 +35	+47 +35	+53 +35
6	10	—	+40 +34	+43 +34	+49 +34	+56 +34	—	—	—	—	+48 +42	+51 +42	+57 +42	+64 +42
10	14	—	+48 +40	+51 +40	+58 +40	+67 +40	—	—	—	—	+58 +50	+61 +50	+68 +50	+77 +50
14	18	+66 +39	+53 +45	+56 +45	+63 +45	+72 +45	—	—	—	—	+68 +60	+71 +60	+78 +60	+87 +60
18	24	+80 +47	+63 +54	+67 +54	+75 +54	+87 +54	+72 +63	+76 +63	+84 +63	+96 +63	+82 +73	+86 +73	+94 +73	+106 +73
24	30	+88 +55	+73 +64	+77 +64	+85 +64	+97 +64	+84 +75	+88 +75	+96 +75	+108 +75	+97 +88	+101 +88	+109 +88	+121 +88
30	40	+107 +68	+91 +80	+96 +80	+105 +80	+119 +80	+105 +94	+110 +94	+119 +94	+133 +94	+123 +112	+128 +112	+137 +112	+151 +112
40	50	+120 +84	+108 +97	+113 +97	+122 +97	+136 +97	+125 +114	+130 +114	+139 +114	+153 +114	+147 +136	+152 +136	+161 +136	+175 +136
50	65	+148 +102	+135 +122	+141 +122	+152 +122	+168 +122	+157 +144	+163 +144	+174 +144	+190 +144	+185 +172	+191 +172	+202 +172	+218 +172
65	80	+166 +120	+159 +146	+165 +146	+176 +146	+192 +146	+187 +174	+193 +174	+204 +174	+220 +174	+223 +210	+229 +210	+240 +210	+256 +210
80	100	+200 +146	+193 +178	+200 +178	+213 +178	+232 +178	+229 +214	+236 +214	+249 +214	+268 +214	+273 +258	+280 +258	+293 +258	+312 +258
100	120	+226 +172	+225 +210	+232 +210	+245 +210	+264 +210	+269 +254	+276 +254	+289 +254	+308 +254	+325 +310	+332 +310	+345 +310	+364 +310
120	140	+265 +202	+266 +248	+273 +248	+288 +248	+311 +248	+318 +300	+325 +300	+340 +300	+368 +300	+383 +365	+390 +365	+405 +365	+428 +365
140	160	+291 +228	+298 +280	+305 +280	+320 +280	+343 +280	+358 +340	+365 +340	+380 +340	+403 +340	+433 +415	+440 +415	+455 +415	+487 +415
160	180	+315 +252	+328 +310	+335 +310	+350 +310	+373 +310	+398 +380	+405 +380	+420 +380	+443 +380	+483 +465	+490 +465	+505 +465	+528 +465
180	200	+356 +284	+370 +350	+379 +350	+396 +350	+422 +350	+445 +425	+454 +425	+471 +425	+497 +425	+540 +520	+549 +520	+566 +520	+592 +520
200	225	+382 +310	+405 +385	+414 +385	+431 +385	+457 +385	+490 +470	+499 +470	+516 +470	+542 +470	+595 +575	+604 +575	+621 +575	+647 +575
225	250	+412 +340	+445 +425	+454 +425	+471 +425	+497 +425	+540 +520	+549 +520	+566 +520	+592 +520	+660 +640	+669 +640	+686 +640	+712 +640
250	280	+466 +385	+498 +475	+507 +475	+527 +475	+556 +475	+603 +580	+612 +580	+632 +580	+661 +580	+733 +710	+742 +710	+762 +710	+791 +710
280	315	+506 +425	+548 +525	+557 +525	+577 +525	+606 +525	+673 +650	+682 +650	+702 +650	+731 +650	+813 +790	+822 +790	+842 +790	+871 +790
315	355	+564 +475	+615 +590	+626 +590	+647 +590	+679 +590	+755 +730	+766 +730	+787 +730	+819 +730	+925 +900	+936 +900	+957 +900	+989 +900
355	400	+619 +530	+685 +660	+696 +660	+717 +660	+749 +660	+845 +820	+836 +820	+877 +820	+909 +820	+1025 +1000	+1036 +1000	+1057 +1000	+1089 +1000
400	450	+692 +595	+767 +740	+780 +740	+803 +740	+837 +740	+947 +920	+960 +920	+983 +920	+1017 +920	+1127 +1100	+1140 +1100	+1163 +1100	+1197 +1100
450	500	+757 +660	+847 +820	+860 +820	+883 +820	+917 +820	+1027 +1000	+1040 +1000	+1063 +1000	+1097 +1000	+1277 +1250	+1290 +1250	+1313 +1250	+1347 +1250

附表 4 孔的极限偏差数值

公称尺寸(mm)		公差带(μm)												
		A				B				C				
大于	至	9	10	11	12	9	10	11	12	8	9	10	11	12
—	3	+295 +270	+310 +270	+330 +270	+370 +270	+165 +140	+180 +140	+200 +140	+240 +140	+74 +60	+85 +60	+100 +60	+120 +60	+160 +60
3	6	+300 +270	+318 +270	+345 +270	+390 +270	+170 +140	+188 +140	+215 +140	+260 +140	+88 +70	+100 +70	+118 +70	+145 +70	+190 +70
6	10	+316 +280	+338 +280	+370 +280	+430 +280	+186 +150	+208 +150	+240 +150	+300 +150	+102 +80	+116 +80	+138 +80	+170 +80	+230 +80
10 14	14 18	+333 +290	+360 +290	+400 +290	+470 +290	+193 +150	+220 +150	+260 +150	+330 +150	+122 +95	+138 +95	+165 +95	+205 +95	+275 +95
18 24	24 30	+352 +300	+384 +300	+430 +300	+510 +300	+212 +160	+244 +160	+290 +160	+370 +160	+143 +110	+162 +110	+194 +110	+240 +110	+320 +110
30	40	+372 +310	+410 +310	+470 +310	+560 +310	+232 +170	+270 +170	+330 +170	+420 +170	+159 +120	+182 +120	+220 +120	+280 +120	+370 +120
40	50	+382 +320	+420 +320	+480 +320	+570 +320	+242 +180	+280 +180	+340 +180	+430 +180	+169 +130	+192 +130	+230 +130	+290 +130	+380 +130
50	65	+414 +340	+460 +340	+530 +340	+640 +340	+264 +190	+310 +190	+380 +190	+490 +190	+186 +140	+214 +140	+260 +140	+330 +140	+440 +140
65	80	+434 +360	+480 +360	+550 +360	+660 +360	+274 +200	+320 +200	+390 +200	+500 +200	+196 +150	+224 +150	+270 +150	+340 +150	+450 +150
80	100	+467 +380	+520 +380	+600 +380	+730 +380	+307 +220	+360 +220	+440 +220	+570 +220	+224 +170	+257 +170	+310 +170	+390 +170	+520 +170
100	120	+497 +410	+550 +410	+630 +410	+760 +410	+327 +240	+380 +240	+460 +240	+590 +240	+234 +180	+267 +180	+320 +180	+400 +180	+530 +180
120	140	+560 +460	+620 +460	+710 +460	+860 +460	+360 +260	+420 +260	+510 +260	+660 +260	+263 +200	+300 +200	+360 +200	+450 +200	+600 +200
140	160	+620 +520	+680 +520	+770 +520	+920 +520	+380 +280	+440 +280	+530 +280	+680 +280	+273 +210	+310 +210	+370 +210	+460 +210	+610 +210
160	180	+680 +580	+740 +580	+830 +580	+980 +580	+410 +310	+470 +310	+560 +310	+710 +310	+293 +230	+330 +230	+390 +230	+480 +230	+630 +230
180	200	+775 +660	+845 +660	+950 +660	+1120 +660	+455 +340	+525 +340	+630 +340	+800 +340	+312 +240	+355 +240	+425 +240	+530 +240	+700 +240
200	225	+855 +740	+925 +740	+1030 +740	+1200 +740	+495 +380	+565 +380	+670 +380	+840 +380	+332 +260	+375 +260	+445 +260	+550 +260	+720 +260
225	250	+935 +820	+1005 +820	+1100 +820	+1280 +820	+535 +420	+605 +420	+710 +420	+880 +420	+352 +280	+395 +280	+465 +280	+570 +280	+740 +280
250	280	+1050 +920	+1130 +920	+1240 +920	+1440 +920	+610 +480	+690 +480	+800 +480	+1000 +480	+381 +300	+430 +300	+510 +300	+620 +300	+820 +300
280	315	+1180 +1050	+1260 +1050	+1370 +1050	+1570 +1050	+670 +540	+750 +540	+860 +540	+1060 +540	+411 +330	+460 +330	+540 +330	+650 +330	+850 +330
315	355	+1340 +1200	+1430 +1200	+1560 +1200	+1770 +1200	+740 +600	+830 +600	+960 +600	+1170 +600	+449 +360	+500 +360	+590 +360	+720 +360	+930 +360
355	400	+1490 +1350	+1580 +1350	+1710 +1350	+1920 +1350	+820 +680	+910 +680	+1040 +680	+1250 +680	+489 +400	+540 +400	+630 +400	+760 +400	+970 +400
400	450	+1655 +1500	+1750 +1500	+1900 +1500	+2130 +1500	+915 +760	+1010 +760	+1160 +760	+1390 +760	+537 +440	+595 +440	+690 +440	+840 +440	+1070 +440
450	500	+1805 +1650	+1900 +1650	+2050 +1650	+2280 +1650	+995 +840	+1090 +840	+1240 +840	+1470 +840	+577 +480	+635 +480	+730 +480	+880 +480	+1110 +480

续表

公称尺寸(mm)		公差带(μm)												
		D					*E*					*F*		
大于	至	7	8	9	10	11	7	8	9	10	6	7	8	9
—	3	+30 +20	+34 +20	+45 +20	+60 +20	+80 +20	+24 +14	+28 +14	+39 +14	+54 +14	+12 +6	+16 +6	+20 +6	+31 +6
3	6	+42 +30	+48 +30	+60 +30	+78 +30	+105 +30	+32 +20	+38 +20	+50 +20	+68 +20	+18 +10	+22 +10	+28 +10	+40 +10
6	10	+55 +40	+62 +40	+76 +40	+98 +40	+130 +40	+40 +25	+47 +25	+61 +25	+83 +25	+22 +13	+28 +13	+35 +13	+49 +13
10	14	+68 +50	+77 +50	+93 +50	+120 +50	+160 +50	+50 +32	+59 +32	+75 +32	+102 +32	+27 +16	+34 +16	+43 +16	+59 +16
14	18													
18	24	+86 +65	+98 +65	+117 +65	+149 +65	+195 +65	+61 +40	+73 +40	+92 +40	+124 +40	+33 +20	+41 +20	+53 +20	+72 +20
24	30													
30	40	+105 +80	+119 +80	+142 +80	+180 +80	+240 +80	+75 +50	+89 +50	+112 +50	+150 +50	+41 +25	+50 +25	+64 +25	+87 +25
40	50													
50	65	+130 +100	+146 +100	+174 +100	+220 +100	+290 +100	+90 +60	+106 +60	+134 +60	+180 +60	+49 +30	+60 +30	+76 +30	+104 +30
65	80													
80	100	+155 +120	+174 +120	+207 +120	+260 +120	+340 +120	+107 +72	+126 +72	+159 +72	+212 +72	+58 +36	+71 +36	+90 +36	+123 +36
100	120													
120	140	+185 +145	+208 +145	+245 +145	+305 +145	+395 +145	+125 +85	+148 +85	+185 +85	+245 +85	+68 +43	+83 +43	+106 +43	+143 +43
140	160													
160	180													
180	200	+216 +170	+242 +170	+285 +170	+355 +170	+460 +170	+146 +100	+172 +100	+215 +100	+285 +100	+79 +50	+96 +50	+122 +50	+165 +50
200	225													
225	250													
250	280	+242 +190	+271 +190	+320 +190	+400 +190	+510 +190	+162 +110	+191 +110	+240 +110	+320 +110	+88 +56	+108 +56	+137 +56	+186 +56
280	315													
315	355	+267 +210	+299 +210	+350 +210	+440 +210	+570 +210	+182 +125	+214 +125	+265 +125	+355 +125	+98 +62	+119 +62	+151 +62	+202 +62
355	400													
400	450	+293 +230	+327 +230	+385 +230	+480 +230	+630 +230	+198 +135	+232 +135	+290 +135	+385 +135	+108 +68	+131 +68	+165 +68	+223 +68
450	500													

续表

公称尺寸(mm)		公差带(μm)												
		G				H								
大于	至	5	6	7	8	1	2	3	4	5	6	7	8	9
—	3	+6 +2	+8 +2	+12 +2	+16 +2	+0.8 0	+1.2 0	+2 0	+3 0	+4 0	+6 0	+10 0	+14 0	+25 0
3	6	+9 +4	+12 +4	+16 +4	+22 +4	+1 0	+1.5 0	+2.5 0	+4 0	+5 0	+8 0	+12 0	+18 0	+30 0
6	10	+11 +5	+14 +5	+20 +5	+27 +5	+1 0	+1.5 0	+2.5 0	+4 0	+6 0	+9 0	+15 0	+22 0	+36 0
10	14	+14 +6	+17 +6	+24 +6	+33 +6	+1.2 0	+2 0	+3 0	+5 0	+8 0	+11 0	+18 0	+27 0	+43 0
14	18													
18	24	+16 +7	+20 +7	+28 +7	+40 +7	+1.5 0	+2.5 0	+4 0	+6 0	+9 0	+13 0	+21 0	+33 0	+52 0
24	30													
30	40	+20 +9	+25 +9	+34 +9	+48 +9	+1.5 0	+2.5 0	+4 0	+7 0	+11 0	+16 0	+25 0	+39 0	+62 0
40	50													
50	65	+23 +10	+29 +10	+40 +10	+56 +10	+2 0	+3 0	+5 0	+8 0	+13 0	+19 0	+30 0	+46 0	+74 0
65	80													
80	100	+27 +12	+34 +12	+47 +12	+66 +12	+2.5 0	+4 0	+6 0	+10 0	+15 0	+22 0	+35 0	+54 0	+87 0
100	120													
120	140	+32 +14	+39 +14	+54 +14	+77 +14	+3.5 0	+5 0	+8 0	+12 0	+18 0	+25 0	+40 0	+63 0	+100 0
140	160													
160	180													
180	200	+35 +15	+44 +15	+61 +15	+87 +15	+4.5 0	+7 0	+10 0	+14 0	+20 0	+29 0	+46 0	+72 0	+115 0
200	225													
225	250													
250	280	+40 +17	+49 +17	+69 +17	+98 +17	+6 0	+8 0	+12 0	+16 0	+23 0	+32 0	+52 0	+81 0	+130 0
280	315													
315	355	+43 +18	+54 +18	+75 +18	+107 +18	+7 0	+9 0	+13 0	+18 0	+25 0	+36 0	+57 0	+89 0	+140 0
355	400													
400	450	+47 +20	+62 +20	+83 +20	+117 +20	+8 0	+10 0	+15 0	+20 0	+27 0	+40 0	+63 0	+97 0	+155 0
450	500													

续表

公称尺寸(mm)		公差带(μm)												
		H				*J*			*JS*					
大于	至	10	11	12	13	6	7	8	1	2	3	4	5	6
—	3	+40 0	+60 0	+100 0	+140 0	+2 −4	+4 −6	+6 −8	±0.4	±0.6	±1	±1.5	±2	±3
3	6	+48 0	+75 0	+120 0	+180 0	+5 −3	—	+10 −8	±0.5	±0.75	±1.25	±2	±2.5	±4
6	10	+58 0	+90 0	+150 0	+220 0	+5 −4	+8 −7	+12 −10	±0.5	±0.75	±1.25	±2	±3	±4.5
10	14	+70 0	+110 0	+180 0	+270 0	+6 −5	+10 −8	+15 −12	±0.6	±1	±1.5	±2.5	±4	±5.5
14	18													
18	24	+84 0	+130 0	+210 0	+330 0	+8 −5	+12 −9	+20 −13	±0.75	±1.25	±2	±3	±4.5	±6.5
24	30													
30	40	+100 0	+160 0	+250 0	+390 0	+10 −6	+14 −11	+24 −15	±0.75	±1.25	±2	±3.5	±5.5	±8
40	50													
50	65	+120 0	+190 0	+300 0	+460 0	+13 −6	+18 −12	+28 −18	±1	±1.5	±2.5	±4	±6.5	±9.5
65	80													
80	100	+140 0	+220 0	+350 0	+540 0	+16 −6	+22 −13	+34 −20	±1.25	±2	±3	±5	±7.5	±11
100	120													
120	140	+160 0	+250 0	+400 0	+630 0	+18 −7	+26 −14	+41 −22	±1.75	±2.5	±4	±6	±9	±12.5
140	160													
160	180													
180	200	+185 0	+290 0	+460 0	+720 0	+22 −7	+30 −16	+47 −25	±2.25	±3.5	±5	±7	±10	±14.5
200	225													
225	250													
250	280	+210 0	+320 0	+520 0	+810 0	+25 −7	+36 −16	+55 −26	±3	±4	±6	±8	±11.5	±16
280	315													
315	355	+230 0	+360 0	+570 0	+890 0	+29 −7	+39 −18	+60 −29	±3.5	±4.5	±6.5	±9	±12.5	±18
355	400													
400	450	+250 0	+400 0	+630 0	+970 0	+33 −7	+43 −20	+66 −31	±4	±5	±7.5	±10	±13.5	±20
450	500													

续表

公称尺寸(mm)		公差带(μm)												
		JS							*K*					*M*
大于	至	7	8	9	10	11	12	13	4	5	6	7	8	4
—	3	±5	±7	±12	±20	±30	±50	±70	0 −3	0 −4	0 −6	0 −10	0 −14	−2 −5
3	6	±6	±9	±15	±24	±37	±60	±90	+0.5 −3.5	0 −5	+2 −6	+3 −9	+5 −13	−2.5 −6.5
6	10	±7	±11	±18	±29	±45	±75	±110	+0.5 −3.5	+1 −5	+2 −7	+5 −10	+6 −16	−4.5 −8.5
10	14	±9	±13	±21	±35	±55	±90	±135	+1 −4	+2 −6	+2 −9	+6 −12	+8 −19	−5 −10
14	18													
18	24	±10	±16	±26	±42	±65	±105	±165	0 −6	+1 −8	+2 −11	+6 −15	+10 −23	−6 −12
24	30													
30	40	±12	±19	±31	±50	±80	±125	±195	+1 −6	+2 −9	+3 −13	+7 −18	+12 −27	−6 −13
40	50													
50	65	±15	±23	±37	±60	±95	±150	±230	+1 −7	+3 −10	+4 −15	+9 −21	+14 −32	−8 −16
65	80													
80	100	±17	±27	±43	±70	±110	±175	±270	+1 −9	+2 −13	+4 −18	+10 −25	+16 −38	−9 −19
100	120													
120	140	±20	±31	±50	±80	±125	±200	±315	+1 −11	+3 −15	+4 −21	+12 −28	+20 −43	−11 −23
140	160													
160	180													
180	200	±23	±36	±57	±92	±145	±230	±360	0 −14	+2 −18	+5 −24	+13 −33	+22 −50	−13 −27
200	225													
225	250													
250	280	±26	±40	±65	±105	±160	±260	±405	0 −16	+3 −20	+5 −27	+16 −36	+25 −56	−16 −32
280	315													
315	355	±28	±44	±70	±115	±180	±285	±445	+1 −17	+3 −22	+7 −29	+17 −40	+28 −61	−16 −34
355	400													
400	450	±31	±48	±77	±125	±200	±315	±485	0 −20	+2 −25	+8 −32	+18 −45	+29 −68	−18 −38
450	500													

续表

公称尺寸(mm)		公差带(μm)												
		M				*N*					*P*			
大于	至	5	6	7	8	5	6	7	8	9	5	6	7	8
—	3	−2 −6	−2 −8	−2 −12	−2 −16	−4 −8	−4 −10	−4 −14	−4 −18	−4 −29	−6 −10	−6 −12	−6 −16	−6 −20
3	6	−3 −8	−1 −9	0 −12	+2 −16	−7 −12	−5 −13	−4 −16	−2 −20	0 −30	−11 −16	−9 −17	−8 −20	−12 −30
6	10	−4 −10	−3 −12	0 −15	+1 −21	−8 −14	−7 −16	−4 −19	−3 −25	0 −36	−13 −19	−12 −21	−9 −24	−15 −37
10 14	14 18	−4 −12	−4 −15	0 −18	+2 −25	−9 −17	−9 −20	−5 −23	−3 −30	0 −43	−15 −23	−15 −26	−11 −29	−18 −45
18 24	24 30	−5 −14	−4 −17	0 −21	+4 −29	−12 −21	−11 −24	−7 −28	−3 −36	0 −52	−19 −28	−18 −31	−14 −35	−22 −55
30 40	40 50	−5 −16	−4 −20	0 −25	+5 −34	−13 −24	−12 −28	−8 −33	−3 −42	0 −62	−22 −33	−21 −37	−17 −42	−26 −65
50 65	65 80	−6 −19	−5 −24	0 −30	+5 −41	−15 −28	−14 −33	−9 −39	−4 −50	0 −74	−27 −40	−26 −45	−21 −51	−32 −78
80 100	100 120	−8 −23	−6 −28	0 −35	+6 −48	−18 −33	−16 −38	−10 −45	−4 −58	0 −87	−32 −47	−30 −52	−24 −59	−37 −91
120 140 160	140 160 180	−9 −27	−8 −33	0 −40	+8 −55	−21 −39	−20 −45	−12 −52	−4 −67	0 −100	−37 −55	−36 −61	−28 −68	−43 −106
180 200 225	200 225 250	−11 −31	−8 −37	0 −46	+9 −63	−25 −45	−22 −51	−14 −60	−5 −77	0 −115	−44 −64	−41 −70	−33 −79	−50 −122
250 280	280 315	−13 −36	−9 −41	0 −52	+9 −72	−27 −50	−25 −57	−14 −66	−5 −86	0 −130	−49 −72	−47 −79	−36 −88	−56 −137
315 355	355 400	−14 −39	−10 −46	0 −57	+11 −78	−30 −55	−26 −62	−16 −73	−5 −94	0 −140	−55 −80	−51 −87	−41 −98	−62 −151
400 450	450 500	−16 −43	−10 −50	0 −63	+11 −86	−33 −60	−27 −67	−17 −80	−6 −103	0 −155	−61 −88	−55 −95	−45 −108	−68 −165

续表

公称尺寸(mm)		公差带(μm)												
		P	R				S				T			U
大于	至	9	5	6	7	8	5	6	7	8	6	7	8	6
—	3	−6 −31	−10 −14	−10 −16	−10 −20	−10 −24	−14 −18	−14 −20	−14 −24	−14 −28	—	—	—	−18 −24
3	6	−12 −42	−14 −19	−12 −20	−11 −23	−15 −33	−18 −23	−16 −24	−15 −27	−19 −37	—	—	—	−20 −28
6	10	−15 −51	−17 −23	−16 −25	−13 −28	−19 −41	−21 −27	−20 −29	−17 −32	−23 −45	—	—	—	−25 −34
10	14	−18 −61	−20 −28	−20 −31	−16 −34	−23 −50	−25 −33	−25 −36	−21 −39	−28 −55	—	—	—	−30 −41
14	18													
18	24	−22 −74	−25 −34	−24 −37	−20 −41	−28 −61	−32 −41	−31 −44	−27 −48	−35 −68	—	—	—	−37 −50
24	30										−37 −50	−33 −54	−41 −74	−44 −57
30	40	−26 −88	−30 −41	−29 −45	−25 −50	−34 −73	−39 −50	−38 −54	−34 −59	−43 −82	−43 −59	−39 −64	−48 −87	−55 −71
40	50										−49 −65	−45 −70	−54 −93	−65 −81
50	65	−32 −106	−36 −49	−35 −54	−30 −60	−41 −87	−48 −61	−47 −66	−42 −72	−53 −99	−60 −79	−55 −85	−66 −112	−81 −100
65	80		−38 −51	−37 −56	−32 −62	−43 −89	−54 −67	−53 −72	−48 −78	−59 −105	−69 −88	−64 −94	−75 −121	−96 −115
80	100	−37 −124	−46 −61	−44 −66	−38 −73	−51 −105	−66 −81	−64 −86	−58 −93	−71 −125	−84 −106	−78 −113	−91 −145	−117 −139
100	120		−49 −64	−47 −69	−41 −76	−54 −108	−74 −89	−72 −94	−66 −101	−79 −133	−97 −119	−91 −126	−104 −158	−137 −159
120	140	−43 −143	−57 −75	−56 −81	−48 −88	−63 −126	−86 −104	−85 −110	−77 −117	−92 −155	−115 −140	−107 −147	−122 −185	−163 −188
140	160		−59 −77	−58 −83	−50 −90	−65 −128	−94 −112	−93 −118	−85 −125	−100 −163	−127 −152	−119 −159	−134 −197	−183 −208
160	180		−62 −80	−61 −86	−53 −93	−68 −131	−102 −120	−101 −126	−93 −133	−108 −171	−139 −164	−131 −171	−146 −209	−203 −228
180	200	−50 −165	−71 −91	−68 −97	−60 −106	−77 −149	−116 −136	−113 −142	−105 −151	−122 −194	−157 −186	−149 −195	−166 −238	−227 −256
200	225		−74 −94	−71 −100	−63 −109	−80 −152	−124 −144	−121 −150	−113 −159	−130 −202	−171 −200	−163 −209	−180 −252	−249 −278
225	250		−78 −98	−75 −104	−67 −113	−84 −156	−134 −154	−131 −160	−123 −169	−140 −212	−187 −216	−179 −225	−196 −268	−275 −304
250	280	−56 −186	−87 −110	−85 −117	−74 −126	−94 −175	−151 −174	−149 −181	−138 −190	−158 −239	−209 −241	−198 −250	−218 −299	−306 −338
280	315		−91 −114	−89 −121	−78 −130	−98 −179	−163 −186	−161 −193	−150 −202	−170 −251	−231 −263	−220 −272	−240 −321	−341 −373
315	355	−62 −202	−101 −126	−97 −133	−87 −144	−108 −197	−183 −208	−179 −215	−169 −226	−190 −279	−257 −293	−247 −304	−268 −357	−379 −415
355	400		−107 −132	−103 −139	−93 −150	−114 −203	−201 −226	−197 −233	−187 −244	−208 −297	−283 −319	−273 −330	−294 −383	−424 −460
400	450	−68 −223	−119 −146	−113 −153	−103 −166	−126 −223	−225 −252	−219 −259	−209 −272	−232 −329	−317 −357	−307 −370	−330 −427	−477 −517
450	500		−125 −152	−119 −159	−109 −172	−132 −229	−245 −272	−239 −279	−229 −292	−252 −349	−347 −387	−337 −400	−360 −457	−527 −567

续表

公称尺寸(mm)		公差带(μm)													
		U		*V*			*X*			*Y*			*Z*		
大于	至	7	8	6	7	8	6	7	8	6	7	8	6	7	8
—	3	−18 −28	−18 −32	—	—	—	−20 −26	−20 −30	−20 −34	—	—	—	−26 −32	−26 −36	−26 −40
3	6	−19 −31	−23 −41	—	—	—	−25 −33	−24 −36	−28 −46	—	—	—	−32 −40	−31 −43	−35 −53
6	10	−22 −37	−28 −50	—	—	—	−31 −40	−28 −43	−34 −56	—	—	—	−39 −48	−36 −51	−42 −64
10	14	−26 −44	−33 −60	—	—	—	−37 −48	−33 −51	−40 −67	—	—	—	−47 −58	−43 −61	−50 −77
14	18			−36 −47	−32 −50	−39 −66	−42 −53	−38 −56	−45 −72	—	—	—	−57 −68	−53 −71	−60 −87
18	24	−33 −54	−41 −74	−43 −56	−39 −60	−47 −80	−50 −63	−46 −67	−54 −87	−59 −72	−55 −76	−63 −96	−69 −82	−65 −86	−73 −106
24	30	−40 −61	−48 −81	−51 −64	−47 −68	−55 −88	−60 −73	−56 −77	−64 −97	−71 −84	−67 −88	−75 −108	−84 −97	−80 −101	−88 −121
30	40	−51 −76	−60 −99	−63 −79	−59 −84	−68 −107	−75 −91	−71 −96	−80 −119	−89 −105	−85 −110	−94 −133	−107 −123	−103 −128	−112 −151
40	50	−61 −86	−70 −109	−76 −92	−72 −97	−81 −120	−92 −108	−88 −113	−97 −136	−109 −125	−105 −130	−114 −153	−131 −147	−127 −152	−136 −175
50	65	−76 −106	−87 −133	−96 −115	−91 −121	−102 −148	−116 −135	−111 −141	−122 −168	−138 −157	−133 −163	−144 −190	−166 −185	−161 −191	−172 −218
65	80	−91 −121	−102 −148	−114 −133	−109 −139	−120 −166	−140 −159	−135 −165	−146 −192	−168 −187	−163 −193	−174 −220	−204 −223	−199 −229	−210 −256
80	100	−111 −146	−124 −178	−139 −161	−133 −168	−146 −200	−171 −193	−165 −200	−178 −232	−207 −229	−201 −236	−214 −268	−251 −273	−245 −280	−258 −312
100	120	−131 −166	−144 −198	−165 −187	−159 −194	−172 −226	−203 −225	−197 −232	−210 −264	−247 −269	−241 −276	−254 −308	−303 −325	−297 −332	−310 −364
120	140	−155 −195	−170 −233	−195 −220	−187 −227	−202 −265	−241 −266	−233 −273	−248 −311	−293 −318	−285 −325	−300 −363	−358 −383	−350 −390	−365 −428
140	160	−175 −215	−190 −253	−221 −246	−213 −253	−228 −291	−273 −298	−265 −305	−280 −343	−333 −358	−325 −365	−340 −403	−408 −433	−400 −440	−415 −478
160	180	−195 −235	−210 −273	−245 −270	−237 −277	−252 −315	−303 −328	−295 −335	−310 −373	−373 −398	−365 −405	−380 −443	−458 −483	−450 −490	−465 −528
180	200	−219 −265	−236 −308	−275 −304	−267 −313	−284 −356	−341 −370	−333 −379	−350 −422	−416 −445	−408 −454	−425 −497	−511 −540	−503 −549	−520 −592
200	225	−241 −287	−258 −330	−301 −330	−293 −339	−310 −382	−376 −405	−368 −414	−385 −457	−461 −490	−453 −499	−470 −542	−566 −595	−558 −604	−575 −647
225	250	−267 −313	−284 −356	−331 −360	−323 −369	−340 −412	−416 −445	−408 −454	−425 −497	−511 −540	−503 −549	−520 −592	−631 −660	−623 −669	−640 −712
250	280	−295 −347	−315 −396	−376 −408	−365 −417	−385 −466	−466 −498	−455 −507	−475 −556	−571 −603	−560 −612	−580 −661	−701 −733	−690 −742	−710 −791
280	315	−330 −382	−350 −431	−416 −448	−405 −457	−425 −506	−516 −548	−505 −557	−525 −606	−641 −673	−630 −682	−650 −731	−781 −813	−770 −822	−790 −871
315	355	−369 −426	−390 −479	−464 −500	−454 −511	−475 −564	−579 −615	−560 −626	−590 −679	−719 −755	−709 −766	−730 −819	−889 −925	−879 −936	−900 −989
355	400	−414 −471	−435 −524	−519 −555	−509 −566	−530 −619	−649 −685	−639 −696	−660 −749	−809 −845	−799 −856	−820 −909	−989 −1025	−979 −1036	−1000 −1089
400	450	−467 −530	−490 −587	−582 −622	−572 −635	−595 −692	−727 −767	−717 −780	−740 −837	−907 −947	−897 −969	−920 −1017	−1087 −1127	−1077 −1140	−1100 −1197
450	500	−517 −580	−540 −637	−647 −687	−637 −700	−660 −757	−807 −847	−797 −860	−820 −917	−987 −1027	−977 −1040	−1000 −1097	−1237 −1277	−1277 −1290	−1250 −1347

注：公称尺寸小于 1mm 时，各级的 *A* 和 *B* 均不采用。公称尺寸小于 1mm 时，大于 IT8 的 *N* 不采用。

参考文献

[1] 沈学勤.极限配合与技术测量[M].2版.北京：高等教育出版社，2015.
[2] 戴宁，韩萍.公差测量技术[M].北京：北京师范大学出版社，2012.
[3] 甘永立.几何公差与检测[M].上海：上海科学技术出版社，2001.
[4] 张雪梅.极限配合与技术测量应用[M].北京：高等教育出版社，2009.
[5] 杨昌义.极限配合与技术测量基础[M].北京：中国劳动社会保障出版社，2007.
[6] 陈德林，朱跃峰.公差配合与测量技术[M].北京：北京理工大学出版社，2010.
[7] 张红.公差测量项目教程[M].武汉：华中科技大学出版社，2007.
[8] 黄云清.公差配合与技术测量[M].北京：机械工业出版社，2000.
[9] 闻邦椿.机械设计手册[M].北京：机械工业出版社，2010.